高职高专计算机专业规划教材

Access 数据库教程

李春迎　李海华　主编

U0316188

西安电子科技大学出版社

内 容 简 介

本书分基础篇、实验篇、实战篇三部分。基础篇包括数据库基础、Access 概述、数据库操作、表的创建、表的高级操作、查询的创建和简单应用、查询的高级应用、窗体的创建、窗体高级应用、报表的创建、数据访问页、宏和模块、数据库的优化和安全等内容，其中每章都给出了习题。实验篇包括创建数据库、创建数据表、建立表之间的关系、查询设计、窗体设计、报表设计、数据访问页、宏的应用等 12 个实验项目。实战篇介绍了课程设计的内容与要求，通过一个案例介绍了课程设计的思路与过程，并且给出了数据库课程设计的参考题目。

本书可作为高职高专院校数据库应用技术的教程，也可作为各类计算机培训的教学用书，还可作为数据库管理人员、爱好者的技术参考书。

★本书配有电子教案，需要者可登录出版社网站，免费下载。

图书在版编目（CIP）数据

Access 数据库教程/李春迎，李海华主编. —西安：西安电子科技大学出版社，2009. 10(2011.2 重印)
高职高专计算机专业规划教材
ISBN 978 - 7 - 5606 - 2330 - 6

Ⅰ. A… Ⅱ. ① 李… ② 李… Ⅲ. 关系数据库—数据库管理系统，Access—高等学校：技术学校—教材 Ⅳ. TP311.38

中国版本图书馆 CIP 数据核字(2009)第 164426 号

策 划 陈 婷
责任编辑 陈 婷 许青青
出版发行 西安电子科技大学出版社(西安市太白南路 2 号)
电 话 (029)88242885 88201467 邮 编 710071
网 址 www.xduph.com 电子邮箱 xdupfxb001@163.com
经 销 新华书店
印刷单位 陕西华沐印刷科技有限责任公司
版 次 2009 年 10 月第 1 版 2011 年 2 月第 2 次印刷
开 本 787 毫米×1092 毫米 1/16 印 张 19.875
字 数 465 千字
印 数 4001～8000 册
定 价 28.00 元

ISBN 978 - 7 - 5606 - 2330 - 6/TP · 1185

XDUP 2622001-2

前　言

21 世纪的今天，数据库的建设规模、信息量大小及使用频度已成为衡量一个国家信息化程度的重要标志。因此，数据库基本知识与操作技能不仅是计算机类专业学生的必备知识，也是非计算机类专业学生应当掌握的。

Access 是一种数据库管理系统，它有友好的用户界面，数据表操作简单、易学易懂，通过设计器、查询设计器等可视化设计工具，基本不用编写任何代码就可以完成数据库的大部分管理工作。Access 是学习数据库操作技能的优秀软件，也是信息管理中应用广泛的开发工具。

本书依据教育部最新制定的"数据库应用技术课程教学基本要求"并结合教育部考试中心颁发的全国计算机等级考试大纲，由在教学一线工作多年的优秀教师编写而成。

本书具有以下特色：

(1) 在基础篇的 13 章中，每章的前面都有教学目的与要求、教学内容、教学重点、教学难点四项说明，便于教师组织教学及读者快速理清本章的思路，起到导读的作用。

(2) 以实用的案例作为教学材料，注重培养应用技能，符合学生的认知规律。全书以"学生成绩管理系统"案例贯穿基础篇，以"罗斯文商贸管理系统"案例贯穿实验篇，以"考务管理系统"案例贯穿实战篇。

(3) 实例丰富，例题新颖，针对全国大学生计算机等级考试，注重学生学习兴趣的培养。

(4) 内容全面，信息量大，知识性与技能性相统一。基础篇完成基本知识的学习，实验篇完成基本技能的学习，实战篇对数据库的框架有一个总体认识，将 Access 数据库功能完善地融合到案例中，体现了知识性与技能性的统一。

(5) 以图析文，生动直观，寓教于乐。每一步操作都有图形，能让学生在学习过程中清晰地看到操作结果，易于理解和掌握。

本书由李春迎、李海华主编，参加编写的人员还有娄惠菊、贾建莉、梁成立、周艳丽、李锐。其中，李春迎编写第 1、2 章，李海华编写第 7 章和第 13～15 章，娄惠菊编写第 6 章和第 8 章的 8.3、8.4 节，贾建莉编写第 9～12 章，梁成立编写第 5 章和第 8 章的 8.2 节，周艳丽编写第 4 章和第 8 章的 8.1 节，李锐编写第 3 章。

由于作者水平有限，加之编写时间仓促，不足之处在所难免，望广大读者提出宝贵意见，以便进一步修订，不断提高教材编写水平。

编　者
2009 年 7 月于郑州

目　　录

第三篇　实　战　篇

第一篇　基　础　篇

　　基础篇包括数据库基础、Access 概述、数据库操作、表的创建、表的高级操作、查询的创建和简单应用、查询的高级应用、窗体的创建、窗体的高级应用、报表的创建、数据访问页、宏和模块、数据库的优化和安全等 13 章内容，其中每章都给出了习题，以便读者进一步巩固所学知识。

第1章 数据库基础

【教学目的与要求】

- ❖ 熟悉数据模型、关系数据库
- ❖ 了解数据管理技术的发展过程
- ❖ 了解数据库应用系统的设计原则
- ❖ 掌握设计数据库的方法
- ❖ 了解 E-R 图的绘制方法
- ❖ 了解将 E-R 图转换成关系模式的方法
- ❖ 了解概念模型与数据模型的概念以及规范化的必要性

【教学内容】

- ❖ 数据管理技术发展过程
- ❖ 数据模型
- ❖ 关系数据库
- ❖ 关系模型、关系模型的范式化
- ❖ 数据库应用系统的设计原则
- ❖ 设计数据库的方法

【教学重点】

- ❖ 数据模型
- ❖ 关系数据库
- ❖ 关系模型、关系模型的范式化
- ❖ 设计数据库的方法

【教学难点】

- ❖ E-R 图的绘制
- ❖ 将 E-R 图转换成关系模式
- ❖ 关系模式的范式化

1.1 数据管理技术发展过程

数据管理技术的发展与计算机硬件(主要是外部存储器)、系统软件及计算机应用的范围有着密切的联系。数据管理技术的发展经历了以下几个阶段：人工管理阶段、文件系统阶段、数据库系统阶段。

1.1.1 人工管理阶段

20世纪50年代的数据处理都是通过手工进行的,因为当时的计算机主要用于科学计算,计算机上没有专门管理数据的软件,也没有诸如磁盘之类的设备来存储数据。那时应用程序和数据之间的关系如图 1-1 所示。

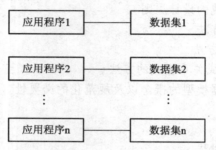

图 1-1 人工管理阶段应用程序和数据之间的关系

人工管理阶段时期的数据管理技术具有如下特点：

(1) 数据管理由应用程序完成。应用程序中不仅要规定数据的逻辑结构,而且在程序中还要设计物理结构,包括存储结构的存取方法、输入/输出方式等,一旦数据在存储器上改变物理地址,就需要相应地改变用户程序。

(2) 数据不能共享。数据和程序一一对应,数据不能共享,数据组和数据组之间可能有许多重复数据,会造成数据冗余。

(3) 数据缺乏独立性。一组数据对应一个程序,数据面向应用,独立性很差。

(4) 数据不能保存。在该阶段计算机主要用于科学计算,一般不需要将数据长期保存,只在计算一个题目时,将数据输入计算机,得到计算结果即可。

1.1.2 文件系统阶段

20 世纪 50 年代后期到 20 世纪 60 年代,计算机的硬件和软件得到了飞速发展,计算机不再只用于科学计算这个单一任务,还可以做一些非数值数据的处理。这时也有了大容量的磁盘等存储设备,并且已经有了专门管理数据的软件,即文件系统。在文件系统中,按一定的规则将数据组织成为一个文件,应用程序通过文件系统对文件中的数据进行存取和加工。文件系统对数据的管理,实际上是通过应用程序和数据之间的一种接口实现的,如图 1-2 所示。

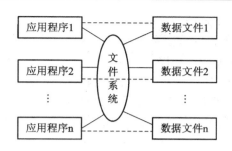

图 1-2 文件系统阶段

文件系统阶段的数据管理技术具有如下特点：

(1) 数据管理由文件管理系统完成。文件管理系统解决了应用程序和数据之间的一个公共接口问题，使得应用程序采用统一的存取方法来操作数据。同时，应用程序和数据之间不再是直接的对应关系。

(2) 数据共享性差，冗余度大。文件系统对数据存储没有相应的模型约束，数据冗余度较大。

(3) 数据独立性差。数据的存放依赖于应用程序的使用方法，不同的应用程序仍然很难共享同一数据文件，即数据独立性较差。

(4) 数据可长期保存。数据可以以文件的方式存在，可保存较长时间。

1.1.3 数据库系统阶段

20 世纪 60 年代后期，计算机性能得到了很大提高，出现了大容量磁盘和存储器，同时价格也急剧下降。人们克服了文件系统的不足，开发出数据库管理系统，从而将传统的数据管理技术推向一个新的阶段，即数据库系统阶段。

一般来说，数据库系统由计算机软、硬件资源组成。通俗地讲，数据库系统可把日常一些表格、卡片等数据有组织地集合在一起，输入到计算机中，然后通过计算机处理后，再按一定要求输出结果。因此，对于数据库来说，主要解决三个问题：第一，有效地组织数据；第二，方便地将数据输入到计算机中；第三，根据用户的要求将数据从计算机中抽取出来(这是人们处理数据的最终目的)。

在这一阶段，应用程序和数据库之间产生了一个新的数据库管理系统(DataBase Management System，DBMS)软件。应用程序和数据库的关系如图 1-3 所示。

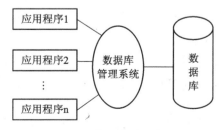

图 1-3 数据库系统阶段

数据库系统阶段的数据管理技术具有如下特点：

(1) 数据结构化。数据库也是以文件方式存储数据的，但是，它是数据的一种高级组织形式，对数据进行合理设计，以便计算机存取。

(2) 数据共享程度高。数据库管理系统把所有应用程序中所使用的数据汇集在一起，并以记录为单位存储起来，以便应用程序查询和使用。

(3) 数据独立性强。数据库系统与文件系统的区别是：数据库对数据的存储是按照同一结构进行的，不同的应用程序都可以直接操作这些数据(即对应用程序的高度独立性)。

(4) 数据冗余度小。数据库系统实现了有组织地、动态地存储大量关联数据，方便多用户访问，数据冗余度小。

(5) 加强对数据的保护。数据库系统对数据的完整性、唯一性和安全性都提供了一套有效的管理手段(即数据的充分共享性)。

1.2　数据库基础知识

数据库是数据管理的重要技术，是计算机科学的重要分支。数据管理包括对数据的分类、组织、编码、存储、检索和维护。在计算机系统中，数据管理通常使用数据库管理系统来完成。在信息化的当今社会，数据库技术已成为数据管理的重要技术之一。数据库技术涉及操作系统、数据结构、算法设计、程序设计和数据管理等多方面的知识，它的不断发展使得人们可以科学地组织、存储数据，以及高效地获取和处理数据。

采用数据库技术进行数据管理是当今的主流，它的核心是建立、管理和使用数据库。在数据库中的数据除去了不必要的多余数据，数据的存储独立于使用这些数据的应用程序，可以为多种应用服务。使用数据库管理数据相对其他管理方法来说有着明显的优势。例如，某公司的客户电话号码存储在不同的文件(如通讯录、订单表、发货单)中，如果某客户的电话号码有了改动，则要更新这 3 个文件中的电话号码信息。如果用数据库管理这些数据，则只需在一个位置更新这一信息即可。此后，无论在数据库中什么地方使用这个电话号码，都显示更新后的数据。

1.2.1　几个基本概念

为了更好地理解数据库管理系统，下面先介绍一下信息、数据、数据库、数据库系统这几个概念。

1. 信息与数据

1) 信息

信息(Infomation)是对客观事物的特征、运动形态以及事物间的相互联系等多种要素的抽象反映。我们可以从两个方面来理解信息。第一，信息是客观事物固有的特征，比如一个学生有学号、姓名、出生日期和身高等信息。信息是客观存在的，有些信息是人们能感受到的，有些信息则需要特殊的设备去检测。第二，信息是一种资源，在信息社会，信息已成为人类社会活动的一种重要资源，它与能源、物质并称为人类社会活动的三大要素。能源提供各种形式的动力，物质提供各种有用的材料，而信息可以为人类提供无穷的知识和智慧。

2) 数据

数据(Data)是描述事物的物理符号序列，可以是用来表示长度、体积、重量之类的数字数值，也可以是人名或地名、图形、图像、动画、影像、声音等非数值数据。

2. 数据库

数据库(DataBase，DB)是长期存储在计算机内有组织的、可共享的数据集合。

数据库中的数据按一定的数据模型组织、描述和存储，具有较小的冗余度、较高的数据独立性并且容易扩展，可以为各种用户所共享。

3. 数据库管理系统

数据库管理系统(DataBase Management System，DBMS)是位于用户与操作系统之间的一层数据库管理软件，负责完成各种数据处理操作。典型的数据库管理系统有 Microsoft SQL Server、Microsoft Office Access、Microsoft FoxPro 和 Oracle、Sybase 等。数据库管理系统主要包括以下 4 个方面的功能：

(1) 数据定义功能。数据库管理系统提供数据定义语言(Data Definition Language，DDL)，通过它可以方便地对数据库中的数据对象进行定义。

(2) 数据操纵功能。数据库管理系统提供数据操纵语言(Data Manipulation Language，DML)，通过它可以操纵数据以实现对数据库的基本操作，如查询、插入、删除和修改等。

(3) 数据库的运行管理。数据库管理系统统一控制和管理数据库的运行，保证了数据库的安全性、完整性和共享性。

(4) 数据库的建立和维护。数据库管理系统包括了数据库初始数据的输入、数据库的恢复和数据库的监视等功能，这些功能通常由一些程序来完成。

4. 数据库系统

数据库系统(DataBase System，DBS)是指拥有数据库技术支持的计算机系统。它可以有组织地、动态地存储大量相关数据，提供数据处理和信息资源共享服务。数据库系统由计算机系统(硬件和基本软件)、数据库、数据库管理系统、数据库应用系统和有关人员(数据库管理员、应用设计人员、最终用户)组成。

数据库系统主要具有如下几个特点：

(1) 数据结构化。在传统的文件系统中，尽管记录内容有了某些结构，但是记录之间没有联系，而数据库系统能实现整体数据的结构化，这是数据库和文件系统的根本区别。例如，学生管理系统不仅包括学生的基本信息，还包括与其相关的选课管理和成绩管理等。

(2) 数据共享。数据共享允许多个用户同时使用数据，为多种程序设计语言提供编程接口。

(3) 数据独立性。数据独立性包括物理独立性和逻辑独立性。物理独立性指用户的应用程序与存储在磁盘上的数据库中的数据是相互独立的，应用程序要处理的只是数据的逻辑结构，当数据的物理存储改变时，应用程序不用改变。逻辑独立性指用户的应用程序与数据库的逻辑结构是相互独立的，当数据库的逻辑结构改变时，应用程序无需修改仍可继续正常运行。

(4) 减少了数据冗余。数据冗余指一种数据存在多个相同的副本。数据库系统可以大大减少数据冗余，提高数据使用效率。

(5) 保存数据一致性。数据的不一致性是指同一数据在不同存储位置的值不一样。数据库中的数据只有一个物理备份，所以不存在数据不一致的问题。

(6) 数据安全性。数据库系统可提供一系列有效的安全措施，阻止非法访问数据，在数据被破坏时也可恢复。

5. 数据库应用系统

数据库应用系统是为特定应用开发的数据库应用软件。数据库管理系统为数据的定义、存储、查询和修改提供支持，而数据库应用系统是对数据库中的数据进行处理和加工的软件，它面向特定应用。

1.2.2　数据模型

1. 数据模型的概念

数据(Data)是描述事物的符号记录。模型(Model)是现实世界的抽象。数据模型(Data Model)是数据特征的抽象，是数据库管理的教学形式框架。

数据模型描述的内容包括三个部分：数据结构、数据操作和数据约束。

(1) 数据结构：主要描述数据的类型、内容、性质以及数据间的联系等。数据结构是数据模型的基础，数据操作和约束都建立在数据结构上。不同的数据结构具有不同的操作和约束。

(2) 数据操作：操作算符的集合，包括若干操作和推理规则，用以对目标类型的有效实例所组成的数据库进行操作。

(3) 数据约束：完整性规则的集合，用以限定符合数据模型的数据库状态以及状态的变化。约束条件可以按不同的原则划分为数据值的约束和数据间联系的约束，静态约束和动态约束，实体约束和实体间的参照约束等。

数据模型按不同的应用层次分成三种类型，分别是概念数据模型、逻辑数据模型、物理数据模型。

(1) 概念数据模型(Conceptual Data Model)：简称概念模型，是面向数据库用户的实现世界的模型，主要用来描述世界的概念化结构，它使数据库的设计人员在设计的初始阶段摆脱计算机系统及 DBMS 的具体技术问题，集中精力分析数据以及数据之间的联系等，与具体的数据管理系统(DataBase Management System，DBMS)无关。概念数据模型必须换成逻辑数据模型才能在 DBMS 中实现。

(2) 逻辑数据模型(Logical Data Model)：简称数据模型，这是用户从数据库中看到的模型，是具体的 DBMS 所支持的数据模型，如网状数据模型(Network Data Model)、层次数据模型(Hierarchical Data Model)等。此模型既要面向用户，又要面向系统，主要用于数据库管理系统(DBMS)的实现。

(3) 物理数据模型(Physical Data Model)：简称物理模型，是面向计算机物理表示的模型，描述了数据在存储介质上的组织结构，它不但与具体的 DBMS 有关，还与操作系统和硬件有关。每一种逻辑数据模型在实现时都有其对应的物理数据模型。DBMS 为了保证其独立性与可移植性，大部分物理数据模型的实现工作由系统自动完成，而设计者只设计索引、聚集等特殊结构。

　　在概念数据模型中最常用的是 E-R 模型、扩充的 E-R 模型、面向对象模型及谓词模型。在逻辑数据类型中最常用的是层次模型、网状模型和关系模型。

2. 四种常见的数据模型

　　下面分别介绍层次模型、网状模型、关系模型和面向对象模型。其中，层次模型和网状模型统称为非关系模型。

　　1) 层次模型

　　层次模型(Hierarchical Modle)是用树状结构表示数据之间联系的数据模型。树是由节点和连线组成的，节点表示数据，连线表示数据之间的联系。层次模型满足如下两个条件：

　　(1) 有且只有一个节点没有父节点，该节点称为根节点。

　　(2) 其他节点有且仅有一个父节点。

　　层次模型可以直接表示一对一联系和一对多联系，但不能直接表示多对多联系。如图 1-4 所示的就是一个层次模型的例子。其中，D1 为根节点；D2 和 D3 为兄弟节点，是 D1 的子节点；D4 和 D5 为兄弟节点，是 D2 的子节点；D3、D4、D5 为叶节点。

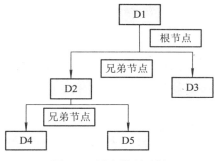

图 1-4　层次模型示例

　　2) 网状模型

　　网状模型(Network Model)是用网络结构表示数据之间联系的数据模型，是层次模型的扩展。网状模型只需满足下面任意一个条件：

　　(1) 可以有任意多个节点而没有父节点。

　　(2) 一个节点允许有多个父节点。

　　(3) 两个节点之间可以有两种或两种以上的联系。

　　网状模型可以直接表示多对多联系，但节点间的连线比较复杂，因而数据结构也比较复杂。如图 1-5 所示是一个网状模型的例子。其中，D1 和 D2 没有父节点，D3 和 D5 有两个父节点，D2 和 D3 之间有两种联系 R1 和 R2。

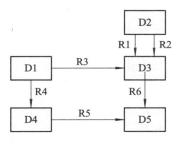

图 1-5　网状模型示例

3) 关系模型

关系模型(Ralational Model)是用关系来表示数据之间联系的数据模型，关系是指由行与列构成的二维表。Microsoft SQL Server、Microsoft Access、Microsoft FoxPro、Oracle、Sybase 等都属于关系模型数据库管理系统。这部分内容会在 1.2.3 节进一步深入讨论。

4) 面向对象模型

面向对象模型(Object Oriental Model)是一种新兴的数据模型，它采用面向对象的方法来设计数据库。面向对象模型的数据库存储以对象为单位，每个对象包含对象的属性和方法，具有类和继承等特点。Computer Associates 公司的 Jasmine 就是面向对象模型的数据库系统。

在面向对象的数据模型中，一个对象存取另一个对象的数据的唯一途径是调用被存取对象的某个方法。对象方法的调用通过在对象之间传送消息来实现。对象方法的调用接口是对外可见的。对象内部的变量和程序编码是封闭的、不可见的。面向对象的数据模型实现了数据的独立性。下面用一个例子来说明这种独立性。我们可以把银行的账户作为一个对象，记做 account。对象 account 具有两个变量：一个是账号变量 number，另一个是存款余额变量 balance。account 具有一个方法 pay_interest，负责计算每个账户的利息并增加到该账户的 balance 变量中。该银行以往付给每个账户的利息都是 8%。现在，银行调整利息如下：只有 balance 高于 1000 元的账户才能获得 8%的利息，其他账户只能获得 6%的利息。使用其他数据模型实现这种利息调整，必须修改有关的应用程序；使用面向对象的数据模型，则只需修改方法 pay_interest 就可以实现这种利息调整，不需要任何其他改变，更不需要修改应用程序。

1.2.3　关系数据库

关系数据库是 E.F.Cold 在 20 世纪 70 年代提出的数据库模型，自 20 世纪 80 年代以来，新推出的数据库管理系统几乎都支持关系数据模型。Microsoft Office Access 是一种典型的关系数据库管理系统。

1. 关系模型中的相关术语

下面以"课程编号"表(参见表 1-1)为例，介绍关系模型中的相关术语。

(1) 关系。一个关系就是一个二维表，每个关系有一个关系名称，如表 1-1 所示的课程编号表。

表 1-1　课　程　编　号

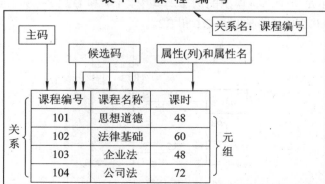

(2) 实体。客观存在并可相互区别的事物称为实体。

(3) 属性。表(关系)中的列称为属性，每一列有一个属性名，对应数据表中的一个字段。

(4) 域。一个属性的取值范围是该属性的域。

(5) 元组。表中的行称为元组，每一行是一个元组，对应数据表中的一个具体记录，元组的各分量分别对应于关系的各个属性。

(6) 候选码。如果表中的某个属性或属性组能唯一地标识一个元组，称该属性或属性组为候选码(候选关键字)。

(7) 主码。若一个表中有多个候选码，可以指定其中一个为主码(主关键字)。

(8) 外码。如果表中的一个属性(字段)不是本表的主码或候选码，而是另外一个表的主码或候选码，这个属性(字段)称为外码(外部关键字)。

(9) 关系模式。一个关系的关系名及其全部属性名的集合简称为关系模式，也就是对关系的描述，一般表示为"关系名(属性名 1，属性名 2，…，属性名 n)"，如"课程编号(课程编号，课程名称，课时)"就是一个关系模型。

(10) 联系。实体集之间的对应关系称为联系，它反映现实世界事物之间的相互关联。实体间的联系按联系方式可分为以下三种类型：一对一联系(1∶1)、一对多联系(1∶n)、多对多联系(m∶n)。

2. E-R(Entity‐Relationship)模型

实体-联系模型(简称 E-R 模型)是由 P.P.Chen 于 1976 年首先提出的，也称为 E-R 图。它提供不受任何 DBMS 约束的面向用户的表达方法，在数据库设计中被广泛用作数据建模的工具。E-R 数据模型问世后，经历了许多修改和扩充。

E-R 模型的构成成分是实体集、属性和联系集，其表示方法如下：

(1) 实体集用矩形框表示，矩形框内写上实体名。

(2) 实体的属性用椭圆框表示，框内写上属性名，并用无向边与实体集相连。

(3) 实体间的联系用菱形框表示，联系以适当的含义命名，名字写在菱形框中，用无向连线将参加联系的实体矩形框分别与菱形框相连，并在连线上标明联系的类型，即1-1(1 对 1)、1-M(1 对多)或 M-M(多对多)。

3. 关系模型的完整性

关系模型的完整性规则是对关系的某种约束条件。关系模型有四类完整性约束，即实体完整性、参照完整性、值域完整性和用户定义完整性。

1) 实体完整性

每个关系都有一个主关键字，每个元组主关键字的值应是唯一的。主关键字的值不能为空，否则，无从识别元组，这就是实体完整性约束。

2) 参照完整性

在关系模型中，实体之间的联系是用关系来描述的，因而存在关系与关系之间的引用。这种引用可通过外部关键字来实现。参照完整性规则是对关系外部关键字的规定，要求外部关键字取值必须是客观存在的，即不允许在一个关系中引用另一个关系里不存在的元组。

3) 值域完整性

值域完整性指数据表中的记录的每个字段的值应在允许的范围内。例如，可规定"学号"字段必须由数字组成，并且字段不能超过 5 个字符。

4) 用户定义完整性

由用户根据实际情况，对数据库中数据所做的规定称为用户定义完整性规则，也称为域完整性规则。通过这些规则限制数据库只接受符合完整性约束条件的数据值，从而保证数据库的数据合理可靠。

4. 关系模型的范式化

范式化是保持存储数据完整性并且使冗余数据最少的结构过程，规范化的数据库即符合关系模型规则的数据库。关系模型规则称为范式。范式包括第一范式(1NF)、第二范式(2NF)和第三范式(3NF)。

1) 第一范式

设 R 是一个关系模式，如果 R 中的每个属性都是不可再分的最小数据项，则称 R 满足第一范式或 R 是第一范式。

第一范式满足以下两个条件：

(1) 记录的每个属性只能包含一个值。

(2) 关系中的每个记录一定不能相同。

例如，学生(学号，姓名，性别，系名，入学时间，家庭成员)不满足第一范式，因为家庭成员属性可以再分解，可将"学生"分解为学生(学号，姓名，性别，系名，入学时间)和家庭(学号，家庭成员，亲属关系)。

2) 第二范式

如果关系模式 R 是第一范式，且所有非主属性都完全依赖于其主关键字，则称 R 是第二范式。

如表 1-1 中，"课程名称"、"课时"依赖于"课程编号"属性，因此"课程编码"关系是第二范式。

3) 第三范式

假设关系中有 A、B、C 三个属性，传递依赖是指关系中 B 属性依赖于主关键字段 A，而 C 属性依赖于 B 属性，称字段 C 传递依赖于 A。如果关系模式 R 是第二范式，且所有非主属性对任何主关键字都不存在传递依赖，则称 R 满足第三范式或 R 是第三范式。

如表 1-2 所示，候选键是"教师编号"属性，"系别编号"、"课程编号"、"工作时间"、"学历"、"职称"都依赖该候选键，并且相互之间无关，其属于第三范式。

表 1-2　教　师　表

教师编号	姓名	性别	系别	课程编号	工作时间	学历	职称
1001	王丽丽	女	0101	101	1989-12-24	本科	讲师
1002	张成	男	0101	102	1980-5-23	本科	教授
1003	李鹏举	男	0101	103	1989-12-29	本科	副教授

利用关系范式实现数据库的数据存储的规范化，可减少数据冗余，节省存储空间，避免数据不一致性，提高对关系的操作效率，同时满足应用需求。在实际应用中，并不一定要求全部模式都达到第三范式。有时故意保留部分冗余可能会更方便数据查询，尤其对于那些更新频度不高，查询频度极高的数据库系统更是如此。

5. E-R 模型与关系模型的转化

E-R 模型是数据库的一种概念模型，关系数据库采用的模型是关系模型，因此，必须将 E-R 模型转化为关系模型。根据 E-R 模型中实体之间的联系，将 E-R 模型转化为关系模型的方法如下。

1) 一对一(1∶1)联系的转换

转换方法：将联系与任意一端实体所对应的关系模式合并，在关系模式的属性中加入另一个实体的主码和联系本身的属性。

【例 1-1】在人事管理系统中，"部门经理"实体和"部门"实体之间的任职联系是一对一的联系，其 E-R 模型如图 1-6 所示，请将其 E-R 模型转换为关系模型。

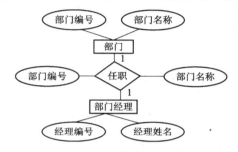

图 1-6　部门-经理 E-R 模型

转换方法：该 E-R 模型有两个实体，即"部门"实体和"部门经理"实体，且它们是 1∶1 的联系。因此，将联系合并到"部门"实体或"部门经理"实体中，并将联系本身的属性和另一个实体的主码作为属性放入合并的实体中，以下两种方法均可：

(1) 将"任职"联系合并到"部门"实体中。

部门(部门经理，部门名称，经理编号，聘任时间，任期)

经理(经理编号，经理姓名)

(2) 将联系合并到"部门经理"实体中。

部门(部门编号，部门名称)

经理(经理编号，经理姓名，部门编号，聘任时间，任期)

2) 一对多(1∶n)联系的转换

转换方法：将该联系与 n 端实体所对应的关系模式合并。合并时需要在 n 端实体的关系模式的属性中加入 1 端实体的主码和联系本身的属性。

【例 1-2】请将图 1-7 中的 E-R 模型转换为关系模型。

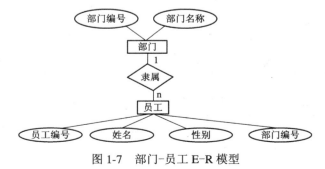

图 1-7　部门-员工 E-R 模型

转换方法：该 E-R 模型有两个实体，即"部门"实体和"员工"实体，且它们是 1：n 的联系。因此，将"隶属"联系并到 n 端的"员工"实体中，并将联系本身的属性和"部门"实体的主码"部门编号"作为属性放入"员工"实体中。

部门(部门编号，部门名称)

员工(员工编号，姓名，性别，部门编号)

3) 多对多(m：n)联系的转换

转换方法：将一个多对多的联系转换为多个一对多的联系，再使用前面介绍的方法转换。

通过上面介绍的 E-R 模型转换为关系模型的三种方法，可将通用的概念模型转换为关系数据库中的物理模型，但得到的关系模型不一定是最优的。在实际应用中，还需要根据应用需要，对得到的关系模型进行调整和优化。

6. 关系运算

早期的关系操作有两种表示方式：关系代数与关系演算。理论上，关系代数和关系演算被证明是完全等价的。关系代数通过对关系的运算来表达查询，其操作对象是关系，操作结果亦为关系。

传统的集合操作包括并、交、差、广义笛卡儿积等。这类操作将关系看做元组的集。其操作是从关系的水平方向(即关系的行)来进行的。

设关系 R 和关系 S 具有相同数目的属性列(n 列属性)，并且相应的属性取自同一个域，则可定义以下四种集合运算：

❖ 并(Union)：关系 R 与关系 S 的并，它是属于 R 或属于 S 的元组组成的集合，结果为 n 列属性的关系。

❖ 交(Intersection)：关系 R 与关系 S 的交，它是既属于 R 又属于 S 的元组组成的集合，结果为 n 列属性的关系。

❖ 差(Difference)：关系 R 与关系 S 的差，它是属于 R 而不属于 S 的元组组成的集合，结果为 n 列属性的关系。

❖ 广义笛卡儿积(Extended Cartesian Product)：关系 R(假设为 n 列)和关系 S(假设为 m 列)的广义笛卡儿积是一个(n + m)列元组的集合，每一个元组的前 n 列是来自关系 R 的一个元组，后 m 列是来自关系 S 的一个元组。若 R 有 K1 个元组，S 有 K2 个元组，则关系 R 和关系 S 的广义笛卡儿积有 K1 × K2 个元组。

以传统的集合操作为依据，数据库关系运算主要包括选择(Select)、投影(Project)、连接(Join)、自然连接(Nature Join)。

1) 选择

选择运算是在关系中选择满足某些条件的元组。也就是说，选择运算是在二维表中选择满足指定条件的行。示例如图 1-8 所示。

教师编号	姓 名	性 别	学 历	职 称
3002	刘立丰	女	本科	副教授
1002	江小洋	女	本科	教授
3001	赵大勇	女	研究生	教授
2001	马淑芬	女	本科	讲师

教师编号	姓 名	性 别	学 历	职 称
1002	江小洋	女	本科	教授
3001	赵大勇	女	研究生	教授

图 1-8　选择运算

2) 投影

投影运算是从关系模式中指定若干个属性组成新的关系，即在关系中选择某些属性列。示例如图 1-9 所示。

教师编号	姓 名	性 别	学 历	职 称
3002	刘立丰	女	本科	副教授
1001	麻城风	男	本科	副教授
4004	钟小于	女	研究生	讲师

教师编号	姓 名	性 别
3002	刘立丰	女
1001	麻城风	男
4004	钟小于	女

图 1-9　投影运算

3) 连接

连接运算将两个关系模式通过公共的属性名拼接成一个更宽的关系模式，生成的新关系中包含满足连接条件的元组。示例如图 1-10 所示。

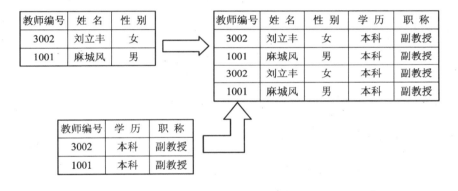

图 1-10　连接运算

4) 自然连接

在连接运算中，按字段值相等的连接称为等值连接，去掉重复值的连接称为自然连接。示例如图 1-11 所示。

图 1-11　自然连接运算

1.3　数 据 库 设 计

要开发一个软件项目，首先要搞清楚这个项目应具有什么功能，需要一些什么表，有什么样的报表需要打印，数据流程如何等，这样才能使整个软件开发的过程比较顺利，否则会给后面的软件开发、修改、维护等带来很大麻烦。从软件工程的角度讲，一个数据库系统的设计过程大致包括 6 个阶段：需求分析、概要设计、详细设计、编码、测试、安装及维护阶段。下面以"教职工工资管理系统"为例，说明数据库应用系统设计的大致过程。

数据库设计是建立数据库及其应用系统的技术，是信息系统开发的核心技术。数据库设计是指对于一个给定的应用环境，构造最优的数据库模式，建立数据库及其应用系统，有效存储数据，以满足用户的信息要求和处理要求。

1.3.1　数据库设计的两个方面

数据库设计的目标是在 DBMS 的支持下，按照应用系统的要求，设计一个结构合理、使用方便、效率较高的数据库系统。

数据库设计涉及两方面：数据库的结构设计和数据库的行为设计。在设计数据库的过程中，应将结构设计和行为设计相结合。

数据库的结构设计是从应用的数据结构角度对数据库的设计。由于数据的结构是静态的，因此数据库的结构设计又称为数据库的静态结构设计。其设计过程是：先将现实世界中的事物、事物之间的联系用 E-R 图表示，再将各 E-R 图汇总，得出数据库的概念结构模型，再将概念结构模型转换为关系数据库的关系结构模型。

数据库的行为设计指根据应用系统用户的行为对数据库的设计，是指数据查询、统计、事物处理等。由于用户的行为是动态的，因此数据库的行为设计又称为数据库的动态设计。其设计过程是：首先将现实世界中的数据及应用情况用数据流图和数据字典表示，并描述用户的数据操作要求，从而得出系统的功能结构和数据库结构。

数据库的结构设计和数据库的行为设计将贯穿数据库设计的每一步。

1.3.2　数据库设计的步骤

数据库设计可分为 6 个阶段：需求分析阶段、概要设计阶段、详细设计阶段、编码阶段、测试阶段、安装及维护阶段。各个阶段的主要任务如下。

1. 需求分析阶段

需求分析阶段的主要任务是：通过与数据库的最终用户交流，了解和掌握数据库应用系统开发对象(也称为用户，指待使用数据库应用系统的部门)的工作流程和每个岗位、每个环节的职责，了解和掌握信息从开始产生或建立，到最后输出、存档或消亡所经过的传递和转换过程，了解和掌握各种人员在整个系统活动过程中的作用。为了实现设计目标，首先要进行下述准备工作：

(1) 确定哪些工作应由计算机来做,哪些工作仍由手工来做。

(2) 掌握各种人员对信息和处理各有什么要求。

(3) 了解对操作界面和报表输出格式各有什么要求,对信息的安全性、完整性有什么要求。

(4) 了解用户希望从数据库中得到什么样的信息。

(5) 集体讨论数据库所要解决的问题,并描述数据库需要生成的报表。

(6) 收集当前用于记录数据的表格。

(7) 参考某个与当前要设计的数据库相似的典型案例。

通过进行系统调查和分析,搜集足够的数据库设计的依据。接着完成如下工作:画出数据流图,建立数据字典和编写需求说明书。

(1) 画出数据流图。数据流图(Data Flow Diagram,DFD)是描述实际业务管理系统工作流程的一种图形表示。数据流图使用带箭头的连线表示数据的流动方向或者表示前者(即不带箭头的一端)对后者(即箭头所指向的一端)的使用,用圆圈表示进行信息处理的一个环节,用双线段或开口矩形表示存档文件或实物,用矩形表示参与活动的人员或部门。通过下发给教职员工的工资数据流动情况,可以设计出工资管理系统的数据流图,如图 1-12 所示。图 1-13 所示为工资管理的业务处理流程图。

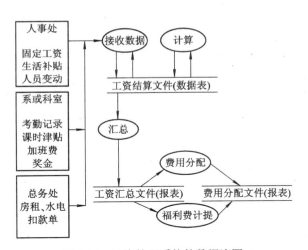

图 1-12　工资管理系统的数据流图

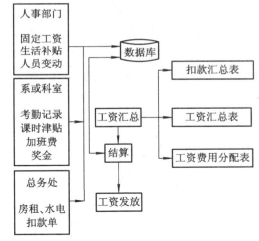

图 1-13　工资管理的业务处理流程图

(2) 建立数据字典。数据字典(Data Dictionary)是对系统流程中数据和处理的描述。在数据库应用系统设计中,它是最原始的数据字典,以后在概要设计和详细设计中的数据字典都由它依次变换和修改而得到。

例如,对教职工工资管理系统进行分析,可得出工资款项的定义:工资款项即进行工资核算所需要的各个数据项,包括工资条上计算应发工资、实发工资所需要的各项数据,如姓名、固定工资、绩效工资、生活补贴等。工资款项的定义就是建立教职工工资核算所需的各项数据。根据工资款项的不同属性,工资款项可分为:

① 相对固定数据项,如职工编号、姓名、参加工作时间、固定工资、生活补贴等。

② 变动原始数据项,如出勤天数、病假天数等。

③ 变动基础数据项，如病、事假扣款等。

④ 计算所得数据项，如应发工资、实发工资等。

(3) 编写需求说明书。需求说明书就是系统总体设计方案，它包括数据流图和数据字典；包括系统设计总体目标，系统适宜采用的计算机系统和数据库管理系统及相应配置情况；包括系统开发人员组成、开发费用和时间；包括划分系统边界，即哪些数据和处理由计算机完成，哪些数据和处理仍由人工完成；包括对用户使用系统的要求等许多方面的详细内容。需求说明书是开发单位与用户共同协商达成的文档，一般要经过有关方面的专家进行评审和通过。它是以后各阶段进行开发、设计的主要依据，也是最终进行系统测试的依据。

通过相关需求分析可知，工资管理系统应具有以下功能：

● 录入工资结算单中各工资数据项的原始数据，据此进行应发工资、代扣款项、实发工资数的计算，能对来自人事部门的人员变动数据进行相应的人员变动数据处理，打印工资结算单。

● 根据结算单，按部门、班组、人员类别、费用科目进行分类汇总，打印分类汇总表。

● 根据工资汇总表进行工资费用的分配、福利费的计提，打印工资费用计提、分配表。

● 根据工资汇总表中代扣款项(如个人所得税代扣计算)的有关数据进行汇总，将汇总结果存入银行或转入其他有关部门。

● 提供工资数据的查询功能。

2. 概要设计阶段

这个阶段是将需求分析阶段的结果模块化，并把本系统的数据流向等关系搞明白。最好画出程序的流程图，把整个项目的框架设计出来，如图 1-13 画出了工资管理的业务处理流程图。另外，还要考虑需要哪些功能模块，每个模块大体需要完成哪些功能，以及它们之间有什么关系，等等，如图 1-14 所示。

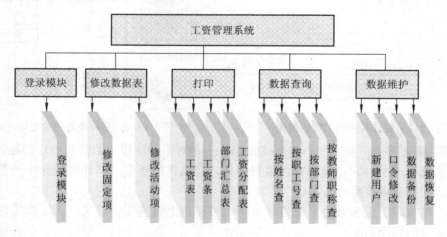

图 1-14　工资管理系统模块

3. 详细设计阶段

这个阶段是在系统模块化的基础上，把系统的功能具体化，逐步完善系统的功能需求。这个阶段要为具体的设计打好基础。

　　数据库设计在每一个具体阶段的后期都要经过用户确认。如果不能满足要求，则要返回到前面一个或几个阶段进行调整和修改。整个设计过程实际上是一个不断返回修改、调整的迭代过程。

4. 编码阶段

　　该阶段主要是根据详细设计的结果把原始数据装入数据库，建立一个具体的数据库并编写和调试相应的应用程序。应用程序的开发目标是开发一个可依赖的有效的数据库存取程序，来满足用户的处理要求。

　　1) 规划数据库中的表

　　表是数据库的基本信息结构。确定表可能是数据库设计过程中最难处理的步骤，因为要从数据库获得的结果(如要打印的报表，要使用的格式，要解决的问题等)不一定能够提供用于生成它们的表的结构的线索。

　　在设计表时，应按以下设计原则对信息进行分类：

　　(1) 表中不应该包含重复信息，而且信息不应该在表之间复制。如果每条信息只保存在一个表中，则只需在一处进行更新，这样效率更高，同时也消除了包含不同信息的重复项的可能性。例如，在一个表中，对每个教职工的职工编号、姓名等只保存一次。

　　(2) 每个表应该只包含关于一个主题的信息。如果每个表只包含关于一个主题的事件，则可以独立于其他主题来维护每个主题的信息。例如，将教职工的基本信息与考勤信息存放在不同的表中，这样就可以在删除某条考勤记录后仍然保留教职工的信息。

　　通过上述分析，在"教职工工资管理系统"中我们设计如下几张表：教职工基本信息表、部门表、考勤表、绩效工资、工资表。

　　2) 确定表中的字段

　　每个表中都包含关于同一主题的信息，表中的每个字段则包含关于该主题的各个事件。例如，教职工基本信息表中包含的字段有职工编号、姓名、性别、出生年月、参加工作时间、学历、职称、联系电话、邮箱地址、籍贯、部门编号；部门表中包含的字段有部门编号、部门名称、负责人；考勤表中包含的字段有职工编号、出勤天数、加班时间、迟到次数、早退次数、旷工次数、事假次数、病假次数；绩效工资中包含的字段有职工编号、加班费、奖金、津贴、考勤扣除金额；工资表中包含的字段有职工编号、姓名、固定工资、生活补贴、应发工资、水电费、公积金、税收、实发工资。

　　在草拟每个表的字段时，要注意以下问题：

　　(1) 每个字段都直接与表的主题相关。

　　(2) 不包含推导或计算的数据，如表达式的计算结果。

　　(3) 包含所需的所有信息。

　　(4) 以最小的逻辑部分保存信息。例如，对英文姓名应该将姓和名分开保存。

　　3) 确定表之间的关系

　　首先要明确主码与外码。主码能唯一识别表中的每一条记录，为确保主码字段的唯一性，Access 避免任何重复值或 Null 值进入主码字段。在 Access 中可以定义三种主码：自动编号、单字段和多字段。表之间的关联依靠外码来维系，设计的表结构合理，不仅可以存储所需要的实体信息，而且可以反映实体之间客观存在的联系，最终设计出满足应用需求的实际关系模型。例如，在"教职工工资管理系统"中，"教职工基本信息"表通过部门编号与"部门表"进行联系，就能反映出职工与部门的关系，"职工基本信息"表通过部门编号与"表考勤"进行联系等。

4) 优化设计

设计完所需要的表、字段和关系后，还应检查该设计，找出可能存在的问题。在设计阶段修改数据库要比修改已经填满数据的表容易得多。

用 Access 新建表，指定表之间的关系，并且在每个表中输入一些记录，然后检查能不能用该数据库获得所需的结果。

绘制查询、窗体、报表的草稿，然后检查显示的数据是否符合要求，最后查找不需要的重复数据并将其删除。

5) 输入数据并创建其他数据库对象

如果认为表的结构已达到了设计目标，则应该继续进行，并在表中添加全部数据，然后就可以创建查询、窗体、报表、宏和模块(这几个对象会在后续几章详细介绍)了。

5. 测试阶段

这个阶段是根据需求说明书来审核已开发的系统，从而确保该系统能够完全实现用户期望的功能。只有顺利通过测试阶段的系统，才能够投入实际使用。

测试阶段的主要活动如下：

1) 单元测试

单元测试用于测试软件中的各个组件。单元测试将一个单元与系统的其他单元隔离，然后运行该单元。单元是单个开发人员开发的一个模块或窗体。由于单元是应用程序的最小部分，可以对单元进行完全测试。大多数情况下，开发人员测试各自的单元，通过执行代码、结构和程序以验证出现的错误并查找其位置。例如，在工资管理系统中，测试输入合法数据时是否反映正确，对于非法的数据是否具有容错能力等。

2) 集成测试

集成测试是指对几个相关的单元集成在一起形成的一个大单元进行测试。每个单元处理、传输数据到下一个单元或显示自身的数据，因此单元必须保持合理流程。每个单元不得有任何缺陷或原有的缺陷已被纠正。集成测试可以按功能模块图自上而下进行，即模块集成的顺序是首先集成主控模块，然后按照控制层次结构向下进行集成。也可以从程序功能模块图最底层的模块开始组装和测试。例如，在工资管理系统中，先测试"主控界面"和"修改固定项"两个模块，再与"插入记录"一起测试三个模块，依此类推，直到集成所有模块，完成对整个程序的测试。

3) 系统测试

系统测试是一系列的测试，其主要是在模拟环境中完整、准确地运行软件系统。由于每项测试都有不同的目标，这些测试一起实现同一个主要目标，这样能确保界面正确集成且执行分配的功能。系统测试通常需要开发小组组长或项目经理的参与。

4) 用户验收测试

一旦软件达到了要求，用户会进入开发小组以熟悉软件。众所周知，需求分析对系统开发具有非常重要的作用。用户参与检查软件的用户友好性和整个视觉效果。该测试的目的在于验证用户是否认可软件开发满足了需求分析说明书中的要求和规范。

6. 安装及维护阶段

这个阶段将开发的数据库应用系统安装到用户环境中，提供给用户使用。

对已经完成系统开发的数据库软件，维护阶段通常比较漫长，包括对用户的培训、软件缺陷的跟踪和升级准备等。平时由数据库管理员(DBA)做日常的系统管理和维护工作，他需要经常听取用户意见，需要利用系统测试和分析软件对系统运行状态进行检测，以便更好地维护系统。

当系统运行一段时间后，用户会提出新的功能需求，DBA 应尽量在原有系统基础上给予修改和扩充。随着时间的推移和计算机技术的飞速发展，原有系统总有一天不能满足此时用户的要求和客观环境的需要，必须重新设计，到此，一个数据库应用系统的生命周期就结束了，新系统的生命周期就开始了。

开发一个完善的数据库应用系统不可能一蹴而就，它往往是上述 6 个阶段的不断重复。需要指出的是，这 6 个阶段不仅包括数据库系统的静态设计，还包括数据库系统的动态设计，开发过程中，应把两者紧密结合起来，以完善系统设计。

1.4 习　　题

一、填空题

1. _____实际上就是存储在某一种媒体上的能够被识别的物理符号。

2. 一个关系的逻辑结构就是一个_____。

3. 目前的数据库系统，主要采用_____数据模型。

4. 数据管理技术的发展经历了人工管理阶段、文件系统阶段和_____系统阶段。

5. 数据库系统包括数据、硬件、软件和_____。

6. 数据的完整性包括实体完整性、_____、_____、_____四种。

7. 对关系进行选择、投影或连接运算之后，运算的结果仍然是一个_____。

8. 在关系数据库的基本操作中，从表中选出满足条件的元组的操作称为_____。

9. 要想改变关系中属性的排列顺序，应使用关系运算中的_____运算。

10. 工资关系中有工资号、姓名、职务工资、津贴、公积金、所得税等字段，其中可以作为主键的字段是_____。

11. 表之间的关系有三种，即一对一关系、_____和_____。

二、选择题

1. 数据库(DB)、数据库系统(DBS)和数据库管理系统(DBMS)之间的关系是(　)。

(A) DBMS 包括 DB 和 DBS
(B) DBS 包括 DB 和 DBMS
(C) DB 包括 DBS 和 DBMS
(D) DB、DBS 和 DBMS 是平等关系

2. 在数据管理技术的发展过程中，大致经历了人工管理阶段、文件系统阶段和数据库

系统阶段。其中，数据独立性最高的阶段是( )阶段。

(A) 数据库系统 　　　　　　　　(B) 文件系统

(C) 人工管理 　　　　　　　　　(D) 数据库管理

3. 如果表 A 中的一条记录与表 B 中的多条记录相匹配，且表 B 中的一条记录与表 A 中的多条记录相匹配，则表 A 与表 B 间的关系是( )关系。

(A) 一对一 　　　　　　　　　　(B) 一对多

(C) 多对一 　　　　　　　　　　(D) 多对多

4. 在数据库中能够唯一地标识一个元组的属性(或者属性的组合)称为( )。

(A) 记录 　　　　　　　　　　　(B) 字段

(C) 域 　　　　　　　　　　　　(D) 关键字

5. 表示二维表的"列"的关系模型术语是( )。

(A) 字段 　　　　　　　　　　　(B) 元组

(C) 记录 　　　　　　　　　　　(D) 数据项

6. 表示二维表中的"行"的关系模型术语是( )。

(A) 数据表 　　　　　　　　　　(B) 元组

(C) 记录 　　　　　　　　　　　(D) 字段

7. Access 的数据库类型是( )。

(A) 层次数据库 　　　　　　　　(B) 网状数据库

(C) 关系数据库 　　　　　　　　(D) 面向对象数据库

8. 属于传统的集合运算的是( )。

(A) 加、减、乘、除 　　　　　　(B) 并、差、交

(C) 选择、投影、连接 　　　　　(D) 增加、删除、合并

9. 关系数据库管理系统的 3 种基本关系运算不包括( )。

(A) 比较 　　　　　　　　　　　(B) 选择

(C) 连接 　　　　　　　　　　　(D) 投影

10. 下列关于关系模型特点的描述中，错误的是( )。

(A) 在一个关系中，元组和列的次序都无关紧要

(B) 可将日常手工管理的各种表格，按照一张表作为一个关系直接存放到数据库系统中

(C) 每个属性必须是不可分割的数据单元，表中不能再包含表

(D) 在同一个关系中不能出现相同的属性名

11. 在数据库设计的步骤中，确定了数据库中的表后，接下来应该( )。

(A) 确定表的主键 　　　　　　　(B) 确定表中的字段

(C) 确定表之间的关系 　　　　　(D) 分析建立数据库的目的

12. 下列关于 Access 数据库的描述错误的是( )。

(A) 由数据库对象和组两部分组成

(B) 数据库对象包括：表、查询、窗体、报表、数据访问页、宏、模块

(C) 数据库对象放在不同的文件中

(D) 是关系数据库

13. 将两个关系拼接成一个新的关系，生成的新关系中包含满足条件的元组，这种操作称为(　　)。

(A) 选择

(B) 投影

(C) 连接

(D) 并

14. 用树形结构表示实体之间联系的模型是(　　)。

(A) 关系模型

(B) 网状模型

(C) 层次模型

(D) 以上都是

15. 下列关于实体描述的说明，错误的是(　　)。

(A) 客观存在并且相互区别的事物称为实体，因此实际的事物都是实体，而抽象的事物不能作为实体

(B) 描述实体的特性称为属性

(C) 属性值的集合表示一个实体

(D) 在 Access 中，使用"表"来存放同一类的实体

16. 下列叙述中正确的是(　　)。

(A) 数据库系统是一个独立的系统，不需要操作系统的支持

(B) 数据库设计是指设计数据库管理系统

(C) 数据库技术的根本目标是要解决数据共享的问题

(D) 数据库系统中，数据的物理结构必须与逻辑结构一致

17. 在数据库中存储的是(　　)。

(A) 数据

(B) 数据模型

(C) 数据以及数据之间的联系

(D) 信息

18. 如果一个数据表中存在完全一样的元组，则该数据表(　　)。

(A) 存在数据冗余

(B) 不是关系数据模型

(C) 数据模型采用不当

(D) 数据库系统的数据控制功能不好

19. 数据库系统的核心软件是(　　)。

(A) 数据库应用系统

(B) 数据库集合

(C) 数据库管理系统

(D) 数据库管理员和用户

20. 下列关于数据库管理系统的描述中，正确的是(　　)。

(A) 指系统开发人员利用数据库系统资源开发的面向某一类实际应用的软件系统

(B) 指位于用户与操作系统之间的数据库管理软件，能方便地定义数据和操纵数据

(C) 能实现有组织地、动态地存储大量的相关数据，提供数据处理和信息资源共享

(D) 由硬件系统、数据库集合、数据库管理员和用户组成

21. 关系型数据库管理系统中的关系是指(　　)。

(A) 各条记录中的数据彼此有一定的关系

(B) 一个数据库文件与另外一个数据库文件之间有一定的关系

(C) 数据模型符合满足一定条件的二维表格式

(D) 数据库中各个字段之间彼此都有一定的关系

三、思考题

1. 数据管理技术的发展大致经历了哪几个阶段？各阶段的特点是什么？
2. 什么是数据、数据库、数据库管理系统和数据库系统？
3. 数据库管理系统和数据库应用系统之间的区别是什么？
4. 解释以下名词：实体、属性、关键字、联系。
5. 数据库管理系统所支持的传统数据模型是哪三种？各自都有哪些优缺点？
6. 简述设计数据库的基本步骤。

第 2 章　Access 概述

【教学目的与要求】

❖　了解 Access 功能和特点
❖　熟悉 Access 的基本对象
❖　熟悉 Access 2003 的工作环境
❖　掌握 Access 帮助系统的用法
❖　了解 Access "视图"选项卡参数、"常规"选项卡、"编辑/查找"选项卡、"高级"
选项卡参数选项设置

【教学内容】

❖　Access 功能和特点
❖　Access 的基本对象
❖　Access 2003 的工作环境
❖　Access 帮助系统的用法
❖　Access "视图"选项卡参数、"常规"选项卡、"编辑/查找"选项卡、"高级"选项
卡参数选项设置

【教学重点】

❖　Access 2003 的工作环境
❖　Access 帮助系统的用法

【教学难点】

❖　Access 2003 的工作环境
❖　Access "视图"选项卡参数、"常规"选项卡、"编辑/查找"选项卡、"高级"选项
卡参数选项设置

2.1　Access 的功能和特点

Microsoft Access 2003 是一种数据库管理系统，它的强大功能主要表现在：友好的用户

界面；数据表操作简单、易学易懂；通过向导创建表、查询、窗体及报表；自动绘制数据统计图和绘图功能；有效管理、分析数据的功能；增强的网络功能；宏功能和内嵌的VBA(Visual Basic for Application)等。

除了以上所提到的功能以外，在 Access 2003 中还增加了许多新的功能。例如，可以查看数据库对象间的相关性信息；可以启用自动错误检查以检查窗体和报表的常见错误；修改"表"设计视图中的被继承字段属性时，Access 将显示一个选项，此选项用于更新全部或部分绑定到该字段的控件属性。

2.1.1　Access 2003 的特点

Access 的最新版本是 Access 2003，它是 Office 2003 的组件之一。Access 具有以下特点：

(1) 使用简单。Access 2003 表设计器、查询设计器等可视化设计工具，使用户基本不用编写任何代码，通过可视化操作，就可以完成数据库的大部分管理工作。

(2) 提供了大量的向导。几乎每一个对象都有相应的向导，利用向导工具可以迅速地建立一个功能完美的数据库应用系统。

(3) Access 2003 是一个面向对象的、采用事件驱动的关系型数据库管理系统。它符合开放式数据库互接(ODBC)标准，通过 ODBC 驱动程序可以与其他数据库相连，还允许用户使用 VBA 语言作为其应用程序开发工具，这样可以使高级用户开发功能更为复杂的完美的应用程序。

(4) 支持 Web 功能的信息共享。用户可快捷方便地创建数据访问页，并通过数据 HTML页，将数据库应用扩展到企业内部网络 Intranet 上，实现信息共享，并可以通过 Access 2003直接发布到 Web 中去，Access 可在数据库中创建超链接，通过单击文档中的超链接很容易地将数据库定位到浏览器中，将桌面的数据库的功能和网站的功能结合在一起，并将用户链接到本地或其他 Web 站点上的有关文本或一个 E-mail 地址。

(5) 用于信息管理的强大解决方案工具。高级用户和开发人员可以创建那些将 Access界面(客户端)的易用性和 SQL 服务器的可扩展性和可靠性结合在一起的解决方案。

(6) 具有完备的数据库窗口。Access 可以容纳并显示多种数据操作对象，增强了易用性，并与 Office 软件包中其他应用软件的统一界面保持一致。

(7) Access 2003 的主要缺点是：安全性比较低，多用户特性比较弱，处理大量数据时效率比较低，仅适用于单机环境。

2.1.2　Access 2003 的新增功能

1. 提供名称自动更正功能

自 Access 2000 开始，Access 可以自动解决当用户重新命名数据库对象时出现的常见负面效应。例如，当用户重命名表中的字段时，Access 将自动在诸如查询的相关对象中进行相应的更改。

2. 具有子数据表功能

自 Access 2000 版本开始，Access 可以支持的子数据表功能可以使若干相关链的数据表显示在同一窗口中，提供了一种嵌套式视图，这样就可以在同一窗口中专注于某些特定的数据并对其进行编辑。

3. 可以采用拖放的方式与 Excel 共享信息

用户只需简单地将 Access 对象(表、查询等)从数据库容器拖放至 Microsoft Excel 电子表中，即可从 Microsoft Access 中将数据导出到 Microsoft Excel，从而方便了这两个 Office 软件交换数据的操作。

4. 共享组件的集成

Access 利用新的 Office Web 组件和位于浏览器中的 COM 控件，为用户提供了多种查看和分析数据的方式。

5. Microsoft SQL Server 交互性

Microsoft Access 支持 OLE DB，使用户可以将 Access 界面的易用性与诸如 Microsoft SQL Server 的后端企业数据库的可升级性相结合。

2.2　Access 2003 的启动与退出

2.2.1　Access 2003 的启动

启动 Access 2003 有多种方法，常用的方法有 3 种：使用【开始】菜单、快捷方式和已有的 Access 2003 文档。

1. 使用【开始】菜单启动 Access 2003

使用开始菜单启动 Access 2003 的操作方法：单击 Windows 桌面左下角的【开始】按钮，将光标移到【程序】命令上，在出现的下一级菜单中将光标移到【Microsoft Office】上，在出现的下一级菜单上单击【Microsoft Office Access 2003】命令(本书在以后类似的操作中采用以下的方法进行叙述：单击【开始】→【程序】→【Microsoft Office】→【Microsoft Office Access 2003】菜单命令)，如图 2-1 所示。

图 2-1　Microsoft Office Access 菜单

经过上述操作，就可以启动 Access 2003，刚启动的 Access 2003 窗口如图 2-2 所示，有关此窗口的介绍，将在 3.2 节中进行。

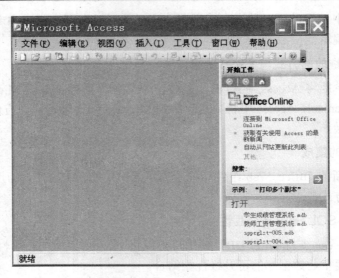

图 2-2 Access 窗口

从图 2-2 中可以看出，在 Access 2003 启动的同时并没有一个新的数据库建成，这是因为在 Access 2003 建立什么样的数据库要由用户确定。

2. 使用快捷方式启动 Access 2003 的方法

(1) 创建快捷方式图标：单击【开始】按钮，选择【程序】选项，将鼠标移到【Microsoft Office】上，然后将鼠标指向【Microsoft Access】命令，按住 Ctrl 键向桌面拖曳，就可以在桌面上建立 Access 2003 的快捷方式图标。Access 2003 的快捷方式图标如图 2-3 所示。

图 2-3 Access 快捷方式图标

(2) 在 Windows 桌面上双击快捷方式图标就可以启动 Access 2003。

3. 使用已有的文档启动 Access 2003

如果进入 Access 2003 是为了打开一个已有的数据库，那么使用已有文档启动 Access 2003 是很方便的。使用这种方法启动 Access 2003 也有多种方式。

(1) 在"我的电脑"或"Windows 资源管理器"中双击要打开的数据库可启动 Access 2003。如果 Access 2003 还没有运行，它将启动 Access 2003，同时打开这个数据库；如果 Access 2003 已经运行，它将打开这个数据库，并激活 Access 2003。

(2) 单击启动了的 Access 2003 的【文件】→【打开】命令，如图 2-4 所示，调出"打开"对话框，如图 2-5 所示，在"查找范围"中选择盘符和文件夹，然后选择要打开的文档，单击【打开】按钮，打开相应的数据库窗口。

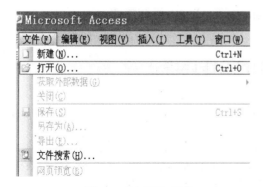

图 2-4　【打开】菜单

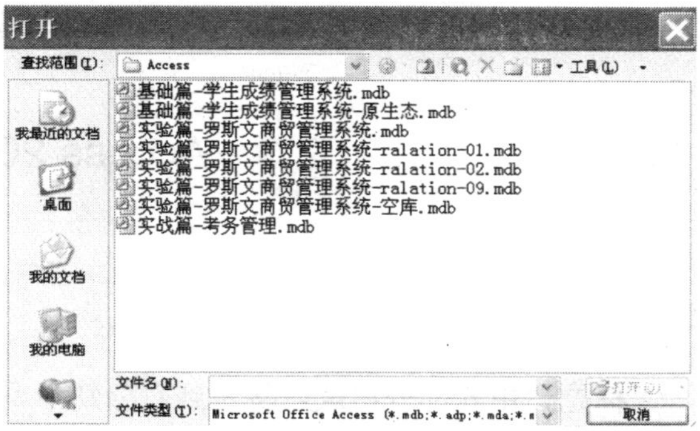

图 2-5　"打开"对话框

2.2.2　Access 2003 的退出

在 Access 2003 中编辑完所需要的内容，或者需要为其他应用程序释放一些内存时，就可以退出应用程序，退出 Access 2003 的方法有多种，下面介绍其中的几种。

1. 使用菜单命令退出

单击菜单栏中的【文件】→【退出】菜单命令，就可以退出 Access 2003，如图 2-6 所示，如果在退出时，正在编辑的数据库对象没有保存，则会弹出一个提示保存对话框，提示用户是否保存对当前数据库对象的更改，如图 2-7 所示，这时可根据需要选择【保存】、【不保存】或【取消】退出操作。

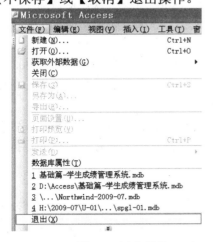

图 2-6　退出菜单

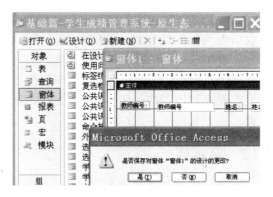

图 2-7　提示对话框

2. 使用系统控制菜单退出

(1) 单击标题栏左上角的"系统控制菜单"图标，在系统弹出的系统控制菜单中单击【关闭】命令。

(2) 双击标题栏左上角的"系统控制菜单"图标，可以直接退出 Access 2003。

3. 其他关闭的方法

(1) 使用【关闭】按钮退出：单击标题栏右上角的【关闭】按钮即可退出。

(2) 使用快捷键退出 Access 2003：在键盘上同时按下 **Alt+F4** 快捷键即可退出。

2.3　Access 2003 的工作环境

2.3.1　标题栏

标题栏由 6 部分组成，从左到右分别为系统控制菜单、应用程序名、Access 2003 数据库文件名、【最小化】按钮、【最大化/还原】按钮和【关闭】按钮，如图 2-8 所示。

図 2-8　标题栏

(1) 【系统控制菜单】按钮：单击【系统控制菜单】按钮，可打开系统控制菜单，利用此菜单可对系统窗口进行操作，如改变系统窗口的大小、移动系统窗口、最大化系统窗口和关闭系统窗口。

(2) 应用程序名：指明当前窗口是 Microsoft Access 软件窗口。

(3) Access 数据库文件名：标明当前 Access 数据库文件名称。只有当数据库窗口最大化时，才会出现这一项，否则数据库的文件名出现在数据库窗口中。

(4) 【最小化】按钮：单击【最小化】按钮，可将 Microsoft Access 软件窗口缩小为图标，并放置在 Windows 的任务栏中。在任务栏上单击 Access 2003 系统窗口图标，可恢复 Access 2003 系统窗口。

(5) 【最大化/还原】按钮：当此按钮为【最大化】按钮时，单击它将使 Access 2003 软件窗口变为最大化窗口，即窗口充满整个屏幕；当此按钮为【还原】按钮时，单击它将使 Access 2003 软件窗口恢复为变成最大窗口前的窗口大小。

(6) 【关闭】按钮：单击【关闭】按钮，将关闭 Access 2003 软件窗口，如果文件修改后没有保存过，则在关闭 Access 2003 软件窗口前，系统会提示是否保存修改过的数据库文件。

2.3.2　菜单栏

菜单栏中包括【文件】、【编辑】、【视图】、【插入】、【工具】、【窗口】和【帮助】等 7 个菜单，如图 2-9 所示，单击任意一个菜单，都会弹出一组相关性的操作命令，用户可以根据需要选择相应的命令完成操作。这 7 个菜单的主要功能在以后的操作中将逐步学到，这里先介绍它们的特点。

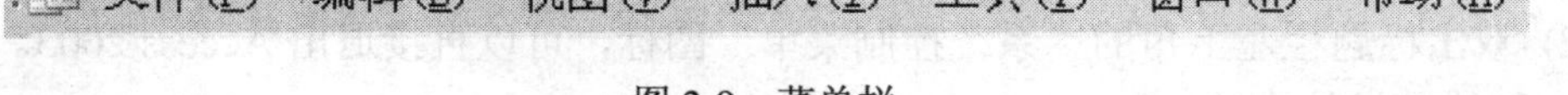

図 2-9　菜单栏

Access 2003 的菜单与其他 Windows 软件的菜单形式相同，都遵从以下约定：

(1) 菜单中的菜单项名字是深色时，表示当前可使用；是浅色时，表示当前还不能使用。

(2) 如果菜单名后边有省略号(…)，则表示单击该菜单命令后，会弹出一个对话框，要求选定执行该菜单命令的有关选项。

(3) 如果菜单名后边有黑三角标记(▶)，则表示该菜单命令有下一级子菜单，单击该标记将给出进一步的选项。

(4) 如果菜单名左边有选择标记(☑或 ⦿)，则表示该选项已设定，如果要删除标记(不选定该项)，可再次单击该菜单选择标记。☑ 表示复选，⦿ 表示单选。

(5) 菜单命令名称右边的组合按键，表示执行该菜单命令的对应快捷键，按下快捷键可以在不打开菜单的情况下直接执行菜单命令。

Access 2003 菜单除了与 Windows 菜单有相同的约定外，还与其他 Office 成员一样，可以根据用户的使用习惯智能地显示个性化的菜单。在打开一个菜单时，所看到的只是常用功能项，如图 2-10 所示。如果想要看到全部菜单，则可以将鼠标在主菜单名称(或菜单最下方的标志)处停留稍长时间，或者单击菜单最下方的标志即可展开整个菜单。展开后的菜单如图 2-11 所示。

图 2-10　个性化菜单

图 2-11　全部菜单

2.3.3　工具栏

一般常用的菜单命令都有工具栏按钮，单击工具栏上的按钮，可以直接实现相应的功能。

1. 工具栏简介

Access 2003 的工具栏很多，随着所打开对象的不同出现的工具栏也不同。打开一个数据库时的工具栏如图 2-12 所示，打开表对象时的工具栏如图 2-13 所示。

图 2-12　打开一个数据库时的工具栏

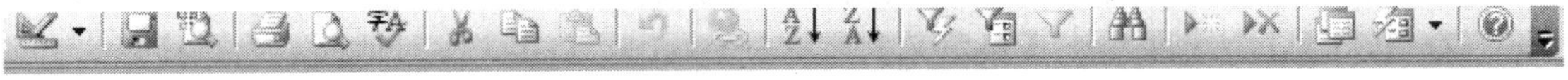

图 2-13　打开一个表对象的工具栏

在工具栏上，很多按钮的右边都有一个向下的箭头符号，表示这个按钮下面有一组按钮可供选择，直接单击该按钮时，使用的是上一次使用过的按钮，如果要更换按钮则应单击向下箭头符号，调出其下拉列表，从中选择所需要的按钮。

例如，单击图 2-14 所示工具栏中【分析】按钮右边的向下箭头符号，按钮的下面会出现一个菜单，可以选择其中的一个命令。当用户使用过菜单中的某个命令后，原来在工具栏上的向下箭头按钮就被刚刚使用过的那个命令替换。这样下次使用这个命令的时候，直接单击按钮就可以了。

图 2-14　分析组内的按钮

2. 显示/隐藏工具栏

除了启动 Access 2003 默认的工具栏，Access 2003 中还有其他工具栏。这些工具栏一般是处于隐藏状态以节省屏幕上的空间，在需要时可以将其打开。显示/隐藏 Access 2003 的其他工具栏的方法有多种，下面介绍其中的几种。

(1) 单击【视图】→【工具栏】→【XXX】菜单命令，【XXX】是【工具栏】子菜单中列出的工具栏的名称，如图 2-15 所示。

图 2-15　【工具栏】菜单

如果工具栏的左侧有显示标记，表示此工具栏呈显示状态，其他工具栏的左侧没有标记，表示此工具栏呈隐藏状态。

要显示某个工具栏，只要单击该工具栏名称，使该工具栏左侧出现显示标记即可。

根据工具栏出现在屏幕上的两种默认方式，将工具栏分为两种，一种与数据库工具栏、绘图工具栏的显示方式相似，它们与窗口形成一个整体，将其称为入坞式工具栏；另一种是工具栏在 Access 2003 窗口的空白区或脱离窗口显示，将它们称为浮动工具栏。用鼠标拖曳工具栏，在屏幕上不同的位置可以使这两种工具栏相互转换。

如果要隐藏已经显示的某个工具栏，单击【工具栏】级联菜单中该工具栏的名称，则可以取消显示标记，同时隐藏该工具栏。这种方法适用于所有的工具栏，对于浮动式工具栏还可以通过单击该工具栏右上角的关闭按钮来隐藏它。

(2) 单击【工具】菜单中【自定义】菜单命令调出"自定义"对话框，选择其中的"工具栏"选项卡，如图 2-16 所示，从中选取所需要的工具选项，然后单击【关闭】按钮，就可以在屏幕上看到相应的工具栏。

（3）调入比较常用的工具栏也可以使用其快捷菜单，方法是将鼠标移到工具栏上的任何位置并单击右键，调出其快捷菜单，如图 2-17 所示，在快捷菜单中选择所需的工具栏选项，就可以显示这个工具栏。如果要用到在快捷菜单中没有列出的工具栏，可以单击其中的自定义选项，则可调出图 2-16 所示的"自定义"对话框，从中选择所需要的工具栏。

图 2-16　自定义对话框

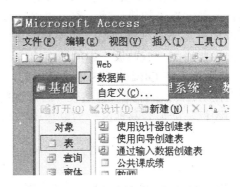

图 2-17　调出其快捷菜单

2.3.4　任务窗格

"任务窗格"是 Office 2003 应用程序中提供常用命令的窗口。它处于屏幕的右侧，尺寸较小，可以在使用这些命令的同时继续处理文件。任务窗格最早出现于 Office XP 中。

1. 任务窗格的切换方法

单击【视图】→【任务窗格】菜单命令，或单击【视图】→【工具栏】→【任务窗格】菜单命令均可显示任务窗格。在 Access 2003 启动时自动显示"开始工作"任务窗格，如图 2-18 所示。在任务窗格的最上方是【其他任务窗格】按钮，这个按钮上的文字是当前所显示的任务窗格，单击该按钮可以调出其下拉菜单，从中选择所需要的命令，就可以切换到需要的任务窗格中了。例如，单击"文件搜索"选项，就可以切换到"基本文件搜索"任务窗格，如图 2-19 所示。

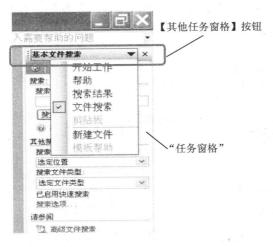

图 2-18　任务窗格

图 2-19　"基本文件搜索"任务窗格

2. Office 剪贴板

除了使用以上方法调出"剪贴板"任务窗格外，单击【编辑】→【Office 剪贴板】菜单命令，也可以调出"剪贴板"任务窗格，如图 2-20 所示。在"剪贴板"任务窗格中可以同时放 24 个粘贴项，如果存放的粘贴项超过 24 个，则会弹出提示对话框，提示将由新的内容替代剪贴板中的第一项。通过"剪贴板"任务窗格可查看"剪贴板"中都有哪些内容，以便选择所需要的进行粘贴。如果要粘贴"剪贴板"中的所有内容，单击【全部粘贴】按钮，如果要清空"剪贴板"中的所有内容，单击【全部清空】按钮。

"剪贴板"在 Office 2003 中是通用的，如果在 Word 中已经复制到"剪贴板"中一些内容，则在 Access 中打开"剪贴板"时，这些内容仍然存在，如图 2-21 所示。根据剪贴板中的不同图标，能很容易地区分剪贴板中的内容是哪一种类型。

图 2-20 【Office 剪贴板】菜单

图 2-21 "剪贴板"内容

将鼠标移到"剪贴板"中的每一项内容上时都有一个下拉箭头，单击该箭头，在弹出的下拉菜单中有"粘贴"和"删除"两个选项。如果要将某一选项粘贴，直接单击"粘贴"选项就可以完成粘贴操作。

在"剪贴板"任务窗格的下方有一个【选项】按钮，单击【选项】按钮，在弹出的菜单中有 5 个选项，用于决定"剪贴板"的显示方式，如图 2-22 所示。

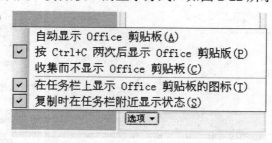

图 2-22 【选项】按钮

3. Office 剪贴板与系统剪贴板的关系

"剪贴板"是 Windows 中的一个概念，在 Office 2003 中，它的作用与 Windows 剪贴板有以下的关系：

(1) 当向"Office 剪贴板"复制多个项目时，所复制的最后一项将被复制到系统剪贴板上。

(2) 当清空"Office 剪贴板"时，系统剪贴板也将同时被清空。

(3) 当使用【粘贴】命令时，【粘贴】按钮或快捷键(【Ctrl+V】)所粘贴的是系统剪贴板的内容，而非"Office 剪贴板"上的内容。

2.4　Access 帮助系统的用法

Access 自带了一个完善的在线帮助系统，Internet 上也有大量的学习资料，用户在学习和使用 Access 的过程中，可以使用多种方法获取 Access 的帮助信息。在学习和使用 Access 的过程中，要逐步培养自主学习能力，逐渐养成遇到困难及时查找帮助信息的好习惯。

1. 使用搜索主题的方法获取 Access 帮助信息

Access 的帮助系统使用帮助主题组织帮助信息。用户只需选择需要的帮助主题，"帮助"窗口就显示该主题的帮助信息。如果用户知道帮助主题，通常使用 Access 的搜索主题功能就能快速找到需要的帮助主题。搜索主题可以使用如下方法：

(1) 在"键入需要帮助的问题"组合框中输入或选择帮助主题的关键词，并按【Enter】键搜索帮助主题。

(2) 选择【帮助】→【Microsoft Office Access 帮助】命令，打开"Access 帮助"任务窗格。在"搜索"文本框中输入关键词，并单击【开始搜索】按钮，搜索帮助主题。

(3) 在"搜索结果"任务窗格的"请键入一个或多个关键词"文本框中输入关键词，并单击【开始搜索】按钮搜索帮助主题。

使用以上任意一种方法搜索帮助主题时，Access 都打开"搜索结果"任务窗格，在其中显示 20 个与指定关键词相似的帮助主题。此时，只需单击"搜索结果"任务窗格中的某个帮助主题，"帮助"窗口就显示该主题的帮助信息。

2. 使用查阅主题的方法获取帮助信息

如果使用搜索主题的方法没有找到需要的帮助主题，或希望使用帮助信息系统地学习 Access 的功能和操作方法，可以使用查阅主题的方法获取帮助信息。操作步骤如下：

(1) 选择【帮助】→【Microsoft Office Access 帮助】命令，打开"Access 帮助"任务窗格。

(2) 选择其中的"目录"选项，显示帮助主题的目录。

(3) 展开帮助主题的目录列表，选择某个帮助主题，即可在"帮助"窗口中查看该主题的帮助信息。

3. 用 Internet 获取帮助信息

Internet 上有大量的 Access 学习资料，只要用户的计算机连上 Internet，就可以使用如下方法获取 Internet 上的学习资料。

(1) 在 Access 主窗口中选择【帮助】→【Microsoft Office Online】命令，打开 Microsoft Office Online 网站，获取最新帮助信息。

(2) 在 Access 主窗口中选择【帮助】→【Access 开发人员资料】命令，访问 Microsoft Office 开发中的主页 Office Developer Center，获取 Access 数据库应用程序开发的技术资料。

(3) Internet 上有许多 Access 的学习网站，用户可以使用 Internet 上的搜索引擎搜索相关网站，更广泛地获取信息。

4. 获取对话框的帮助信息

如果某个对话框有【帮助】按钮，打开对话框后，先单击该按钮，再单击对话框的某个对象，即可获得该对象的帮助信息。

5. 使用 F1 键获取帮助信息

在大多数情况下，按【F1】键，Access 将打开 "Access 帮助" 任务窗格，用户可以使用前面介绍的方法获取帮助信息。在下列特殊情况下按【F1】键，Access 将直接显示对应的帮助信息。

(1) 在编写 SQL 语句的代码时，先将光标定位于一个关键字或选择一个关键字，按【F1】键，Access 将在 "帮助" 窗口中显示该关键字的帮助信息。

(2) 在窗体设计器或报表设计器中，先选择一个控件，再按【F1】键，Access 将使用文本框显示该控件的帮助信息。

(3) 在属性对话框中先选择一个属性，再按【F1】键，Access 将在 "帮助" 窗口中显示该属性帮助信息。

6. 使用 Office 助手获取帮助信息

Office 助手是一个具有动画效果的帮助助手。正确安装了 Office 助手后，还可以使用 Office 助手查找相应的帮助主题，获取帮助信息。使用 Office 助手获取帮助信息的方法可查阅 Access 的帮助信息。

7. 使用鼠标右键获取系统帮助

在操作的过程中，如果不清楚操作命令在哪个菜单中，或不清楚下一步操作该做什么，可以单击鼠标右键，在出现的快捷菜单中选择下一步要做的操作。

2.5 Access 选项设置

Access 具有 107 个可以设置的选项参数，其中包括数据表视图的格式、文字与数据的字体，各类对象的显示模式，数据库文件夹的默认存储位置，数据库打开模式，年份的位数等。这些 Access 选项参数决定了 Access 运行的基本属性，均被设置为相应的、也比较适宜的默认值。对这些 Access 选项参数设置不满意时，可以应用 Access 提供的一个操作界面加以修改，以获取自己所期望的 Access 运行属性。自 Access 2000 版本开始，Access 使用 Windows 注册表为每一个 Access 用户存储各自的默认属性值，这就使得 Access 用户可以定制自己所喜爱的 Access 运行属性。

如果需要修改 Access 选项参数值，可以在 Access 数据库设计视图菜单上单击【工具】→【选项】(如图 2-23 所示)，即进入 Access 的 "选项" 对话框，如图 2-24 所示。

<table>
<tr><td>图 2-23　【选项】菜单</td><td>图 2-24　"选项"对话框</td></tr>
</table>

　　Access 2003 的"选项"对话框由 12 个选项卡组成，分别为"视图"、"常规"、"编辑/查找"、"键盘"、"数据表"、"窗体/报表"、"页"、"高级"、"国际"、"错误检查"、"拼写检查"、"表/查询"。可以在不同的选项卡上进行相关的功能选项值设置。其中，"视图"、"常规"、"编辑/查找"、"键盘"等选项卡上设置的参数将对整个数据库应用系统产生作用，"数据表"、"窗体/报表"和"表/查询"等选项卡上设置的参数将对数据表视图中的表、窗体、查询对象的显示格式产生作用，"高级"选项卡上设置的参数主要与多用户数据库的性能有关。

　　在这 12 个选项卡中，"键盘"、"数据表"、"窗体/报表"和"表/查询"选项卡参数设置非常直观，而"视图"、"常规"、"编辑/查找"和"高级"选项卡上的参数含义不太容易理解。因此，下面将主要介绍"视图"、"常规"、"编辑/查找"和"高级"选项卡上各个参数的含义。

2.5.1　Access"视图"选项卡参数

　　Access"视图"选项卡参数用于定义 Access 应用窗口的外观形式，共有 10 个参数可以设置，这 10 个参数被分为 3 组显示。表 2-1 描述了这 10 个参数设定值的功能。

表 2-1　Access"视图"选项卡参数

选项组	选 项	功　　能
显示组	状态栏	选中此复选框，则在 Access 应用窗口的底部显示状态栏
	启动对话框	选中此复选框，则在启动 Access 时，显示一个数据库操作对话框
	新建对象的快捷方式	选中此复选框，则在数据库窗口中显示用于创建新对象的快捷方式
	隐藏对象	选中此复选框，则在数据库窗口中显示隐藏的对象
	系统对象	选中此复选框，则在数据库窗口中显示系统对象
	任务栏中的窗口	选中此复选框，则将导致在任务窗口中将数据库窗口和每个打开的窗口显示为一个图标，此选项只有在安装了 Microsoft Internet Explorer Active Desktop 时才可使用
在宏设计中显示组	名称列	选中此复选框，则在新宏中显示名称列
	条件列	选中此复选框，则在新宏中显示条件列
数据库窗口中的鼠标	单击打开	选中此复选框，则允许鼠标左键单击打开数据库对象
	双击打开	选中此复选框，则需鼠标左键双击才能打开数据库对象，这也是默认的方式

2.5.2 Access "常规" 选项卡参数

Access"常规"选项卡上的参数用于定义新创建对象的常规属性，这些对象包括数据表、窗体和报表。Access 常规选项卡上共有 17 个参数设置，可以分为 5 个选项组。表 2-2 描述了这 17 个参数设定值的功能。

表 2-2 Access "常规" 选项卡参数

选 项 组	选 项	功 能
综合组	默认数据库文件夹	设置默认的数据库文件存储路径 例如：C:\My Documents\
	保存时从文件属性中删除个人信息	选中该复选框，Access 将在保存数据库文件时删除文件属性中关于文件创建者的个人信息
	最近使用的文件列表	选择(或指定)Access 在数据库窗口文件菜单中保留最近打开过的数据库文件的个数
	提供声音反馈	选中该复选框，Access 将为每一项操作播放一段伴随音乐
	关闭时压缩	选中该复选框，则每当关闭数据库操作时，Access 自动压缩该数据库
打印边距组	左边距	以厘米为单位标记打印或预览显示时的左边距
	右边距	以厘米为单位标记打印或预览显示时的右边距
	上边距	以厘米为单位标记打印或预览显示时的上边距
	下边距	以厘米为单位标记打印或预览显示时的下边距
使用四位数年份格式组	仅这一个数据库	选中此复选框，则本数据库中采用 4 位数年份格式记录日期数据
	所有数据库	选中此复选框，则所有数据库均采用 4 位数年份格式记录日期数据
Web 选项外观组	超链接的颜色	单击【Web 选项】按钮进入 "Web 选项" 常规对话框，在其中可以选定超链接符号在尚未访问过的情况下显示的颜色
	已访问的超链接的颜色	单击【Web 选项】按钮进入 "Web 选项" 常规对话框，在其中可以选定超链接符号在已经访问过的情况下显示的颜色
	给超链接加下画线	单击【Web 选项】按钮进入 "Web 选项" 常规对话框，在其中为超链接符号设定下画线
名称自动更正组	跟踪名称自动更改信息	选中该复选框，Access 将记录由于改变数据库对象名字而需要进行相应更改的信息
	执行名称自动更正	选中该复选框，则当某一数据库对象名字改变时，Access 将自动更正数据库中其他对象针对该对象的引用名
	记录名称自动更正的更改情况	选中该复选框，则当 Access 自动更正各个对象针对某一对象的引用名时，将所有自动更名信息记录在更正日志表中

2.5.3　Access"编辑/查找"选项卡参数

Access"编辑/查找"选项卡上的参数设置仅影响在"窗体"或"数据表"视图中操作数据时的查找行为，以及模块中 VBA 代码的执行行为。Access"编辑/查找"选项卡参数共有 10 个，可分为 4 个组项设置。表 2-3 描述了这 10 个参数设定值的功能。

表 2-3　Access"编辑/查找"选项卡参数

选 项 组	选 项	功 　 能
默认查找/替换方式组	快速搜索	设置默认搜索方法为在当前字段中搜索并且匹配整个字段
	常规搜索	设置默认搜索方法为在所有字段中搜索并且匹配字段的任一部分
	与字段起始处匹配的搜索	设置默认搜索当前字段，并且只匹配字段的起始处字符
确认组	记录更改	如果选中此复选框，Access 将在记录修改后保存时，要求操作者确认
	删除文档	如果选中此复选框，Access 将在删除文档操作发生时，要求操作者确认
	操作查询	如果选中此复选框，Access 将在增加记录或删除记录时，要求操作者确认
显示值列表参数组	局部索引字段	如果选中此复选框，则允许在设置筛选条件时，可以使用局部索引字段
	局部非索引字段	如果选中此复选框，则允许在设置筛选条件时，可以使用局部非索引字段
	ODBC 字段	如果选中此复选框，则允许在设置筛选条件时，可以使用来自远程 ODBC 表的字段
读取数据记录设定组	读取记录超过该数目时不再显示列表	标记为一个数值，用以指定所能读取的最大记录数

2.5.4　Access"高级"选项卡参数

Access"高级"选项卡上的参数设置会影响到多用户操作、OLE 更新、DDE 链接和更新以及使用 Jet 4.0 数据库引擎的 ODBC 功能所附加的表。Access 高级选项卡参数分为 5 个组项共 14 个参数，主要用于多用户环境下的数据库应用系统中的相关系统参数设置。表 2-4 描述了这 14 个参数设定值的功能。

表 2-4　Access "高级" 选项卡参数

选项组	选项	功能
DDE 操作组	忽略 DDE 请求	忽略来自其他 Windows 应用程序的所有 DDE 请求
	启动 DDE 刷新功能	允许 Access 动态更新链接的 DDE 数据源
默认打开模式	共享	如果选定,将允许其他的网络用户共享打开的数据库
	独占	选定该选项,将以独占的模式打开数据库,所有其他网络用户无法在此期间打开这个数据库
默认记录锁定	不锁定	如果选定,所有打开的数据库表中的所有记录都不加锁,这时每个网络用户都能够更新打开表中的所有记录
	所有记录	如果选定,所有打开的数据库表中的所有记录都加锁,这时每个网络用户都无权更新打开表中的记录
	编辑记录	如果选定,仅锁定打开表中当前编辑的记录。当保存编辑记录后,Access 将自动解除对该记录的锁定
远程数据参数组	OLE/DDE 超时(秒)	用以设定 Access 等待 DDE 或 OLE 服务器响应的时间。如果在设定的时间内没有响应,Access 将报告一个错误
	刷新间隔(秒)	设定 Access 在刷新远程数据之前的等待时间
	更新重试的次数	指定 Access 在试图更新一个查询 OLE 对象或者 DDE 连接时,在放弃之前重复的次数
	ODBC 刷新间隔(秒)	设定 Access 在刷新通过 ODBC 连接浏览的记录之前等待的时间
	更新重试时间间隔(毫秒)	设定 Access 在两次尝试更新一个 OLE、DDE、ODBC 或者其他链接之间的等待时间
	使用记录级锁定打开数据库	如果选定,Access 将只是锁定当前被编辑的行,否则,Access 将锁定当前编辑行所在的整页
默认文件格式	默认文件格式	指定从下拉式列表框中选定 Access 数据库文件格式为 Access 2000 格式或 Access 2000-2003 格式,默认格式为 Access 2000 格式

2.6 习　　题

一、填空题

1. 启动 Access 2003 有多种方法，常用方法有 3 种：_____、_____ 和 _____。

2. Access 是功能强大的 _____ 系统，具有界面友好、易学易用、开发简单、接口灵活等特点。

3. _____ 是数据库中用来存储数据的对象，是整个数据库系统的基础。

4. 选择 _____ 命令，可以对"数据库"窗口的视图方式，默认数据库文件夹，表、查询、窗体、报表对象等数据库属性进行设置。

二、选择题

1. 在"选项"窗口，选择(　)选项卡，可以设置默认数据库文件夹。

(A)　"常规"　　　　　　　　　　(B)　"视图"

(C)　"数据表"　　　　　　　　　(D)　"高级"

2. Access 默认的数据库文件夹是(　)。

(A) Access　　　　　　　　　　　(B) My Documents

(C) Temp　　　　　　　　　　　　(D) Downloads

3. Access 所属的数据库应用系统的理想开发环境的类型是(　)。

(A)　大型　　　　　　　　　　　　(B)　大中型

(C)　中小型　　　　　　　　　　　(D)　小型

4. Access 是一个(　)软件。

(A)　文字处理　　　　　　　　　　(B)　电子表格

(C)　网页制作　　　　　　　　　　(D)　数据库管理

5. 退出 Access 数据库管理系统可以使用的快捷键是(　)。

(A) Alt+F4　　　　　　　　　　　(B) Alt+X

(C) Ctrl+C　　　　　　　　　　　(D) Ctrl+O

三、思考题

1. 简述 Access 2003 的功能和特点。

2. 启动 Access 2003 有哪几种方法？

3. 如何使用 Office 剪贴板？

4. 简述 Access 帮助系统的用法。

5. 如何设置数据库默认文件夹？

6. 如何将数据库默认打开方式设置为共享方式？

第 3 章　数据库操作

□□□□□□□

【教学目的与要求】

- ❖ 掌握数据库的创建方法
- ❖ 掌握打开数据库的方法
- ❖ 掌握数据库的管理方法
- ❖ 新建、删除或重命名组
- ❖ 熟悉数据库窗口，了解数据库中的基本对象
- ❖ 在组中添加、删除对象

【教学内容】

- ❖ 创建数据库
- ❖ 打开数据库
- ❖ 新建、删除或重命名组
- ❖ 数据库窗口
- ❖ 数据库中的基本对象
- ❖ 在组中添加、删除对象

【教学重点】

- ❖ 创建数据库的方法
- ❖ 数据库对象的复制、删除及重命名等操作
- ❖ 数据库窗口
- ❖ 数据库中的基本对象

【教学难点】

- ❖ 创建数据库的方法
- ❖ 数据库窗口
- ❖ 数据库对象的复制、删除及重命名等操作

3.1　创建 Access 数据库

Access 启动以后并不能直接创建一个数据库，任何一个数据库都必须用一定的方法进行创建，下面就介绍几种创建数据库的方法。

3.1.1 创建空数据库

对于熟悉数据库的用户来说，如果要创建一个特殊的数据库，可以直接创建一个空的数据库，然后再依据自己的需要建立数据库。

1. 调出"新建文件"任务窗格

在 Access 中，创建数据库都要用"新建文件"任务窗格来完成，调出此任务窗格的方法如下：

(1) 如果是刚启动 Access 2003，界面上出现"开始工作"任务窗格，单击任务窗格上方的"其他任务窗格"按钮，调出它的下拉菜单，如图 3-1 所示，从中选择"新建文件"菜单命令，调出"新建文件"任务窗格，如图 3-2 所示。如果已经使用过其他的任务窗格，也可以单击这个按钮，调出"新建文件"任务窗格。

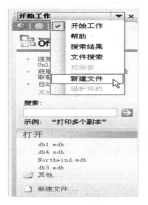

图 3-1　单击新建文件　　　　　　　　　　图 3-2　"新建文件"任务窗格

(2) 如果工作界面上没有任务窗格，单击【文件】→【新建】菜单命令，或单击工具栏上的【新建】按钮都可以调出"新建文件"任务窗格。

2. 创建空数据库

创建空数据库的方法如下：

(1) 在 Access 窗口中，选择【视图】→【任务窗格】命令，如图 3-3 所示。

(2) 在"新建"栏中单击"空数据库"选项，如图 3-4 所示。

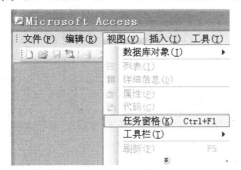

图 3-3　【任务窗格】菜单　　　　　　　　图 3-4　选择空数据库

(3) 调出"文件新建数据库"对话框，如图 3-5 所示，在"保存位置"下拉列表框中选择合适的路径(这里选择 D:\Access)，在"文件名"文本框中输入数据库的名称(这里输入"基础篇–学生成绩管理系统")，保存类型选择默认的"Microsoft Office Access 数据库(*.mdb)"。

(4) 单击【创建】按钮，就可以生成空数据库窗口，如图 3-6 所示。

图 3-5 "文件新建数据库"对话框   图 3-6 "基础篇–学生成绩管理系统"数据库窗口

3.1.2 使用向导建立数据库

创建空数据库后，还要建立真正的基本数据，如表、查询、窗体与报表等。如果用户对数据库不太熟悉，则可以使用"数据库向导"来快速、有效地创建一个完整的数据库文件。"数据库向导"在让用户回答多个对话框所提出的问题后，建立一个用户所需要的数据库，在这个数据库中包括表、窗体、查询、报表及宏等完整的对象。使用向导创建数据库的具体操作步骤如下：

(1) 单击【文件】→【新建】菜单命令，调出"新建文件"任务窗格，如图 3-2 所示。

(2) 在"模板"栏中单击"本机上的模板"选项，调出"模板"对话框，如图 3-7 所示。

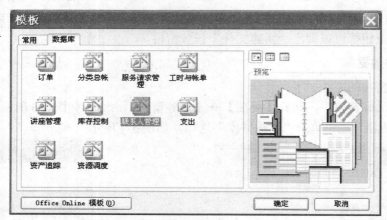

图 3-7 "模板"对话框

如果本机上的模板还不能满足要求，可以在该栏中选择到网上进行搜索，直接单击【Office Online 模板】按钮，下载更多的模板。

(3) 在"模板"对话框中单击"数据库"选项卡，选择"联系人管理"模板，如图 3-7 所示。

(4) 单击【确定】按钮，调出"文件新建数据库"对话框，如图 3-5 所示。

(5) 在"保存位置"下拉列表框中选择合适的路径，在"文件名"文本框中输入"联系人管理"文字，保存类型选择默认的"Microsoft Office Access 数据库(*.mdb)"。

(6) 单击【创建】按钮，调出"数据库向导"对话框之一，如图 3-8 所示。

这时如果要对数据库进一步进行设置，则单击【下一步】按钮；如果不再创建此数据库，则单击【取消】按钮；如果准备全部按向导中默认设置创建数据库，则可以单击【完成】按钮，直接创建。

注：本书中以后遇到的有关【上一步】、【下一步】、【取消】和【完成】按钮的使用方法和含义，都与上面所述的基本一致，向导的设置过程的作用都是相同的。

(7) 单击【下一步】按钮，调出"数据库向导"对话框之二，如图 3-9 所示

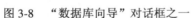

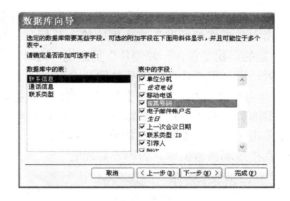

图 3-8 "数据库向导"对话框之一   图 3-9 "数据库向导"对话框之二

在"数据库中的表"列表框中显示了本数据库所创建的三个表："联系信息"、"通话信息"和"联系类型"。在向导中不能修改表的数量和名称，单击一个表，则可在右侧的列表框中对表中的字段进行设置。

在此对话框中，【上一步】按钮有效，如果要修改对上一个对话框的设置，单击此按钮可以回到上一个对话框。

(8) 在"数据库中的表"列表框中选中"联系信息"，则其右侧"表中的字段"列表框如图 3-9 所示，根据需要选择要增加的字段。

在这个列表框中有所有可以选择的字段。在所列出的字段中有些是正体字，默认情况下字段前的复选框中有"√"标记，表示该字段为选中状态，这些字段是必选字段，不能取消；另外一些字段是斜体字，默认情况下字段前的复选框中没有"√"标记，如果单击该复选框，选中该项，则在表中可以添加此字段。

(9) 单击【下一步】按钮，调出"数据库向导"对话框之三，如图 3-10 所示，在右侧的列表框中选择一种样式。在该对话框中要对在屏幕上显示的样式进行设置，右侧的列表框中是可以选择的样式，左侧为该样式的效果。

(10) 单击【下一步】按钮，调出"数据库向导"对话框之四，如图 3-11 所示，对打印报表所用的样式进行设置，在右侧的列表框中选择一种样式。

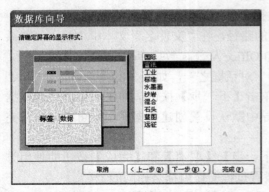

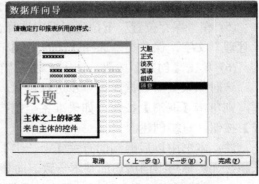

图 3-10 "数据库向导"对话框之三 　　　　　图 3-11 "数据库向导"对话框之四

(11) 单击【下一步】按钮，调出"数据库向导"对话框之五，如图 3-12 所示。在"请指定数据库的标题"文本框中输入其标题，如果要在所有报表上加一幅图片，则可以选中"是的，我要包含一幅图片"复选框，这时【图片】按钮有效，单击它可以调出"插入图片"对话框，用于选择所需要的图片。

(12) 单击【下一步】按钮，调出"数据库向导"对话框之六，如图 3-13 所示。如果对前面所做的工作没有要修改的内容，这时单击【完成】按钮；如果要重新设置前面的选项，单击【上一步】按钮。如果选中"是的，启动该数据库"复选框，则在创建完数据库后，直接启动该数据库，否则不启动它。

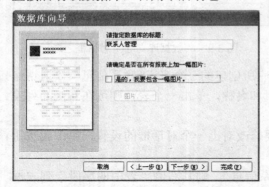

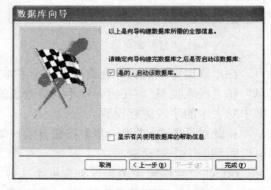

图 3-12 "数据库向导"对话框之五 　　　　　图 3-13 "数据库向导"对话框之六

(13) 单击【完成】按钮，则 Access 2003 开始创建数据库，屏幕上显示正在创建的提示对话框，如图 3-14 所示。

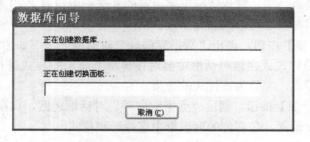

图 3-14 "数据库向导"对话框之七

创建完成之后就可以看到数据库窗口，如图 3-15 所示。同时在屏幕上显示"主切换面板"窗体，如图 3-16 所示。此窗体会在每次打开数据库后显示，目的是让用户在此进行操作。

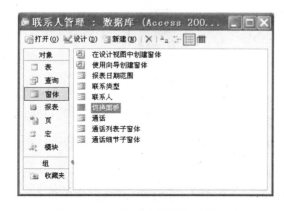

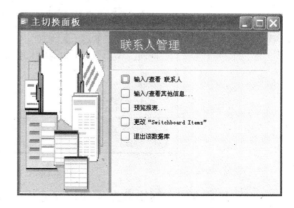

图 3-15　"联系人管理"数据库窗口　　　　　　图 3-16　"主切换面板"窗体

在数据库中输入数据以后，如果要预览报表，可以在图 3-16 所示的窗体中单击"预览报表"选项，则显示下一层"报表切换面板"窗体，如图 3-17 所示，在这层窗体中选择要预览的报表名称。图 3-17 所示为选择"预览　每周通话摘要　报表"复选框后所出现的对话框，在该对话框中输入开始日期和终止日期后，单击【预览】按钮，就可以看到报表了。

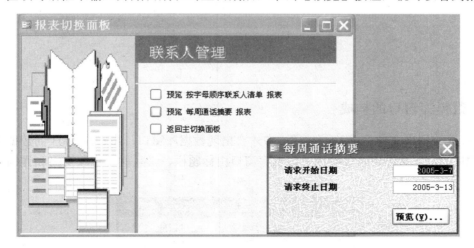

图 3-17　"报表切换面板"窗体

3.1.3　数据库的打开方式

打开数据库文件的方法有两种：第一种是使用 Windows 环境中打开文件的一般方法打开数据库文件；第二种是在 Access 主窗口中利用【文件】→【打开】命令来打开数据库文件。利用第二种方法打开数据库时有四种方式：共享方式、只读方式、独占方式、独占只读方式，如图 3-18 所示。

图 3-18　打开数据库方式

(1) 共享方式：网络数据库的访问方式，该数据库允许多个用户同时共享，使用户自己和其他用户都能读/写数据。

(2) 只读方式：此方式只能查看但不能编辑数据库。

(3) 独占方式：网络数据库的访问方式，此方式禁止其他用户再打开该数据库。

(4) 独占只读方式：网络数据库的访问方式，具有只读和独占两种方式的属性，即只能查看不能编辑数据库，且不允许其他用户再打开数据库。

3.2　数 据 库 窗 口

3.2.1　数据库窗口的构成

在打开数据库文件后，Access 环境中才会出现数据库窗口，Access 2003 的数据库窗口如图 3-19 所示。从图中可以看出，数据库窗口由标题栏、工具栏、对象窗格和详细信息窗格四部分组成。

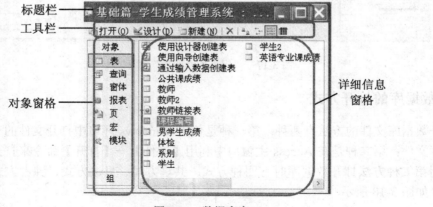

图 3-19　数据库窗口

1. 标题栏

跟 Access 窗口标题栏的结构基本一致，不同的是数据库标题栏包含的内容有"文件类型"，无"应用程序名"，其他内容都一样，数据库标题栏操作参考第 2 章 2.3 节。

2. 工具栏

工具栏中各工具的功能如图 3-20 所示。

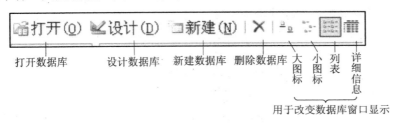

图 3-20　工具栏

3. 对象窗格

在数据库窗口左侧包含两个方面的内容，上面是"对象"，下面是"组"。"对象"下分类列出了 Access 数据库中的所有对象，单击一个对象，例如单击"表"，窗口右边就会列出本数据库已经创建的所有表和创建表的方法。"组"则提供了另一种管理对象的方法，即可以把那些关系比较紧密的对象分为同一组，或把不同类别的对象归到同一组中。在数据库中对象很多的时候，用分组的方法可以更方便地管理各种对象。

4. 详细信息窗格

在对象窗格中选择某一对象时，这一对象包含的内容就在详细信息窗格显示，在图 3-19中，选中"表"对象，详细信息窗格中就显示了创建表的工具及已经创建的表。

3.2.2　数据库中的基本对象

1. 表

表由字段和记录组成。字段是表中的列，每个字段代表一条信息在某一方面的属性，字段有类型，如"姓名"字段是字符型的，"年龄"字段是数字型的。字段的基本属性有字段名称、数据类型、字段大小、默认值等，将在 4.1 节中详细介绍。

表是整个数据库系统的基础。一个数据库中可以包含多个数据表，一个表应围绕一个主题建立，如学籍表、成绩表。表之间可以建关系，建立了关系的多个表可以像一个表一样使用。

记录是数据表中的行，由一个或多个字段的值组成，一条记录是一条完整的信息，显示一个对象的所有属性。如"080101、90.00，88.00，80.00"可以作为一条记录，如图 3-21 所示。

学号	精读	泛读	写作
080101	90.00	88.00	80.00
080102	70.00	79.00	82.00
080103	85.00	65.00	77.00
080201	60.00	77.00	68.00
080202	76.00	91.00	70.00
080203	92.00	85.00	90.00
080204	80.00	87.00	81.00
080301	66.00	70.00	72.00

英语专业课成绩 ：表

图 3-21　英语专业课成绩表

2. 查询

查询是通过设置某些条件，从表中获取所需要的数据。按照指定规则，查询可以从一个表、一组相关表和其他查询中抽取全部或部分数据，并将其集中起来，形成一个集合供用户查看。将查询保存为一个数据库对象后，可以在任何时候查询数据库的内容。

查询类型有：选择查询、交叉表查询、生成表查询、更新查询、追加查询、删除查询、SQL 特定查询和参数查询，如图 3-22 所示。

图 3-22　查询类型

3. 窗体

窗体是 Access 数据库对象中最具灵活性的一个对象，是数据库和用户的一个联系界面，如图 3-23 所示，用于显示包含在表或查询中的数据和操作数据库中的数据。在窗体上摆放各种控件，如文本框、列表框、复选框、按钮等，分别用于显示和编辑某个字段的内容，也可以通过单击、双击等操作调用与之联系的宏或模块(VBA 程序)，完成较为复杂的操作。

4. 报表

报表可以按照指定的样式将多个表或查询中的数据显示(打印)出来，如图 3-24 所示。报表中包含了指定数据的详细列表。报表也可以进行统计计算，如求和、求最大值、求平均值等。报表与窗体类似，也是通过各种控件来显示数据的，报表的设计方法也与窗体基本相同。

图 3-23　窗体

学号	姓名	性别	籍贯
080101	赵新运	男	河北
080102	李东阳	男	山西
080103	王民伟	男	河南
080201	张玉娟	女	山西
080202	孙红梅	女	河北
080203	钱永良	男	河南
080204	李先峰	男	山东
080301	李洪亮	男	河北
080302	王红燕	女	山西
080303	赵一婧	女	河南

图 3-24　报表

5. 页

页(或称为数据访问页)可以实现数据库与 Internet(或 Intranet)的相互访问。数据访问页就是 Internet 网页,将数据库中的数据编辑成网页形式,可以发布到 Internet 上,提供给 Internet 上的用户共享。也就是说,网上用户可以通过浏览器来查询和编辑数据库的内容,如图 3-25 所示。

6. 宏

宏是若干个操作的组合,用来简化一些常用的操作。用户可以设计一个宏来控制系统的操作,当执行这个宏时,就会按这个宏的定义依次执行相应的操作。宏可以打开并执行查询、打开表、打开窗体、打印、显示报表、修改数据及统计信息、修改记录、修改表中的数据、插入记录、删除记录、关闭表等操作,如图 3-26 所示。

图 3-25 页码

图 3-26 宏

7. 模块

模块是用 VBA 语言编写的程序段,它以 Visual Basic 为内置的数据库程序语言。对于数据库的一些较为复杂或高级的应用功能,需要使用 VBA 代码编程实现。通过在数据库中添加 VBA 代码,可以创建出自定义菜单、工具栏和具有其他功能的数据库应用系统。

3.2.3 数据库对象的命名规则

在数据库中创建对象时,需要给它们命名。命名允许的自由度很大,但也要遵循以下原则:

(1) 任何一处对象的名称不能与数据库中其他同类对象同名,例如不能有两个名为"学生"的表。

(2) 表和查询不能同名。

(3) 命名字段、控件或对象时,其名称不能与属性名或 Access 已经使用的其他要素同名。

(4) 名称最多可用 64 个字符,包括空格,但是不能以空格开头。

虽然字段、控件和对象名中可以包含空格,但要尽量避免这种现象。原因是某些情况下,名称中的空格可能会和 Microsoft Visual Basic for Applications 存在命名冲突。用户应该尽量避免使用特别长的字段名,因为如果不调整列的宽度,就难以看到完整的字段名。

(5) 名称可以包括除句号(.)、感叹号(!)、重音符号(`)和方括号([ ])之外的标点符号。

(6) 不能包含控制字符(0～31 的 ASCII 值)。

(7) 在 Microsoft Access 项目中，表、视图或存储过程的名称中不能包括双引号(")。

(8) 为字段、控件或对象命名时，最好确保新名称和 Microsoft Access 中已有的属性或其他元素的名称不重复；否则，在某些情况下，数据库可能产生意想不到的结果。

有关命名的详细信息可以查看 Office 助手。

3.3　有关组的操作

在数据库窗口中左侧的对象栏下方有一对象为"组"，建立组是为了更方便地管理数据库中的各种对象。例如，可以将同一类对象放到一个组中，这样有利于查找。下面介绍有关组的操作。

3.3.1　新建、删除或重命名组

新建一个组的方法如下所述：

(1) 将鼠标移动到 Access 数据库窗口的左边"组"下面的区域，然后单击鼠标右键，在弹出的菜单中选择【新组】菜单命令，调出"新建组"对话框，如图 3-27 所示。

(2) 在"新组名称"文本框中输入名称，单击【确定】按钮，这时就新建了一个组。

如果要删除一个已经存在的组，就将鼠标移动到要删除的组上，单击鼠标右键，从菜单中选择"删除组"，这个组就被删除。如果要修改一个组的名称，可将鼠标移动到组名上，右键单击这个组名，在弹出的菜单中选择【重命名组】菜单命令，弹出"重命名组"对话框，如图 3-28 所示，在对话框的"新组名称"文本框中输入新组的名字，然后单击【确定】按钮，图 3-29 所示为重命名为"订单"的组和组中的对象。

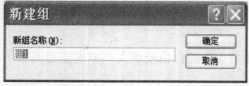

图 3-27　"新建组"对话框　　　　　　　　　　　　　图 3-28　"重命名组"对话框

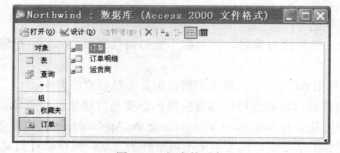

图 3-29　组中的对象

3.3.2　在组中添加、删除对象

(1) 向建立好的空组中添加对象：首先要选中对象所属的类别，然后在已有对象的列表中选中要添加的对象，将它拖动到组中即可。

(2) 删除组中的一个对象：选中这个对象，然后按键盘上的【Delete】键，就会弹出一个对话框询问是否要删除这个对象，单击【是】按钮，组中的这个对象将被删除。

这个对象被从组中删除，只是删除了它在组中的快捷方式，并没有将这个对象真正地删除。

3.4　习　　题

一、填空题

1. 若使打开的数据库文件不能为网上其他用户所共享，但可维护其中的数据对象，则应选择打开数据库的方式为_____。

2. 使用_____组合键，可以关闭数据库。

3. 使用_____方法，可以重命名数据库。

4. Access 中创建数据库有两种常用方法，第一种方法是先建立一个空数据库，然后向其中添加数据库对象，第二种方法是_____。

5. Access 数据库中的对象包：_____、_____、_____、_____、_____、_____、_____。

6. Access 中，除_____之外，其他对象都存放在一个扩展名为_____的数据库文件中。

7. 在 Access 中，允许创建能与 web 数据进行交换的_____。

8. 关闭 Acess 数据库时，选择_____操作可以减少数据库文件的存储空间。

二、选择题

1. 在 Access 中，建立数据库文件可以选择【文件】菜单中的(　　)。

(A) 新建　　　　　　　　　　　　　(B) 打开
(C) 保存　　　　　　　　　　　　　(D) 另存为

2. 下列(　　)不是"任务窗格"的功能。

(A) 打开旧文件　　　　　　　　　　(B) 建立空数据库
(C) 删除数据库　　　　　　　　　　(D) 以向导建立数据库

3. Access 在同一时间，可打开(　　)个数据库。

(A) 1　　　　　　　　　　　　　　(B) 2
(C) 3　　　　　　　　　　　　　　(D) 4

4. 利用 Access 创建的数据库文件，其默认的扩展名为(　　)。

(A) .adp　　　　　　　　　　　　　(B) .dbf
(C) .frm　　　　　　　　　　　　　(D) .mdb

5. 下列说法中正确的是( )。

(A) 在 Access 中，数据库中的数据存储在表和查询中

(B) 在 Access 中，数据库中的数据存储在表和报表中

(C) 在 Access 中，数据库中的数据存储在表、查询和报表中

(D) 在 Access 中，数据库中的全部数据都存储在表中

6. 以下不属于 Access 数据库对象的是( )。

(A) 窗体　　　　　　　　　　　　(B) 组合框

(C) 报表　　　　　　　　　　　　(D) 宏

7. Access 中的( )对象允许用户使用 Web 浏览器访问 Internet 或企业网中的数据。

(A) 宏　　　　　　　　　　　　　(B) 表

(C) 数据访问页　　　　　　　　　(D) 模块

8. Access 数据库中存储和管理数据的基本对象是( )，它是具有结构的某个相同主题的数据集合。

(A) 窗体　　　　　　　　　　　　(B) 表

(C) 工作簿　　　　　　　　　　　(D) 报表

9. 数据表及查询是 Access 数据库的( )。

(A) 数据来源　　　　　　　　　　(B) 控制中心

(C) 强化工具　　　　　　　　　　(D) 用于浏览器浏览

10. 在 Access 数据库中，表就是( )。

(A) 关系　　　　　　　　　　　　(B) 记录

(C) 索引　　　　　　　　　　　　(D) 数据库

三、思考题

1. 创建数据库有哪几种方法？

2. 打开数据库有哪几种方法？

3. 利用 Access 数据库模板创建的数据库与创建的空数据库有哪些不同？

4. 简述新建一个组的方法。

5. 如何在组中添加、删除对象？

6. 请说明 Access 数据库中七大对象之间的关系。

第 4 章 表 的 创 建

□□□□□□□

【教学目的与要求】

❖ 掌握数据表的创建方法
❖ 掌握字段的数据类型
❖ 向表中输入数据
❖ 掌握字段的编辑与修改操作
❖ 掌握表中记录操作

【教学内容】

❖ 使用向导创建表
❖ 掌握数据表的创建方法
❖ 掌握字段的数据类型
❖ 向表中输入数据
❖ 掌握字段的编辑与修改操作
❖ 掌握表中记录操作

【教学重点】

❖ 字段的数据类型
❖ 向表中输入数据
❖ 字段的编辑与修改操作
❖ 表中记录操作

【教学难点】

❖ 字段的数据类型
❖ 字段的编辑与修改操作
❖ 表中记录操作

一个数据库中通常包含若干个数据表对象，数据表是具有结构的某个相同主题的数据集合，由行和列组成，它是数据库中的最基本对象。查询、窗体、报表等对象都是在表的基础上创建的，表在数据库中占有非常重要的位置。本章主要讨论数据表的操作。

4.1　表的构成及字段问题

在创建表之前，必须弄清表的构成，而字段的命名、类型、大小、属性问题是表的核心问题。因此，本节我们首先讨论表的构成和字段问题。

4.1.1　表的构成

表由两部分构成：表结构和表内容，如图 4-1 所示。表结构中包含了实体的属性，图 4-1 中“学生”这一实体中包含了学号、姓名、性别、系别编号、籍贯、党员否、入校日期、爱好、照片这 10 个字段。表内容就是表中的记录。

建立表的基本原则如下：

(1) 一个表围绕一个主题，一事一地，避免大而全。

(2) 表中的字段代表原始数据，不可再分。

(3) 表之间减少重复字段，只保留做连接用的公共字段即可。

(4) 设置关键字和外部关键字，用于表之间建立联系。关键字是当前表的主键字段，外部关键字是在其他表中做主键字段。

图 4-1 是表述学生情况的数据表，想要将该表存放在数据库，首先要定义学生表的表结构，定义好表结构后，再将表中记录逐条输入。

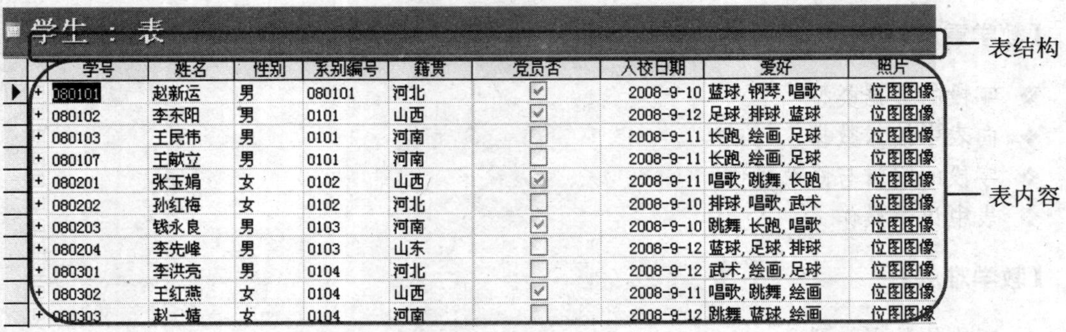

学号	姓名	性别	系别编号	籍贯	党员否	入校日期	爱好	照片
080101	赵新运	男	080101	河北	✓	2008-9-10	蓝球, 钢琴, 唱歌	位图图像
080102	李东阳	男	0101	山西	✓	2008-9-12	足球, 排球, 蓝球	位图图像
080103	王民伟	男	0101	河南		2008-9-11	长跑, 绘画, 足球	位图图像
080107	王献立	男	0101	河南		2008-9-11	长跑, 绘画, 足球	位图图像
080201	张玉娟	女	0102	山西	✓	2008-9-11	唱歌, 跳舞, 长跑	位图图像
080202	孙红梅	女	0102	河北		2008-9-10	排球, 唱歌, 武术	位图图像
080203	钱永良	男	0103	河南	✓	2008-9-10	跳舞, 长跑, 唱歌	位图图像
080204	李先峰	男	0103	山东		2008-9-12	蓝球, 足球, 排球	位图图像
080301	李洪亮	男	0104	河北		2008-9-12	武术, 绘画, 足球	位图图像
080302	王红燕	女	0104	山西	✓	2008-9-11	唱歌, 跳舞, 绘画	位图图像
080303	赵一婧	女	0104	河南		2008-9-12	跳舞, 蓝球, 绘画	位图图像

图 4-1　表的构成

建立表结构在表的设计视图中完成，表的全部字段和每个字段的属性在设计视图中确定，如图 4-2 所示。

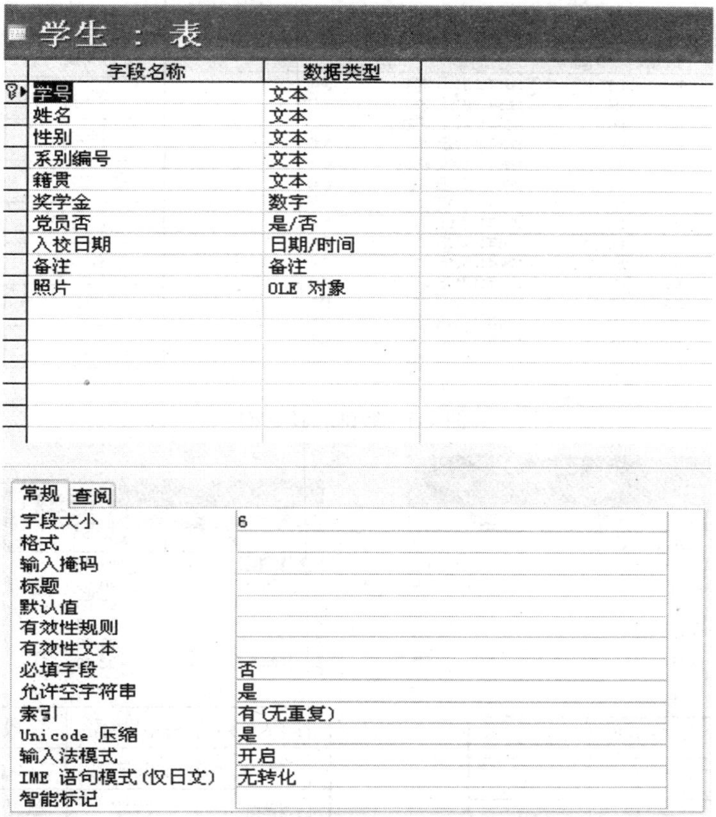

图 4-2 表设计视图

表 4-1 所示是学生表结构，由此表可以看出，定义表的结构涉及到字段的命名规则、字段的大小、字段的数据类型和字段的属性。下面就讨论这些问题。

表 4-1 学 生 表 结 构

字段名称	字段类型	字段大小	字段名称	字段类型	字段大小
学号	文本	6	奖学金	数字	单精度型
姓名	文本	50	党员否	是/否	
性别	文本	1	入校日期	日期/时间	
系别编号	文本	10	爱好	备注	
籍贯	文本	50	照片	OLE 对象	

4.1.2 案例中涉及到的表及结构

"基础篇−学生成绩管理系统"案例贯穿第 3 章～第 13 章，本系统涉及到 6 张数据表，分别是学生表、教师表、公共课成绩表、英语专业课成绩表、课程编号表、系别表，前面介绍了学生表，图 4-3～图 4-7 所示为另外 5 张表。

教师：表

教师编号	姓名	性别	系别编号	课程编号	工作时间	学历	职称
4004	张宏	男	0104	115	1994年02月13日	本科	讲师
4003	刘立丰	女	0104	114	1988年09月12日	本科	副教授
2004	张晓芸	男	0102	108	2000年12月13日	研究生	讲师
4002	麻城风	男	0104	113	1998年09月25日	本科	副教授
1004	钟小于	女	0101	104	1998年07月08日	研究生	讲师
3003	王成里	男	0103	111	1996年04月23日	本科	讲师
2003	李达成	男	0102	107	1990年10月29日	本科	教授
1003	李鹏举	男	0101	103	1989年12月25日	本科	副教授
3002	江小洋	女	0103	110	1993年12月25日	本科	教授
2002	赵大鹏	男	0102	106	1998年12月01日	本科	讲师
3001	章程	男	0103	109	1999年11月13日	研究生	讲师
1002	张成	男	0101	102	1980年05月23日	本科	教授
4001	赵大勇	女	0104	112	1987年10月14日	研究生	教授
2001	马淑芬	女	0102	105	1997年04月15日	本科	讲师
1001	王丽丽	女	0101	101	1989年12月24日	本科	讲师

字段名称	字段类型	字段大小
教师编号	文本	6
姓名	文本	20
性别	文本	2
系别编号	文本	10
课程编号	文本	10
工作时间	日期/时间	
学历	文本	20
职称	文本	20

图 4-3　教师表及结构

公共课成绩：表

学号	课程编号	成绩
080101	101	60
080101	102	87
080102	103	57
080102	105	74
080103	103	69
080103	104	68

字段名称	字段类型	字段大小
学号	文本	6
课程编号	文本	10
成绩	数字	长整型

图 4-4　公共课成绩表及结构

英语专业课成绩：表

学号	精读	泛读	写作
080101	90.00	88.00	80.00
080102	70.00	79.00	82.00
080103	85.00	65.00	77.00
080201	60.00	77.00	68.00
080202	76.00	91.00	70.00
080203	92.00	85.00	90.00

字段名称	字段类型	字段大小	小数位数
学号	文本	6	—
精读	数字	单精度型	2
泛读	数字	单精度型	2
写作	数字	单精度型	2

4-5　英语专业课成绩表及结构

课程编号：表

课程编号	课程名称	课时
+ 101	思想道德	48
+ 102	法律基础	60
+ 103	企业法	48
+ 104	公司法	72
+ 105	C语言	46
+ 106	二维动画	60
+ 107	数据库	60

字段名称	字段类型	字段大小
课程编号	文本	10
课程名称	文本	20
课时	数字	整型

图 4-6　课程编号表及结构

系别：表

系别编号	院系	院长	院办电话
0103	英语系	王之元	8877991
0101	法律系	孙子山	8877992
0104	中文系	周永波	8877993
0102	计算机系	李龙达	8877996

字段名称	字段类型	字段大小
系别编号	文本	10
院系	文本	20
院长	文本	20
院办电话	文本	20

图 4-7　系别表及结构

4.1.3　字段的命名规则

一个表要围绕一个主题设计字段，每个字段都应该是最小的逻辑部分。计算字段或推导字段不能作为表中的字段。

字段的命名规则如下：

(1) 字段名可以包含字母、汉字、数字、空格和其他字符，第一个字符不能是空格。

(2) 字段名不能包含小数点、叹号、方括号、英文单引号、英文双引号。

(3) 长度为 1～64 个字符，在 Access 中一个汉字当作一个字符看待。

4.1.4　字段大小

字段大小用来定义字段所使用的存储空间的大小，其单位是字段值所占的字节数。实际上，只有文本型字段和数字型字段需要指定字段大小，其他类型的字段由系统分配字段大小，例如，"出生日期"字段是日期/时间类型，字段大小为 8，"党员否"字段是逻辑类型，字段大小为 1。一个字符和一个汉字字段的大小都是 1。

4.1.5　字段的数据类型

数据类型决定用户能保存在该字段中值的种类。Access 字段的数据类型有 10 种，分别是文本型、备注型、数字型、日期/时间型、货币型、自动编号型、是/否型、OLE 对象型、超链接型、查阅向导型。

1. 文本型

文本型字段用来存放文本或作为文本看待的数字。如学号、姓名、性别等字段。如果设置字段大小为 5，则该字段的值最多只能容纳 5 个字符。

文本型字段的默认大小为 50，最多可达 255 个字符。

文本型数字的排序按照字符串排序方法进行。如文本型数字按升序排序：1、10、100、2、20、200。

2. 备注型

备忘录、简历等字段都是备注型。当字段中存放的字符个数超过 255 时，应该定义该字段为备注型。

备注型字段的大小是不定的，由系统自动调整，最多可达 64 K。Access 不能对备注型字段进行排序、索引、分组。

3. 数字型

数字型字段存放数字。如工资、年龄等，数字型字段可以与货币型字段做算术运算。数字型字段的大小由数字类型决定，常用的数字类型有以下几种：

(1) 字节，存放 0～255 之间的整数，字段大小为 1。

(2) 整型，存放 –32 768～32 767 之间的整数，字段大小为 2。

(3) 长整型，存放 –2 147 483 648～2 147 483 647 之间的整数，字段大小为 4。

(4) 单精度型，存放 –3.4E38～3.4E38 之间的实数，字段大小为 4。

(5) 双精度型，存放−1.79734E308～1.79734E308 之间的实数，字段大小为 8。

4. 日期/时间型

日期/时间型字段存放日期、时间或日期时间的组合。如出生日期、入校日期等字段都是日期/时间型字段。字段大小为 8，由系统自动设置。日期/时间型的常量要用一对"#"号括起来。

5. 货币型

货币型字段存放具有双精度属性的数字。系统自动将货币字段的数据精确到小数点前 15 位及小数点后 4 位。字段大小为 8，由系统自动设置。

向货币型字段输入数据时，系统会自动给数据添加 2 位小数，并显示美元符号与千位分隔符。

6. 自动编号型

自动编号型字段存放系统为记录绑定的顺序号，其类型为长整型，字段大小为 4，由系统自动设置。一个表只能有一个自动编号型字段，该字段中的顺序号永久与记录相联，不能人工指定或更改自动编号型字段中的数值。删除表中含有自动编号字段的记录以后，系统将不再使用已被删除的自动编号字段中的数值。

例如，输入 10 条记录，自动编号从 1 到 10，删除前 3 条记录，自动编号从 4 到 10，删除第 7 条记录，自动编号中永远设有 7。

7. 是/否型

是/否型字段存放逻辑数据，字段大小为 1，由系统自动设置。逻辑数据只能有 2 种不同的取值。如婚否、团员否。所以，是/否型数据又被称为"布尔"型数据。

是/否型字段内容通过画"√"输入，带"√"的为"真"，不带"√"的为"假"，"真"值用 true、on 或 yes 表示，"假"值用 false、off 或 no 表示。

8. OLE 对象型

OLE(Object Linking and Embedding)的中文含义是"对象的链接与嵌入"，用来链接或嵌入 OLE 对象，如文字、声音、图像、表格等。表中的照片字段应设为 OLE 对象类型。

OLE 对象型字段的字段大小不定，最多可达到 1 GB。OLE 对象只能在窗体或报表中用控件显示。不能对 OLE 对象型字段进行排序、索引或分组。

9. 超链接型

超链接型字段存放超链接地址，如网址、电子邮件。超链接型字段大小不定。

10. 查阅向导型

查阅向导型字段仍然显示为文本型，所不同的是该字段保存一个值列表，输入数据时从一个下拉式值列表中选择。值列表的内容可以来自表或查询，也可以来自定义的一组固定不变的值。例如，将"性别"字段设为查阅向导型以后，只要在"男"和"女"两个值中选择一个即可。查阅向导型字段大小不定。

4.1.6　设置字段属性

字段属性是字段特征值的集合。表设计窗口的下方是"字段属性"栏，它有"常规"

和"查阅"两个选项卡，这个区域一次只能显示一个字段的属性，不同字段类型有不同的属性集合，但有些属性对各种数据类型都存在，如图 4-8 所示。

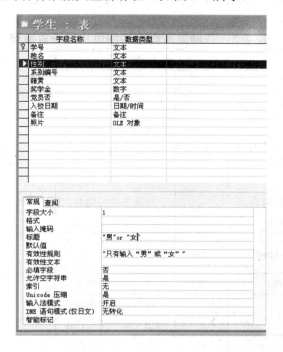

图 4-8 字段属性

1. 字段大小

字段大小限定文本型字段的大小(默认为 50 字符)和数字型数据的类型。文本字段的长度设置不会影响磁盘空间，但字段大小的最大值比较小时可以节约内存和加快处理速度。

只有当字段数据类型设置为"文本"或"数字"时，这个字段的"字段大小"属性才是可设置的，其可设置的值将随着该字段数据类型的不同设定而不同。当设定字段类型为文本型时，字段大小的可设置值为 1～255，表示该字段可容纳的字符个数最少为 1 个字符，最多为 255 个字符。当设定字段类型为数字型时，字段大小的可设置值如表 4-2 所示。

表 4-2 数字型字段大小的属性取值

可设置值	说 明	小数位数	存储量大小
字节	保存从 0～225 (无小数位)的数字	无	1 个字节
整型	保存从 –32 768～32 767(无小数位)的数字	无	2 个字节
长整型	(默认值)保存从 –2 147 483 648～2 147 483 647 的数字(无小数位)	无	4 个字节
单精度型	保存从 –3.402823E38～–1.401298E–45 的负值，从 1.401298E–45～3.402823E38 的正值	7	4 个字节
双精度型	保存 从 –1.797693134862 31E308 ～ –4.940656458 41247E–324 的负值，从 1.79769313486131E308～ 4.94065645841247E–324 的正值	15	8 个字节

2. 格式

格式属性对不同的字段数据类型使用不同的设置。各种数据类型的格式设置取值如表4-3所示。

表 4-3　各种数据类型的字段格式设置取值

日期/时间型		数字/货币型		文本/备注	
设置	说明	设置	说明	设置	说明
一般日期	(默认值)如果数值只是一个日期，则不显示时间；如果数值只是一个时间，则不显示日期	一般数字	(默认值)以输入的方式显示数字		要求文本字(字符或空格)
长日期	示例：星期六，April 3，1993	货币	使用千位分隔符：负数用圆括号括起	&	不要求文本字
中日期	示例：3-Apr-93	整型	显示至少一位数字	<	使所有字符变为小写
短日期	示例: 4/3/93	标准型	使用千位分隔符	<	使所有字符变为大写
		百分比	将数值乘以100并附加一个百分号(%)		
		科学计数	使用标准的科学记数法		

3. 输入法模式

"输入法模式"属性仅针对文本数据类型的字段有效，可有三个设置值："随意"、"输入法开启"和"输入法关闭"，分别表示保持原汉字输入法状态、启动汉字输入法和关闭汉字输入法。"输入法模式"属性的默认值为"输入法开启"。

4. 输入掩码

使用"输入掩码"属性，可以使数据输入更容易，并且可以控制用户在文本框类型的控件中的输入值。例如，可以为"电话号码"字段创建一个输入掩码，以便向用户显示如何准确地输入新号码，如(010)027-83956230等。通常使用"输入掩码向导"帮助完成设置该属性的工作。掩码中字符的含义如表4-4所示。

表 4-4　掩码中字符的含义

字　符	字　符　含　义
0	在掩码字符位置必须输入数字 例如，掩码：(00)00-000，示例：(12)55-234
9	在掩码字符位置输入数字或空格，保存数据时保留空格位置 例如，掩码：(99)99-999，示例：(12)55-234，(　)55-234
#	在掩码字符位置输入数字、空格、加号或减号 例如，掩码：####，示例：1+，9+999

续表

字　符	字 符 含 义
L	在掩码字符位置必须输入英文字母，大小写均可 例如，掩码：LLLL，示例：aaaa，AaAa
?	在掩码字符位置输入英文字母或空格，字母大小写均可 例如，掩码：????，示例：a　a，Aa
A	在掩码字符位置必须输入英文字母或数字，字母大小写均可 例如，掩码：(00)AA-A，示例：(12)55-a，(80)AB-4
a	在掩码字符位置输入英文字母、数字或空格，字母大小写均可 例如，掩码：aaaa，示例：5a5b，A　4
&	在掩码字符位置必须输入空格或任意字符 例如，掩码：&&&&，示例：$5A%
C	在掩码字符位置输入空格或任意字符 例如，掩码：CCCC，示例：$5A%
.，:；- /	句点、逗号、冒号、分号、减号、正斜线，用来设置小数点、千位、日期时间分隔符
<	将其后所有字母转换为小写 例如，掩码：LL<LL，输入 AAAA，显示 AAaa
>	将其后所有字母转换为大写 例如，掩码：LL>LL，输入 aaaa，显示 aaAA
密码	以*号显示输入的字符

5. 标题

"标题"属性值将取代字段名称在显示表中数据时的位置，即在显示表中数据时，表列的栏目名将是"标题"属性值，而不是"字段名称"值。

6. 默认值

在表中新增加一个记录，并在尚未填入数据时，如果希望 Access 自动为某字段填入一个特定的数据，则应为该字段设定"默认值"属性值。此处设置的默认值将成为新增记录中 Access 为该字段自动填入的值。一般可用"向导"帮助完成该属性的设置。

7. 有效性规则

"有效性规则"属性用于指定对输入到记录中本字段中数据的要求。当输入的数据违反了"有效性规则"的设置时，将给用户显示"有效性文本"设置的提示信息。可用"向导"帮助完成设置。

注意：有效性规则的设置不能与默认值冲突。

例如：性别字段只能输入文字男或女，用""男" or "女""。

例如：年龄字段的范围是大于 0，用">0"。

例如：出生日期的字段范围是 2001 年，用">=#2001-1-1#　and　<=#2001-12-31#"。

8. 有效性文本

当输入的数据违反了"有效性规则"的设定值时，"有效性文本"属性值将是显示给操作者的提示信息。

9. 必填字段

"必填字段"属性取值仅有"是"和"否"两项。当取值为"是"时，表示必须填写本字段，即不允许本字段数据为空。当取值为"否"时，表示可以不必填写本字段数据，即允许本字段数据为空。

10. 允许空字符串

该属性仅对指定为"文本"型的字段有效，其属性取值仅有"是"和"否"两项。当取值为"是"时，表示本字段中可以不填写任何字符。

11. 索引

本属性可以用于设置单一字段索引。索引可加速对索引字段的查询，还能加速排序及分组操作。本属性可有以下取值："无"，表示本字段无索引；"有(有重复)"，表示本字段有索引，且各记录中的数据可以重复；"有(无重复)"，表示本字段有索引且各记录中的数据不允许重复。

12. Unicode 压缩

这是 MS Access 2000 以上版本具有的一种特别有价值的新属性。该属性取值仅有"是"和"否"两项。当取值为"是"时，表示本字段中数据可以存储和显示多种语言的文本。例如，所创建的应用程序包含国际用户的地址信息，则将可以在表中看到日语姓名和旁边的希腊语姓名。这使国际用户创建数据库更加灵活。此功能也允许在窗体和报表中实现多语言支持。有了 Unicode 对 Access 2003 的支持，用户将有能力在一个数据库内存储所有的字符集。有些字符需要比其他字符多的存储空间。例如，包含中文字符的数据库将比只包含数字/字符的数据库大。Access 2003 及其以上版本将自动压缩字段中的数据来使数据库尺寸最小化。

4.2　表的创建及修改

4.1 节介绍表的构成及字段，下面我们就可以创建表了。创建表就是创建表结构，只有创建了表的结构，才可以向表中输入具体的数据。创建表的常用方法有：用表向导创建表、在数据表视图中直接输入数据创建表、应用设计视图创建表三种。本节我们将对这些方法一一进行介绍。表创建好后，我们有时会发现有的地方不符合要求，这时就要修改表的结构，会涉及到添加字段、更改字段、移动字段、插入字段、删除字段等。

4.2.1　用表向导创建表

创建一个名为"基础篇-学生成绩管理系统"的空数据库，在"对象"列表中单击"表"对象，这时的数据库窗口中列出的是当前数据库中的表和创建表的方法，如图 4-9 所示。可以看到在这个数据库中还没有任何一个表，下面就要在这个数据库中创建表。

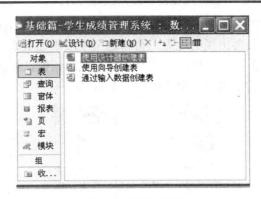

图 4-9 数据库窗口

【例 4-1】用表向导创建"学生"表。

具体操作步骤如下：

(1) 使用下面的一种方法，调出"表向导"对话框。

① 单击数据库窗口中的【新建】按钮，调出"新建表"对话框，如图 4-10 所示，选择"表向导"选项，单击【确定】按钮，调出"表向导"对话框之一，如图 4-11 所示。

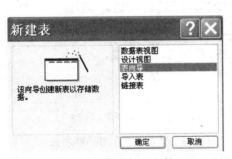

图 4-10 "新建表"对话框

图 4-11 "表向导"对话框之一

② 双击图 4-9 所示数据库窗口中的"使用向导创建表"选项，也可以调出如图 4-10 所示的"新建表"对话框，选定"表向导"，单击【确定】按钮。

(2) 在弹出的如图 4-11 所示的"表向导"对话框中，选择【商务】单选按钮，然后在"示例表"列表框中选择"客户"选项，在"示例字段"列表框中选择所需要的字段名，然后双击该字段名或单击 > 按钮，将所选择的字段添加到"新表中的字段"列表框中。

(3) 重复步骤(2)中的操作，将新建表中所需要的其他字段添加到"新表中的字段"列表框中。

添加、删除和重命名字段的方法有以下几种：

● 在"示例字段"列表框中选定一个字段，单击 > 按钮，可以将该字段添加到"新表中的字段"列表框中；单击 >> 按钮，可以将"示例字段"列表框中所有的字段都添加到"新表中的字段"列表框中。

● 选中一个已经添加到"新表中的字段"列表框中的字段，双击该字段名或单击 < 按钮，可以在"新表中的字段"列表框中将其删除。

● 单击 << 按钮可以将"新表中的字段"列表框中所有的字段均删除。

● 如果要在"新表中的字段"列表框中移动字段，则需要先清除它，然后在"新表中的字段"列表框中单击字段要出现的地方，再将这个字段添加进来。

● 单击【重命名字段】按钮，调出"重命名字段"对话框，如图 4-12 所示，在"重命名字段"文本框中输入新的字段名，单击【确定】按钮。

图 4-12　"重命名字段"对话框

(4) 单击【下一步】按钮，调出如图 4-13 所示的"表向导"对话框之二，在"请指定表的名称"文本框中输入表的新名称：学生，选中"是，帮我设置一个主键"单选按钮。

(5) 单击【下一步】按钮，调出"表向导"对话框之三，如图 4-14 所示，在这个对话框中设置该表与其他表的关系，这里直接单击【下一步】按钮。

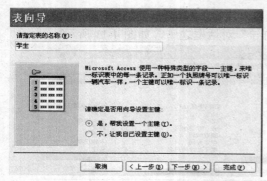

图 4-13　"表向导"对话框之二   图 4-14　"表向导"对话框之三

(6) 弹出"表向导"对话框之四，在这个对话框中要对创建完表以后的操作进行设置，在这里选择"直接向表中输入数据"。

(7) 单击【完成】按钮，就可以创建一个"学生"表，如图 4-15 所示，同时在如图 4-16 所示的数据库窗口中也可看到刚刚建立的"学生"表。

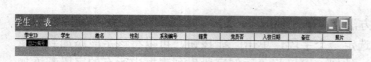

图 4-15　"学生"表窗口   图 4-16　"数据库"对话框

4.2.2　在数据表视图中直接输入数据创建表

在 Access 2003 中，表共有四种视图，即数据表视图、设计视图、数据透视表视图和数据透视图视图。

1. 在数据表视图中创建表

Access 2003 除了允许用户使用表向导创建表外，还允许用户自选创建一个具有个性的表。在自选设计时，要注意做好表的规划工作，首先要确定表中要放的字段，一般窗体上的一个窗格要对应一个字段。在设计表时，表中只包含原始数据，而不应包含任何计算结果。

【例 4-2】数据表视图中创建"英语专业课成绩"表的具体操作步骤如下：

(1) 创建或打开一个空数据库，用下面的方法调出数据表视图。

① 单击数据库窗口中的【新建】按钮，调出"新建表"对话框，如图 4-17 所示。选择"数据表视图"选项，双击该选项或单击【确定】按钮。

② 在如图 4-18 所示的数据库窗口中，双击"通过输入数据创建表"选项。

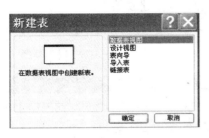

图 4-17　"新建表"对话框　　　　　　　图 4-18　"通过输入数据创建表"选项

屏幕上出现表窗口，这个窗口就是"数据表视图"，如图 4-19 所示。

图 4-19　数据表视图

该窗口是由行和列构成的表格，其中列标记是"字段 1"、"字段 2"这样的名称，说明数据库的表中，字段名只能在列上输入，行方向上可以输入不同的记录。

(2) 双击"字段 1"文字，使其反白显示，输入新的字段名称，然后用同样的方法在"字段 2"、"字段 3"……中输入字段名称。

(3) 单击【关闭】按钮，弹出提示保存的对话框，如图 4-20 所示。

(4) 单击【是】按钮，调出"另存为"对话框，如图 4-21 所示。如果单击【保存】按钮，则会直接调出"另存为"对话框。

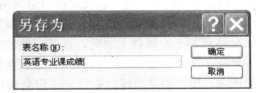

图 4-20　提示对修改进行保存　　　　　　　图 4-21　"另存为"对话框

(5) 在图 4-21 所示的"表名称"文本框中输入表的名称(这里输入"英语专业课成绩"),按【Enter】键或单击【确定】按钮,调出提示对话框要求设置主键,如图 4-22 所示。

图 4-22　提示设置主键

调出这个对话框的原因是在表中输入字段时没有设置主键,有关主键的含义及设置方法,将在后面进行介绍。

(6) 单击【是】按钮,由系统自动设置主键。

这时,表设计视图关闭,同时可以在数据库窗口中看到刚刚建立的表。

2. 数据表视图的工具栏

在打开表的数据表视图后,工具栏如图 4-23 所示。

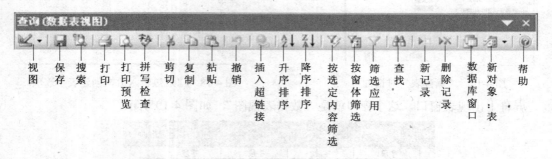

图 4-23　"数据表视图"工具栏

4.2.3　应用设计视图创建表

上面介绍了应用 Access 表向导创建表,应用数据表视图创建表,接着介绍应用设计视图创建表。应用 Access 表向导和应用数据表视图这两种方法仅能生成表的初步结构,所创建的数据表总是难以满足实际应用的完整需求,而需要应用设计视图完成最终的表结构的设计。

1. 设计视图和它的工具栏

(1) 设计视图:整个表设计窗口分为两部分,上半部分是用于输入字段的表格,下半部分列出对不同数据类型所具有的属性以及对属性的描述。每一种属性都可以进行设置,当光标移到某一个属性上面时,在其右侧的文本框中会显示对该属性的描述,而对该属性进行设置的文本框会出现三种:一种是直接输入文本;另一种是出现下拉列表框,提供不同的选项;第三种是出现按钮,单击它会调出一个对话框,以便对属性进行进一步的设置。

(2) 设计视图工具栏:打开表的设计视图后的工具栏如图 4-24 所示。

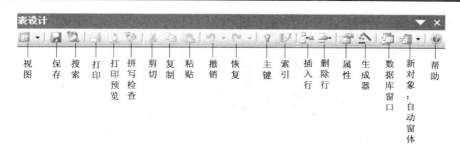

图 4-24　"表设计视图"工具栏

2. 操作步骤

【例 4-3】在表设计视图中创建图 4-4"公共课成绩"表结构。

创建过程如下:

(1) 创建或打开一个空数据库,其窗口如图 4-25 所示,用下面的方法调出表设计窗口。

① 单击数据库窗口中的【新建】按钮,调出"新建表"对话框,如图 4-26 所示。选择 "设计视图"选项,双击该选项或单击【确定】按钮。

② 在图 4-25 所示的数据库窗口中,双击"使用设计器创建表"选项。

图 4-25　空数据库窗口

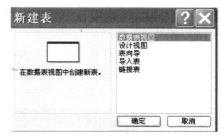

图 4-26　"新建表"对话框

(2) 屏幕上出现表设计窗口,如图 4-27 所示。

(3) 在第一个"字段名称"列处输入"学号"文字。

(4) 单击其右侧的表格或按【Tab】键或按【→】键,均可在该表格中显示默认数据类型"文本",同时出现向下箭头,单击该箭头弹出如图 4-28 所示的下拉列表框,选择一种数据类型。

图 4-27　表设计窗口

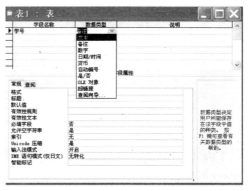

图 4-28　下拉列表框

(5) 将光标移到下一个字段名称处,输入另一个字段。如此操作直至所有数据输入完成,如图 4-29 所示。

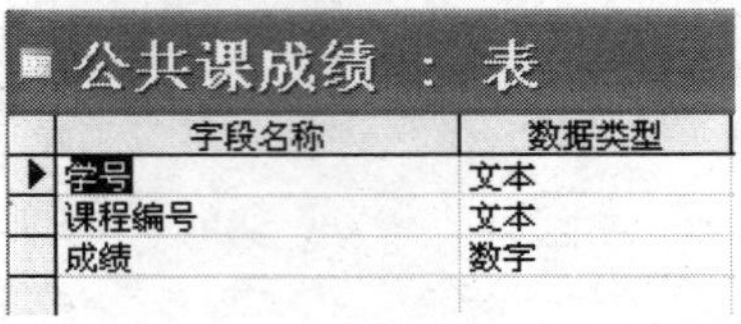

图 4-29 定义所有字段

(6) 单击标题栏上的"表"按钮,在调出的菜单中执行【关闭】命令或单击表设计窗口右上方的【关闭】按钮,调出"提示"对话框,询问对表的修改是否保存,单击【是】按钮,完成表的设计。

4.2.4 修改表结构

表的结构修改也就是对字段进行添加、修改、移动和删除等操作。对字段修改通常是在表设计图中进行的。

1. 添加字段

【例 4-4】请在"基础篇-学生成绩管理系统"的"学生"表中添加"联系电话"字段。

操作步骤如下:

(1) 在表设计器中打开"学生"表,如图 4-30 所示。

(2) 点击"照片"字段下面单元格,输入"联系电话"字段,如图 4-31 所示。对"联系电话"字段的属性进行设置,完毕后单击【关闭】按钮,完成字段的插入操作。

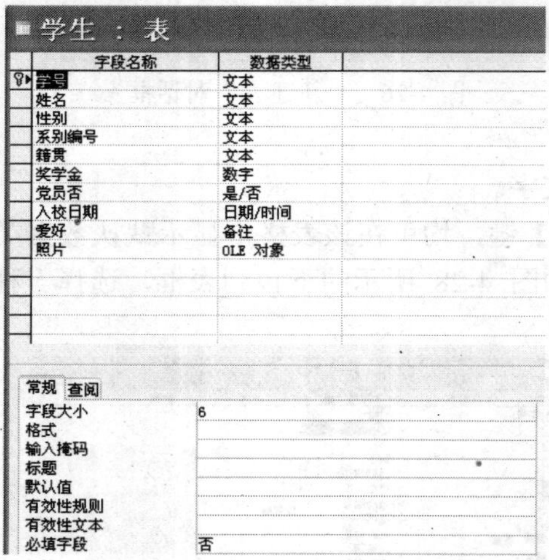

图 4-30 "学生"表设计器

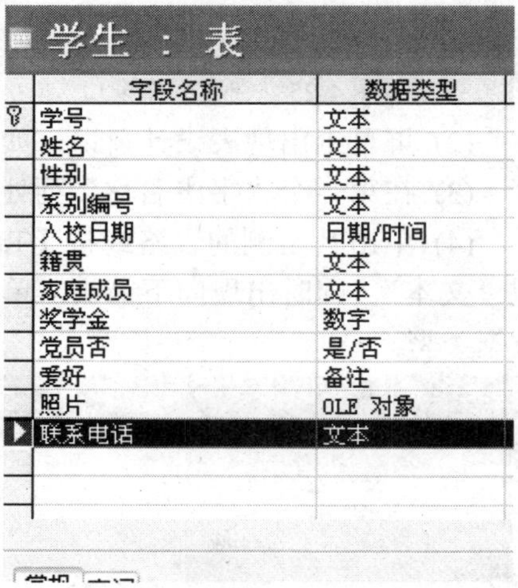

图 4-31 插入的"联系电话"字段

2. 更改字段

【例 4-5】请将"基础篇-学生成绩管理系统"的"学生"表中的"籍贯"字段更改为"通信地址"字段。

操作步骤如下:

(1) 在表设计器中打开"学生"表，如图 4-30 所示。

(2) 选中"籍贯"字段所在的单元格，将"籍贯"两个字删除，输入"通信地址"，如图 4-32 所示，单击【关闭】按钮，完成字段的插入操作。

图 4-32　更改字段后的结果

3. 移动字段

【例 4-6】请在"基础篇–学生成绩管理系统"的"学生"表中将"入学日期"字段移动到"系别编号"字段后。

操作步骤如下：

(1) 在"学生"表设计器中，单击"入学日期"字段前面的选择器，选中该字段，如图 4-33 所示。

(2) 按下鼠标左键，拖动鼠标，将该字段移到"系别编号"字段后，如图 4-34 所示。单击【关闭】按钮，完成字段的插入操作。

图 4-33　选中"入校日期"字段　　　　　　　　图 4-34　移动字段后的结果

4．插入字段

【例4-7】请在"基础篇–学生成绩管理系统"的"学生"表中的"籍贯"字段后插入"家庭成员"字段。

操作步骤如下：

(1) 打开"学生"表设计器，右击"籍贯"字段下一行任何地方，弹出动态菜单，如图4-35所示。

(2) 在弹出的动态菜单中选中"插入行"功能项，在"籍贯"字段下就可弹出一行，在新的一行中输入"家庭成员"字段，如图4-36所示。

图4-35　动态菜单　　　　　　　　　　　　　　图4-36　插入字段后的结果

5．删除字段

【例4-8】请在"基础篇-学生成绩管理系统"的"学生"表中删除"籍贯"字段。

操作步骤如下：

(1) 在"学生"表设计器中，右击"籍贯"字段前面的选择器，弹出动态菜单，如图4-37所示。

(2) 在弹出的动态菜单中选中"删除行"功能项，弹出"是否永久删除选中的字段及其所有数据"对话框，如图4-38所示，单击【是】按钮，"籍贯"字段就被删除了。

图4-37　动态菜单　　　　　　　　　　　　　　图4-38　删除对话框

4.3　向表中输入数据

表中的数据可以直接输入或从外部获取数据。从外部获取数据的方法有导入和链接两种，导入的数据一旦操作完毕就与外部数据源无关；链接的数据只在当前数据库形成一个链接表对象，其内容随着数据源的变化而变化。本章介绍向表中直接输入数据，下一章再介绍导入外部数据。

4.3.1　打开表的数据表视图

打开表的数据表视图的方法有以下四种：

(1) 在表的设计视图状态下，单击【数据表视图】按钮。

(2) 在表的设计视图状态下，单击【视图】→【数据表视图】菜单。

(3) 在库中选取表，单击【打开】按钮。

(4) 在库中双击一个表的名字。

4.3.2　直接输入数据

现实生活中，仓库修建好、仓库中的货架安放好后，就可以将货物放在货架上，保存在仓库中。类似地，用户在 Access 中创建了数据库，并创建了表结构之后，就可以将数据输入表中，用数据库保存表。

1. 输入数据的一般方法

新建表输入数据的操作通常在浏览窗口中进行。浏览窗口中的光标指示输入数据的位置。因此，输入数据时先移动光标到需要输入数据的字段，再输入数据。按【Tab】键、【Enter】键、方向键或用鼠标单击，都可以移动光标。

为了减少输入数据的错误，人们通常按行依次输入每一条记录的数据。第一个字段的数据输入完后，按【Enter】键或【Tab】键，光标将进入下一个字段的区域，继续输入下一个字段的数据。一条记录最后一个字段的数据输入完后，按【Enter】键或【Tab】键，光标将进入下一条记录第一个字段的区域，继续输入下一条记录的数据。当然，也可以直接单击某个字段的输入区域，将光标移到此处，输入该字段的数据。

Access 提供了多种字段类型，其中，自动编号字段类型的数据由系统自动输入，不需要用户输入；文本型、备注型、数字型、超链接型字段的数据直接输入即可；其他字段类型的数据的输入方法简单介绍如下。

2. 货币型字段数据的输入方法

对于货币型字段，Access 可以自动添加货币符号、千位分隔符、小数点和小数点后的 0。用户只需输入表示货币的数字即可。

3. 日期/时间型字段数据的输入方法

日期/时间型字段中数据的显示格式虽然有多种，但输入数据时可以按一种格式输入。

用户可以按"年-月-日"的格式输入日期的数字，并且年的数字还可以简写。可以按"时：分：秒"的格式输入时间的数据。例如，"1998 年 5 月 15 日"可以输入"98-5-15"；"2007 年 10 月 1 日"可以输入"7-10-1"；"上午 8 时 30 分 5 秒"可以输入"8:30:5"；"下午 2 时 6 分 25 秒"可以输入"14:6:25"。

4. 是/否型字段数据的输入方法

是/否型字段的数据在浏览窗口中显示为一个复选框。选中复选框表示数据为 True，没有选中复选框表示数据为 False，因此，输入 True 只需选择该复选框，输入 False 则不选择复选框。

5. 应用查阅向导后数据的输入方法

先单击需要输入数据的字段区域，其右边将出现一个下拉按钮，再单击该下拉按钮，并从打开的列表中选择需要的数据。

6. OLE 对象型字段数据的输入方法

插入 OLE 对象数据有以下两种方法：

(1) 利用"插入对象"对话框中的【由文件创建】按钮。

在"照片"字段插入图片时，可按如下步骤操作：

① 先用鼠标或键盘选择需要插入图片的字段区域，选定的字段区域将出现一个虚线边框。

② 选择【插入】→【对象】命令，打开插入对象对话框，如图 4-39 所示。

③ 选择【由文件创建】单选按钮，"对象类型"列表框将变为"文件"文本框，且下面将出现【浏览】按钮和"链接"复选框，如图 4-40 所示。

图 4-39 "插入对象"对话框

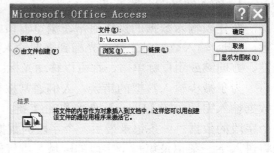

图 4-40 "文件"文本框

④ 单击【浏览】按钮，打开"浏览"对话框。该对话框与"打开"对话框相似，打开需要的图片文件，返回"插入对象"对话框。其中的"文件"文本框将显示选中的文件名，图 4-41 显示的是选择"D:\Access\1005.jpg"图片文件的信息。

⑤ 单击"插入对象"对话框中的【确定】按钮，结束插入图片的操作。选定字段区域将显示"位图图像"。

(2) 利用"插入对象"对话框中的【新建】按钮。

① 单击某记录的"照片"字段，单击【插入】菜单→【对象】，对象类型选"画笔图片"，如图 4-42 所示。

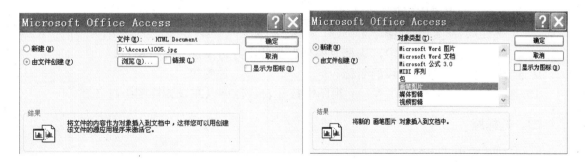

图 4-41 选择图片信息   图 4-42 选画笔图片

② 单击【确定】按钮，在画笔窗口单击【编辑】→【粘贴来源】命令，如图 4-43 所示。

③ 弹出"图片来源"对话框，如图 4-44 所示，选图片，双击图片将图片粘入画笔窗口，关闭窗口。

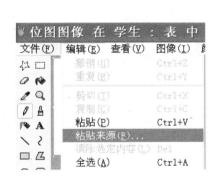

图 4-43 粘贴来源

图 4-44 选择图片

4.4 习   题

一、填空题

1. 在 Access 中，_____是表的基本单位，_____是表中可访问的最小_____逻辑单位。

2. 在对表进行操作时是把_____与表的内容分开进行操作的。

3. 修改表结构只能在_____视图中完成，给表添加数据的操作是在表的_____中完成的。

4. 如果某一字段没有设置显示标题，则系统将_____设置为字段的显示标题。

5. 在 Access 的数据表中，必须为每个字段指定一种数据类型。字段的数据类型有_____、_____、_____、_____、_____、_____、_____、_____、_____。其中，_____数据类型可以用于为每个新记录自动生成数字。

6. 备注类型字段最多可以存放_____字符。

7. "是否"型字段实际保存的数据是_____或_____，_____表示"是"，_____表示"否"。

8. 在"插入对象"窗口中，选择"图形"文件，方可添加_____数据。

9. 修改字段包括修改字段的名称、_____、_____说明等。

10. 在 Access 中，可以在_____视图中打开表，也可以在设计视图中打开表。

二、选择题

1. 下列选项中错误的字段名是(　　)。

(A) 已经发出货物客户 　　　　　(B) 通信地址～1

(C) 通信地址.2 　　　　　　　　(D) 1 通信地址

2. Access 表中字段的数据类型不包括(　　)。

(A) 文本 　　　　　　　　　　　(B) 备注

(C) 通用 　　　　　　　　　　　(D) 日期/时间

3. 下列选项叙述不正确的是(　　)。

(A) 如果文本字段中已经有数据，那么减小字段大小不会丢失数据

(B) 如果数字字段中包含小数，那么将字段大小设置为整数时，Access 自动将小数取整

(C) 为字段设置默认属性时，必须与字段所设的数据类型相匹配

(D) 可以使用 Access 的表达式来定义默认值

4. 数据表中的"行"称为(　　)。

(A) 字段 　　　　　　　　　　　(B) 数据

(C) 记录 　　　　　　　　　　　(D) 数据视图

5. 下列选项中正确的字段名称是(　　)。

(A) student.ID 　　　　　　　　(B) student[ID]

(C) student_ID 　　　　　　　　(D) student!ID

6. 表示表的"列"的数据库术语是(　　)。

(A) 字段 　　　　　　　　　　　(B) 元组

(C) 记录 　　　　　　　　　　　(D) 数据项

7. Access 中表和数据库的关系是(　　)。

(A) 一个数据库可以包含多个表 　　(B) 一个表只能包含两个数据库

(C) 一个表可以包含多个数据库 　　(D) 一个数据库只能包含一个表

8. 下列关于文本数据类型的叙述错误的是(　　)。

(A) 文本型数据类型最多可保存 255 个字符

(B) 文本型数据所使用的对象为文本或者文本与数字的结合

(C) 文本数据类型在 Access 中默认字段大小为 50 个字符

(D) 当将一个表中文本数据类型字段修改为备注数据类型字段时，该字段原来存在的内容都完全丢失

9. 关于自动编号数据类型，下列描述正确的是(　　)。

(A) 自动编号数据为文本型

(B) 某表中有自动编号字段，当删除所有记录后，新增加的记录的自动编号从 1 开始

(C) 自动编号数据类型一旦被指定，就会永久地与记录连接

(D) 自动编号数据类型可自动地进行编号的更新，当删除已经编好的记录后，自动进行自动编号类型字段的编号更改

10. 不正确的字段类型是( )。

(A) 文本型   (B) 双精度型

(C) 主键型   (D) 长整型

11. Access 提供的数据类型中不包括( )。

(A) 备注   (B) 文字

(C) 货币   (D) 日期时间

三、思考题

1. 简述创建表的三种方法，比较三种方法的优缺点。

2. 数据表有设计视图和数据表视图，它们各有什么作用？

3. 表中字段的数据类型共有哪几种？

4. OLE 对象型字段能输入什么样的数据？如何输入？

5. 如何输入备注字段数据？

第 5 章　表的高级操作

□□□□□□□

【教学目的与要求】

❖ 掌握在设计视图中进行字段属性的设置
❖ 掌握创建主键的方法
❖ 了解数据导入、导出的操作方法
❖ 掌握索引的创建方法
❖ 掌握创建和编辑表之间关系的方法
❖ 理解参照完整性的含义

【教学内容】

❖ 使用已有数据创建表
❖ 表的导出

【教学重点】

❖ 主键与外键
❖ 表的关系类型
❖ 定义表之间的关系
❖ 参照完整性
❖ 字段类型及属性的设置
❖ 创建主键的方法
❖ 创建值列表及查阅字段的方法

【教学难点】

❖ 字段类型及属性的设置
❖ 创建值列表及查阅字段的方法
❖ 表之间关系的类型和创建方法
❖ 参照完整性

5.1　表记录的操作

在 4.3.2 节中建立了表结构，并输入了数据，数据以一条条记录的形式存在。新来一名学生，就要添加一条记录；退学一名学生，则需要将他(她)的记录删除；某个学生由一个系转到另一个系，则需要修改系别编号。以上这些都会涉及到对记录的操作。

对表记录的基本操作包括选定记录、添加记录、修改记录、删除记录、数据的查找与替换，排序和筛选。

1. 选定记录

1) 拖动鼠标选记录

在表的浏览视图中，先用鼠标选中一条记录，然后按下鼠标左键，沿表的记录选择器向下或向上拖动到要选定的最后一条记录，松开鼠标键后，就选定了几条连续的记录，如图 5-1 所示。也可以先选一行，按住【Shift】键，选中另外一行，放开【Shift】键。

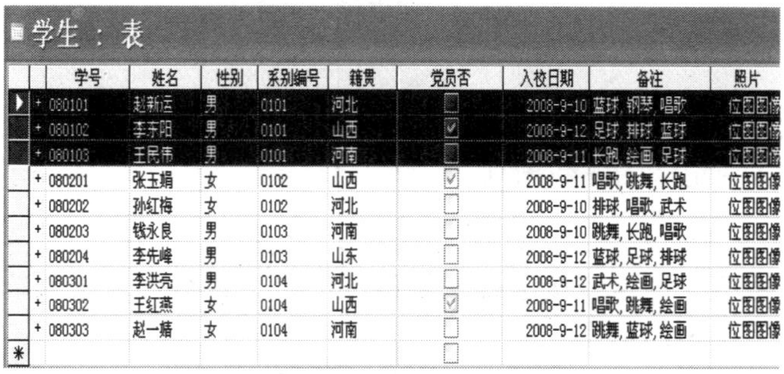
学生 : 表

学号	姓名	性别	系别编号	籍贯	党员否	入校日期	备注	照片
080101	赵新运	男	0101	河北		2008-9-10	蓝球,钢琴,唱歌	位图图像
080102	李东阳	男	0101	山西	√	2008-9-12	足球,排球,蓝球	位图图像
080103	王民伟	男	0101	河南		2008-9-11	长跑,绘画,足球	位图图像
080201	张玉娟	女	0102	山西	√	2008-9-11	唱歌,跳舞,长跑	位图图像
080202	孙红梅	女	0102	河北		2008-9-10	排球,唱歌,武术	位图图像
080203	钱永良	男	0103	河南		2008-9-10	跳舞,长跑,唱歌	位图图像
080204	李先峰	男	0103	山东		2008-9-12	蓝球,足球,排球	位图图像
080301	李洪亮	男	0104	河北		2008-9-12	武术,绘画,足球	位图图像
080302	王红燕	女	0104	山西	√	2008-9-11	唱歌,跳舞,绘画	位图图像
080303	赵一婧	女	0104	河南		2008-9-12	跳舞,蓝球,绘画	位图图像

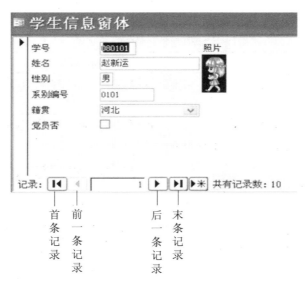

图 5-1　拖动鼠标选记录

2) 用记录定位器选记录

通过表浏览窗口中的记录定位器中的按钮，可选定指定的记录，如图 5-2 所示。

图 5-2　用记录定位器选记录

3) 用菜单选记录

打开一个表视图或一个窗体，单击菜单栏中的【编辑】→【定位】，出现下一级联菜单，可以查找记录，如图 5-3 所示。

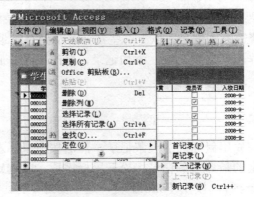

图 5-3　定位记录菜单

2. 添加记录

新添加的记录只能放在表的末尾，实际上是追加记录。将光标定位在表记录下面的第一个空行，然后输入新记录的各数据项。

3. 修改记录

将光标移到数据所在位置直接进行编辑修改即可。在数据表中移动光标除了用鼠标，还可以用快捷键，如表 5-1 所示。

表 5-1　修改记录快捷键

上箭头	上一条记录的当前字段
下箭头	下一条记录的当前字段
左箭头，Shift+Tab	当前记录当前字段的前一个字段
右箭头，Tab，回车	当前记录当前字段的后一个字段
Ctrl+上箭头	第一条记录的当前字段
Ctrl+下箭头	最后一条记录的当前字段
Home	选中一个字段值，Home 键使光标移到当前记录的第一个字段
End	选中一个字段值，End 键使光标移到当前记录的最后一个字段
Ctrl+ Home	选中一个字段值，Ctrl+ Home 键使光标移到第一条记录的第一个字段
Ctrl+ End	选中一个字段值，Ctrl+End 键使光标移到最后一条记录的最后一个字段

4. 复制记录

在某个表添加新记录的过程中，如果发现其他表中已存在该记录，可以将其他表中的记录复制到该表中，也可以在同一个表中进行复制、粘贴操作以添加新记录。

复制记录主要有 2 种方法，下面就以复制"学生"表中的第三条记录为例加以说明。

1) 通过右键快捷菜单复制粘贴

【例 5-1】用右键快捷菜单将"学生"表中的第三条记录复制到该表的最后。

具体操作如下：

(1) 打开"学生"表数据表视图窗口，在第三条记录的行选择器上单击鼠标右键，在弹出的快捷菜单中选择【复制】命令，如图 5-4 所示。

(2) 将鼠标光标移到最后的待录入数据行，在该行的行选择器上单击鼠标右键，在弹出的快捷菜单中选择【粘贴】命令，如图 5-5 所示。

图 5-4　【复制】命令　　　　　　　　　　　　　图 5-5　【粘贴】命令

(3) 修改粘贴后的记录，将"学号"和"姓名"分别改为"080107"和"王献立"。

注意：在同一张表中复制记录，一定要对复制后的记录进行修改，因为一张表中不能有相同的记录。

2) 通过剪贴板复制粘贴

【例 5-2】用剪贴板将"学生"表中的第三条记录复制到该表最后。

其具体操作如下：

(1) 打开"学生"数据表视图窗口，选择第三条记录。

(2) 单击"工具栏"中的【复制】按钮，在"剪贴板"上出现复制的信息，如图 5-6 所示。

(3) 将光标移到最后待输入记录的一行，单击"剪贴板"上要复制的信息，单击右键，在弹出的快捷菜单中选"粘贴"，如图 5-7 所示，之后修改粘贴后的记录。

图 5-6　"剪贴板"信息　　　　　　　　　　　图 5-7　"粘贴"功能

5. 删除记录

(1) 右击选取的记录，在弹出的快捷菜单中选"删除记录"，如图 5-8 所示。

(2) 选取记录，按【Del】键。

(3) 选取记录，单击【编辑】→【删除记录】。

说明：删除记录的操作是不能撤销的。

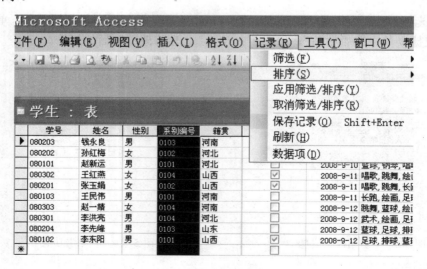

图 5-8　删除记录

6. 查找与替换数据

查找和替换是同一个对话框中两个不同的选项卡。

查找：用鼠标单击某列，单击【编辑】→【查找】命令，在"查找内容"中输入字串，选"搜索"范围，单击【查找下一个】按钮。

替换：用鼠标单击某列，单击【编辑】→【替换】命令，在"查找内容"中输入字串，在"替换为"中输入要替换的字串，单击【查找下一个】按钮，找到查找目标后单击【替换】按钮。

7. 排序记录

1) 简单排序

在数据表视图选一个字段，单击【升序排序】或【降序排序】按钮，字段的值被排序，如图 5-9 所示。

图 5-9　简单排序

2) 高级排序

单击【记录】→【筛选】→【高级筛选/排序】命令，在筛选窗口选字段和排序方式。

【例 5-3】在学生表中筛选出"籍贯"为"河南"的男生。

(1) 设置条件：单击【记录】→【菜单】→【筛选】→【高级筛选/排序】菜单命令，弹出筛选对话框，第一列字段选"性别"，在条件中输入"男"，第二列字段选"籍贯"，在条件中输入"河南"，如图 5-10 所示。

(2) 单击工具栏中的【应用筛选】按钮，筛选结果如图 5-11 所示。

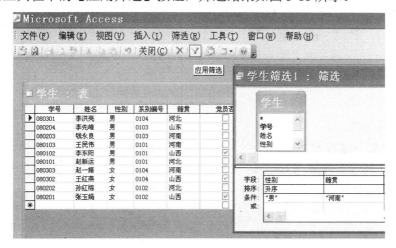

图 5-10　设置筛选条件

学号	姓名	性别	系别编号	籍贯	党员否	入校日期	备注	照片
080203	钱永良	男	0103	河南	☐	2008-9-10	跳舞, 长跑, 唱歌	位图图像
080103	王民伟	男	0101	河南	☐	2008-9-11	长跑, 绘画, 足球	位图图像

图 5-11　筛选结果

5.2　数据表的格式化

在实际应用中，如果需要临时改变一张表的数据表视图格式，则可以在这个表的设计视图中进行重新设定。重新设定数据表视图格式的操作包括：设定数据表格式、数据表视图的行高和列宽、数据表视图字体、在数据表视图中隐藏列、在数据表视图中冻结列等。

1. 设置数据表格式

单击【格式】菜单→【数据表】命令，打开"设置数据表格式"对话框，可以在对话框中更改数据表的显示样式。如背景色、网格线颜色、单元格效果、网格线显示方式等，如图 5-12 所示。

图 5-12 设置数据表格式

2. 设置行高列宽

单击【格式】→【列宽】命令，在"列宽"对话框中输入所需的列宽值，单击【确定】按钮，如图 5-13 所示。单击【格式】→【行高】命令，在"行高"对话框中输入所需的行高值，单击【确定】按钮，如图 5-14 所示。

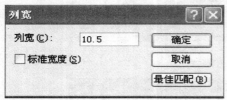

图 5-13 设置列宽

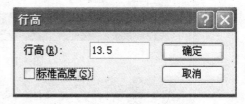

图 5-14 设置行高

3. 设置字体

单击【格式】→【字体】命令，在"字体"对话框做设置，可以改变数据表的字体、字形、字号、字颜色等，如图 5-15 所示。

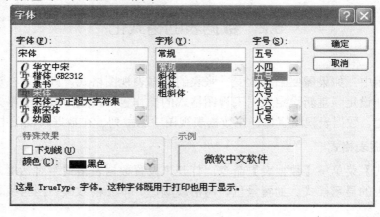

图 5-15 设置字体

4. 隐藏列与取消隐藏列

(1) 隐藏列。选某一列，单击【格式】→【隐藏列】命令，选中的列被隐藏，如图 5-16 所示。

(2) 取消隐藏。单击【格式】→【取消隐藏列】命令，在隐藏列字段前打勾，单击【关闭】按钮，该列被取消隐藏，如图 5-17 所示。

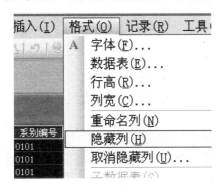

图 5-16　隐藏列

图 5-17　取消隐藏列

5. 冻结列与取消冻结列

选中一列或几列，单击【格式】→【冻结列】命令，或右击选中的列，在快捷菜单中选【冻结列】命令，冻结的列就显示在数据表的最左边了。

拖动水平滚动条查看数据表，无论如何水平移动数据表，被冻结的列始终显示在窗口最左边。

单击【格式】→【取消对所有列的冻结】命令，可取消数据表中的冻结列。

5.3　表中数据导入/导出

在实际应用中，往往会遇到用户使用其他软件生成了表格，如在 Excel 系统中已经建立或在 Access 的其他数据库已存了表文件并且输入了大量数据，这时为了避免重复劳动，可以利用 Access 的数据导入功能直接获取这些外部数据。

数据导出是一种将 Access 的数据表或其他数据库对象输出到外部系统的方法，如输出到其他数据库、Excel 电子表格或 Word 文件格式中，以便其他数据库或应用程序可以使用这些数据或数据库对象。

5.3.1　向库中导入 txt 文件作为表

【例 5-4】向数据库中导入"系列 2.txt"文件作为表，文件内容如图 5-18 所示。

(1) 在数据库窗口中单击表对象，单击【新建】按钮，选"导入表"，单击【确定】按钮，如图 5-19 所示。

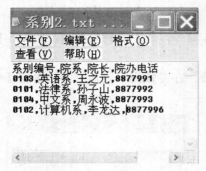

图 5-18　选择导入表

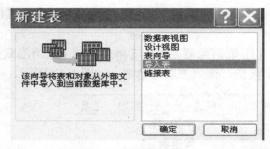

图 5-19　选择导入表

(2) 在弹出的【导入】对话框中，选文件位置(D:\Access)，再选文件类型为"文本文件"，选文件(系别 2.txt)，如图 5-20 所示。

(3) 单击【导入】按钮，出现如图 5-21 所示的对话框。

图 5-20　选择文件

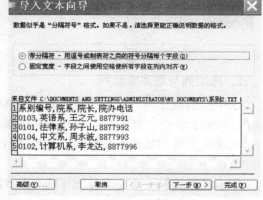

图 5-21　选"带分隔符"

(4) 单击【下一步】按钮，勾选"第一行包含字段名称"，如图 5-22 所示。

(5) 单击【下一步】按钮，点选"新表中"，如图 5-23 所示。

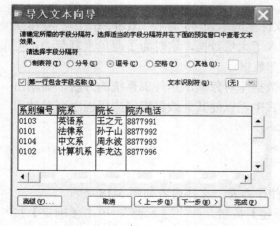

图 5-22　"第一行包含字段名称"

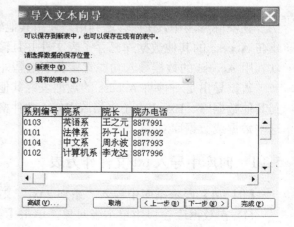

图 5-23　选"新表中"

(6) 单击【下一步】按钮，将"系别编号"字段的数据类型选为"整型"，如图 5-24 所示。

(7) 单击【下一步】按钮，点选"不要主键"如图 5-25 所示。

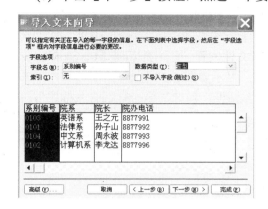

图 5-24　选定字段类型

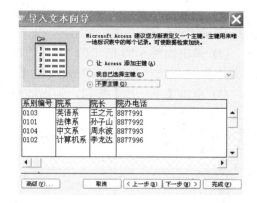

图 5-25　选"不要主键"

(8) 单击【下一步】按钮，给表起名为"系别 2"，单击【完成】按钮，如图 5-26 所示。

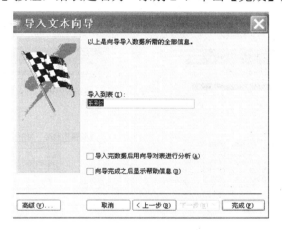

图 5-26　给表起名

5.3.2　向库中导入电子表格作为表

【例 5-5】将图 5-27 所示的"教师"表(xls 格式)的文件导入到数据库中作为表。

	A	B	C	D	E	F	G	H
1	教师编号	姓名	性别	系列	课程编号	工作时间	学历	职称
2	1001	王丽丽	女	0101	101	1989-12-24	本科	讲师
3	1002	张成	男	0101	102	1980-5-23	本科	教授
4	1003	李鹏举	男	0101	103	1989-12-29	本科	副教授
5	1004	钟小千	女	0101	104	1998-7-8	研究生	讲师
6	2001	马淑芬	女	0102	105	1997-2-12	本科	讲师
7	2002	赵大鹏	男	0102	106	1998-12-1	本科	讲师
8	2003	李达成	男	0102	107	1990-10-29	本科	教授
9	2004	张晓芸	男	0102	108	2000-12-13	研究生	讲师
10	3001	章程	男	0103	109	1999-11-13	研究生	讲师
11	3002	江小洋	女	0103	110	1993-12-25	本科	教授
12	3003	王成里	男	0103	111	1996-4-23	本科	讲师
13	4001	赵大勇	女	0104	112	1987-10-14	研究生	教授
14	4002	麻城风	男	0104	113	1998-9-25	本科	副教授
15	4003	刘立丰	女	0104	114	1988-9-12	本科	副教授
16	4004	张宏	男	0104	115	1994-2-13	本科	讲师

图 5-27　教师表

操作过程如下：

(1) 在数据库窗口中单击表对象，选择【文件】→【获取外部数据】→【导入】，如图5-28 所示。

(2) 弹出如图 5-29 所示的"导入"对话框，选择文件位置、文件类型(选 Microsoft Excel)和文件名(这里选"教师.xls")，单击【导入】按钮，显示如图 5-30 所示。

(3) 单击【下一步】按钮，弹出如图 5-31 所示对话框，勾选"第一行包含列标题"，单击【下一步】按钮。

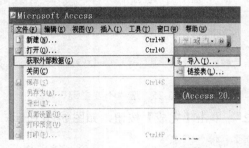

图 5-28　选择"导入"功能项

图 5-29　"导入"对话框

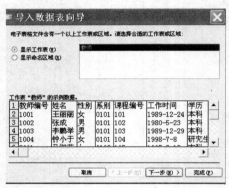

图 5-30　显示对话框

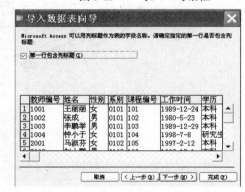

图 5-31　勾选"第一行包含列标题"

(4) 在弹出的如图 5-32 所示的对话框中点选"新表中"，单击【下一步】按钮，出现如图 5-33 所示对话框，单击【下一步】按钮。

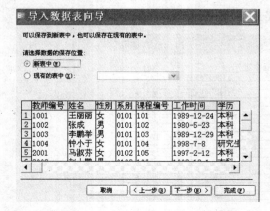

图 5-32　"导入数据表向导"对话框

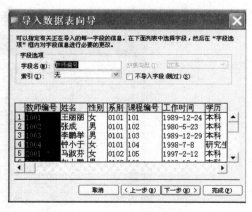

图 5-33　字段选项

　　(5) 在弹出的如图 5-34 所示的对话框中点选"不要主键"，单击【下一步】按钮，给表起名为"教师"单击【完成】按钮，如图 5-35 所示，结束导入数据操作。

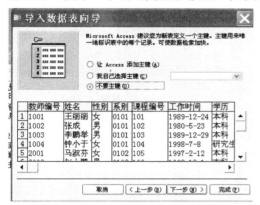

图 5-34　不要主键

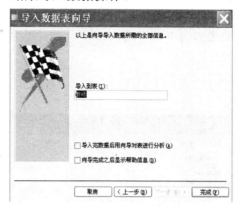

图 5-35　完成数据导入

5.3.3　将另一个库中的表导入到当前库中

　　【例 5-6】将图 5-36 所示的"基础篇-学生成绩管理系统"数据库中的"学生"表导入到图 5-37 所示的"基础篇-学生成绩管理系统-001"数据库中。

图 5-36　基础篇-学生成绩管理系统

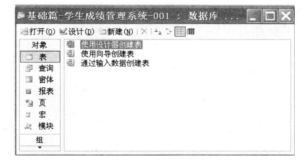

图 5-37　基础篇-学生成绩管理系统-001

　　(1) 在"基础篇-学生成绩管理系统-001"数据库窗口中，单击表对象，选择【文件】→【获取外部数据】→【导入】，如图 5-38 所示，弹出"导入"对话框，如图 5-39 所示。

图 5-38　导入功能项

图 5-39　"导入"对话框

(2) 选文件位置、文件类型(选*.mdb)、选文件(这里选择基础篇-学生成绩管理系统.mdb)，单击【导入】按钮，显示如图 5-39 所示。

(3) 选择一张表(如"学生"表)，如图 5-40 所示，单击【确定】按钮，完成数据导入，结果如图 5-41 所示。

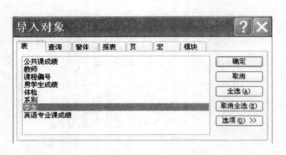

图 5-40　导入对象对话框

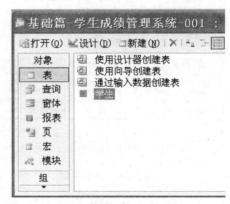

图 5-41　导入数据结果

5.3.4　将数据表导出为其他类型文件

【例 5-7】将"基础篇-学生成绩管理系统"数据库中的"公共课成绩"表导出为文本文件。操作过程如下：

(1) 在"基础篇-学生成绩管理系统"数据库中打开"公共课成绩"表，选择【文件】→【导出】，如图 5-42 所示。

(2) 弹出"导出"对话框，选保存位置(这里选择"我的文档")，选导出的文件类型(这里选择"文本文件")，为文件起名(这里输入"公共课成绩")，如图 5-43 所示，单击【全部导出】按钮。

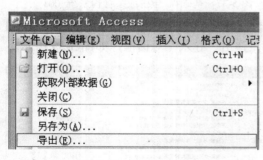

图 5-42　【导出】菜单

图 5-43　输入文件名

(3) 弹出如图 5-44 所示的"导出文本框向导"对话框，选中"带分隔符"，单击【下一步】按钮。

(4) 弹出"请选择字段分隔符"对话框，这里选择"逗号"，如图 5-45 所示，单击【下一步】按钮。

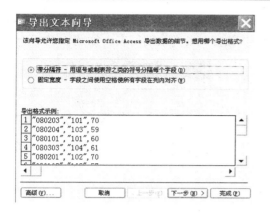

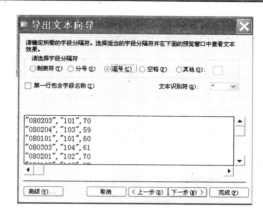

图 5-44　"导出文本向导"对话框　　　　　　　　图 5-45　选择"逗号"

(5) 单击【下一步】按钮，在弹出的对话框中单击【完成】按钮，结束操作过程。

5.4　表对象操作

除了经常对表内存储的数据进行一系列的输入、编辑、修改、数据的导入或导出外，还可以对整张表进行复制、删除、拆分等操作，Access 提供了对表的复制、删除、重命名、拆分等功能。

5.4.1　表对象的复制、删除与重命名

复制可以将其他 Access 数据库中的表复制到当前打开的数据库中。重命名可以在当前打开的数据库中改变表对象的名字。删除操作可以在当前打开的数据库中删除指定的表对象。

【例5-8】将"基础篇-学生成绩管理系统"数据库中的"系别"表复制到"基础篇-学生成绩管理系统-001"数据库中并命名为"系别编号"，然后将该表删除。

操作步骤如下：

(1) 在"基础篇-学生成绩管理系统"数据库中，右击"系别"表，在弹出的动态菜单中选择【复制】命令，如图 5-46 所示。

(2) 在"基础篇-学生成绩管理系统-001"数据库中，选中"表"对象，在右边窗格中的空白处单击鼠标右键，弹出动态菜单，如图 5-47 所示，单击【粘贴】命令。

图 5-46　右击"系别"表　　　　　　　　　　图 5-47　选择【粘贴】命令

(3) 在弹出的对话框中输入表名(这里输入"系别"),如图 5-48 所示,单击【确定】按钮,在"基础篇-学生成绩管理系统-001"数据库中增加一张"系别"表,如图 5-49 所示。

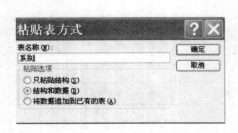

图 5-48 输入"系别"

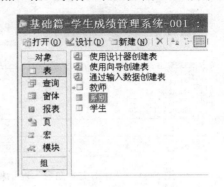

图 5-49 增加了"系别"表

(4) 在"基础篇-学生成绩管理系统-001"数据库中选中"系别"表,单击鼠标右键,弹出如图 5-50 所示的动态菜单,选择"重命名";在弹出的图 5-51 中输入"系别编号",就将"系别"表名更改为"系别编号"名了。

(5) 在"基础篇-学生成绩管理系统-001"数据库中选中"系别编号"表,单击鼠标右键,弹出如图 5-50 所示的动态菜单,选择【删除】命令,将该表从数据库中删除。

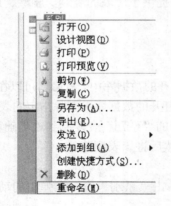

图 5-50 选择"重命名"

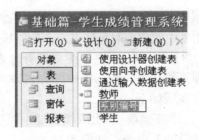

图 5-51 输入"系别编号"

5.4.2 拆分表

拆分表功能可以将一张表拆分为多张新表。

【例 5-9】将"学生名单"表(如图 5-52 所示)拆分为两张新表。

操作步骤如下:

(1) 打开"学生名单"表。

(2) 选择【工具】→【分析】→【表】。

(3) 按向导指示继续操作。

(4) 将"院系"字段拖到窗口空白处产生新表,在表名框中输入"office",如图 5-53 所示。

图 5-52　"学生名单"表　　　　　　　　　　　　　图 5-53　输入表名

　　(5) 将"院长"字段和"院办电话"字段拖到"office"表中，选中"院系"字段，单击窗口右上方按钮，"院系"字段被设为主键。

　　(6) 选中"学号"字段，单击按钮将其设为主键，单击按钮将"学号"字段所在的表命名为"xs"。

　　拆分出来的两张新表如图 5-54 所示。

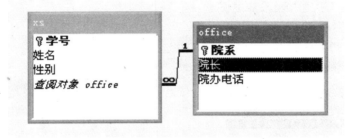

图 5-54　拆分出来的两张新表

5.5　主键、索引及表间关系

　　在第 1 章中介绍了主键、索引及表间关系的有关概念，在本节我们通过事例进一步认识这几个重要的概念。

5.5.1　主键和索引

　　Microsoft Access 2003 是一种关系型数据库系统，可以使用查询、窗体和报表快速地查找并组合存储在各个不同表中的信息。为了做到这一点，每个表都应该设定主关键字。关键字是用于唯一标识每条记录的一个或一组字段，Access 2003 建议为每一个表设置一个主关键字，主关键字简称为主键。设立主键能提高 Access 在查询、窗体和报表操作中的快速查找能力。

1. 主键

表中所存储的每条记录的唯一标识，即称做表的主键。指定了表的主键之后，Access 将阻止在主键字段中输入重复值或 Null 值。

主键可以包含一个或多个字段，以保证每条记录都具有唯一的值。设定主键的目的在于以下几个方面：一个是保证表中的所有记录都能够被唯一识别；二是保持记录按主键字段项目排序；三是加速处理。Access 2003 中可以设置三种主键，即自动编号、单字段及多字段。

(1) "自动编号"主键：当向表中添加每一条记录时，可将"自动编号"字段设置为自动输入连续数字的编号。将"自动编号"字段指定为表的主键是创建主键的最简单的方法。如果在保存新建的表之前未设置主键，则 Microsoft Access 会询问是否要创建主键，如果回答为"是"，Microsoft Access 将创建"自动编号"主键。

(2) "单字段"主键：如果字段中包含的都是唯一的值，例如 ID 号或部件号码，则可以将该字段指定为主键。只要某字段包含数据，且不包含重复值或 Null 值，就可以为该字段指定主键。

(3) "多字段"主键：在不能保证任何单字段包含唯一值时，可以将两个或更多的字段指定为主键。

【例 5-10】为"学生"表添加主键。

操作步骤如下：

(1) 在表设计视图中打开"学生"表，并选中"学号"字段，如图 5-55 所示。

(2) 选择【编辑】→【主键】命令，即将"学号"字段设置为主键，如图 5-56 所示。

图 5-55　打开"学生"表

图 5-56　选择主键

2. 索引

在字段常规属性中，索引属性是一项非常重要的属性，合理地设置字段的索引属性，不仅可以加速对索引字段的查询，还能加速排序及分组操作。

增加或删除字段的索引的具体操作步骤如下：

(1) 单击要处理的字段名。

(2) 单击字段属性栏中的"常规"选项卡。

(3) 单击"索引"属性，出现向下箭头，单击此箭头会出现 3 个选项，如图 5-57 所示，从中选择一个选项。

图 5-57　常规选项卡中索引

索引的这 3 个选项的含义如下：

❖　无：该字段不需要建立索引。

❖　有(有重复)：以该字段建立索引，其属性值可重复出现。

❖　有(无重复)：以该字段建立索引，其属性值不可重复。设置为主键的字段取得此属性，要删除该字段的这个属性，首先应先删除主键。

选择【视图】→【索引】，如图 5-58 所示，或单击工具栏上的【索引】按钮，可以调出“索引”对话框，如图 5-59 所示，在该对话框中，可以定义索引。在“学生”表中建立“学号”主键之后，在索引对话框中就自动生成了一个索引“PrimaryKey”，在这里我们再创建一个“院系编号”索引，在“索引名称”列的“PrimaryKey”下面输入“院系编号”，在字段名称中选择“系别编号”，在排列次序列选择“升序”。该对话框左下方的“主索引”、“唯一索引”、“忽略 Nulls”文本框中都选择“否”。

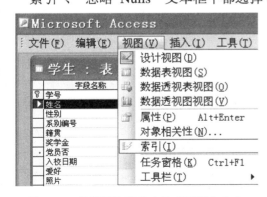

图 5-58　【视图】菜单中的【索引】命令

图 5-59　“索引”对话框

5.5.2　表间关系

　　一个数据库中往往设计有多个表，各表之间可能存在种种关系，称为表间关系。比如，在"基础篇-学生成绩管理系统"中，学生表、公共课成绩表中都包含"学号"字段，可通过"学号"字段建立这两个表之间的联系，这样就能使不同表中的相关数据关联起来。操作时，可以同时使用建立关系的几张表中的相关数据，为创建查询、窗体、报表等对象创造条件。表与表之间的关系有三种，分别是：一对一关系、一对多关系和多对多关系。

1. 一对一关系

　　如果表 A 中的一个记录与表 B 中的一个记录直接相关联，这就是一对一的关系。

　　例如，在一个"基础篇-学生成绩管理系统"中，表"学生"和另一个表"系别"，因为一个学生只有一个系别，所以这种关系就是一对一的关系。在 Access 中，这种关系可以直接用视图的方式进行设置并显示出来，显示关系视图的是关系窗口，在关系窗口中两个表之间由一条直线相连，表示这是一对一的关系，如图 5-60 所示。

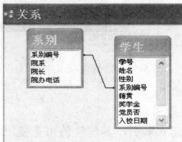

图 5-60　一对一关系

2. 一对多关系

　　如果表 A 中的一个记录与表 B 中的多个记录直接相关联，这就是一对多的关系，这种关系是 Access 中最常使用的关系。

　　在关系窗口中，一对多关系在两个表之间用一条直线相连，直线的一端标有"1"，表示是一对多中的一端；另一端标有"∞"符号，表示是一对多中的多端，如图 5-61 所示。

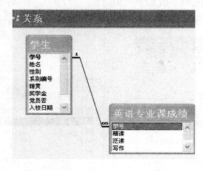

图 5-61　一对多关系

　　在这个关系中，因为一位学生的英语成绩有精读成绩、泛读成绩，所以一个学生表的编号就会重复出现在"英语专业课成绩"表的记录中，代表着一对多的关系。

3. 多对多关系

多对多关系是表 A 中的一条记录对应到表 B 中的多条记录，同时表 B 中的一条记录反过来也会对应到表 A 中的多条记录，这种关系就是多对多的关系。

在图 5-62 所示的"多对多"关系中，"订单"表和"产品"表有一个多对多的关系，它是通过建立与"订单明细"表中两个一对多关系来创建的。一份订单可以有多种产品，每种产品可以出现在多份订单中，这样"产品"和"订单"两个表，通过"订单明细"表，形成了多对多的关系。

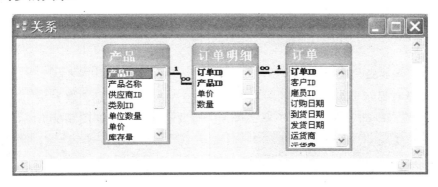

图 5-62　多对多关系

多对多型的关系仅能通过定义第三个表(称做联接表)来达成，它的主键可以包含两个以上字段，即来源于 A 和 B 两个表的外键，外键是引用其他表中的主键字段(一个或多个)的一个或多个表字段(列)，它用于表明表之间的关系。

多字段主键中字段的次序按照它们在表设计视图中的顺序排列，可以在"索引"窗口中更改主键字段的顺序。

如果不能确定是否能为多字段主键选择合适的字段组合，应该添加一个"自动编号"字段并将它指定为主键。例如，将"名字"和"姓氏"字段组合起来作为主键并非是很好的方法，因为在这两个字段的组合中，完全有可能会遇到重复的数据。

例如，在一家商贸公司的数据库中，"订单明细"表与"订单"及"产品"表之间都有关系，因此它的主键包含两个字段："订单 ID"及"产品 ID"。"订单明细"表能列出许多产品和许多订单，但是对于每个订单，每种产品只能列出一次，所以将"订单 ID"及"产品 ID"字段组合可以生成恰当的主键。

5.5.3　编辑关系

在用户使用数据库向导或表向导创建表时，可以通过向导自动建立表间关系。使用其他方式创建表时，就需要用户自己来编辑表间关系了。

表间关系可以通过匹配表的主关键字段来编辑。要在两个表间创建关系，这两个表中必须拥有相同字段类型（除非主关键字段是"自动编号"字段）和字段名，即在两个表的公共字段之间建立关系。

【例 5-11】用"系别编号"字段建立学生表和系别编号表之间的关系。

(1) 关闭所有打开的表，因为不能修改已打开表之间的关系。

(2) 如果还没有切换到数据库窗口，可以按 F11 键从其他窗口切换到数据库窗口。

(3) 单击工具栏上方的【关系】按钮，如图 5-63 所示，弹出图 5-64 所示的窗口。

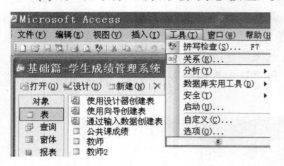

图 5-63　关系菜单

图 5-64　关系窗口

(4) 如果没有显示要编辑的表的关系，可单击工具栏上的【显示表】按钮，如图 5-65 所示。在弹出的"添加表"对话框中双击每一个所要添加的表，如图 5-66 所示。

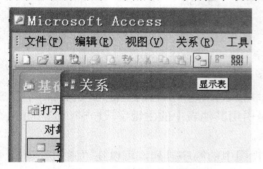

图 5-65　【显示表】按钮

图 5-66　添加表对话框

(5) 这里添加"学生"、"系别编号"、"公共课成绩"三张表，如图 5-67 所示，选中"学生"表的"系别编号"，按下鼠标左键拖动鼠标到"系别"表中的"系别编号"，弹出"编辑关系"对话框，如图 5-68 所示，在该对话框中可以编辑关系。

图 5-67　关系中的表

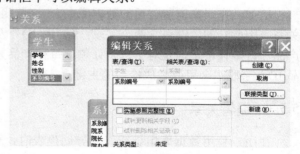

图 5-68　"编辑关系"对话框

(6) 设置关系的选项。

参照完整性是一个规则系统，用来确保相关表行之间关系的有效性，并确保不会误删除或更改相关数据。

在定义两个表之间关系时，如果选择实施了参照完整性，子表将不能随意添加记录，也不能随意更改公共字段中的值。如果同时勾选了"级联更新"和"级联删除"选项，在主表中更改公共字段中的值，子表对应的值自动被更改，在主表中删除某条记录，子表中所有对应记录自动被删除。

(7) 单击【创建】按钮，就建立了"学生"、"系别编号"的关系。

5.6　习　　题

一、填空题

1. 一般情况下，一个表可以建立_____主键。

2. 如果希望两个字段按不同的次序排序，或者按两个不相邻的字段排序，需使用_____窗口。

3. 在数据表视图中，_____某字段列或几个字段列后，无论用户怎样水平滚动窗口，这些字段总是可见的，并且总是显示在窗口的最左边。

4. 在输入数据时，如果希望输入的格式标准保持一致或希望检查输入时的错误，可以通过设置字段的_____属性来设置。

5. 在同一个数据库中的多张表，若想建立表间的关联关系，就必须给表中的某字段建立_____。

二、选择题

1. 如果表中有"联系电话"字段，若要确保输入的联系电话值只能为 8 位数字，应将该字段的输入掩码设置为(　　)。

(A) 00000000　　　　　　　　　　(B) 99999999

(C) #######　　　　　　　　　　(D) ????????

2. 通配任何单个字母的通配符是(　　)。

(A) #　　　　　　　　　　　　　　(B) !

(C) ?　　　　　　　　　　　　　　(D) ||

3. 若输入文本时达到密码显示*号的效果，则应设置的属性是(　　)。

(A) "默认值"属性　　　　　　　　(B) "标题"属性

(C) "密码"属性　　　　　　　　　(D) "输入掩码"属性

4. 要在输入某日期/时间型字段值时自动插入当前系统日期，应在该字段的默认值属性框中输入(　　)表达式。

(A) Date()　　　　　　　　　　　(B) Date[]

(C) Time()　　　　　　　　　　　(D) Time11

5. 默认值设置是通过(　　)操作来简化数据输入。

(A) 清除用户输入数据的所有字段

(B) 用指定的值填充字段

(C) 消除了重复输入数据的必要

(D) 用与前一个字段相同的值填充字段

6. "按选定内容筛选"允许用户( )。

(A) 查找所选的值

(B) 输入作为筛选条件的值

(C) 根据当前选中字段的内容，在数据表视图窗口中查看筛选结果

(D) 以字母或数字顺序组织数据

7. 在 Access 中，利用"查找和替换"对话框可以查找到满足条件的记录，要查找当前字段中所有第一个字符为"y"、最后一个字符为"w"的数据，下列选项中正确使用通配符的是( )。

(A) y[abc]w   (B) y*w

(C) y?w   (D) y#w

8. 下面关于 Access 表的叙述中，错误的是( )。

(A) 在 Access 表中，可以对备注型字段进行"格式"属性设置

(B) 若删除表中含有自动编号型字段的一条记录后，Access 不会对表中自动编号型字段重新编号

(C) 创建表之间的关系时，应关闭所有打开的表

(D) 可在 Access 表的设计视图"说明"列中，对字段进行具体的说明

9. 在已经建立的数据表中，若在显示表中内容时使某些字段不能移动显示位置，可以使用的方法是( )。

(A) 排序   (B) 筛选

(C) 隐藏   (D) 冻结

10. 某数据表中有 5 条记录，其中文本型字段"成绩"各记录内容如下：成绩、125、98， 85、141，119，则降序排序后，该字段内容先后顺序表示为( )。

(A) 成绩 85 98 119 125 141   (B) 成绩 119 125 141 85 98

(C) 成绩 141 125 119 98 85   (D) 成绩 98 85 141 125 119

11. 不能索引的数据类型是( )。

(A) 文本   (B) 数值

(C) 日期   (D) 备注

12. 定义字段的特殊属性不包括的内容是( )

(A) 字段名   (B) 字段默认值

(C) 字段掩码   (D) 字段的有效规则

13. 关于输入掩码的叙述中，错误的是( )。

(A) 在定义字段的输入掩码时，既可以使用输入掩码向导，也可以直接使用字符

(B) 定义字段的输入掩码，是为了设置密码

(C) 输入掩码中的字段"0"表示可以选择输入数字 0～9 中的一个数

(D) 直接使用字符定义输入掩码时，可以根据需要将字符组合起来

14. 利用 Access 中记录的排序规则，对下列文字进行降序排序后的先后顺序应该是( )。

(A) 数据库管理、等级考试、ACCESS、Access

(B) 数据库管理、等级考试、Access，ACCESS

(C) ACCESS、Access、等级考试、数据库管理

(D) Access，ACCESS、等级考试、数据库管理

15. 下列选项中能描述输入掩码"&"字符含义的是(   )。

(A) 可以选择输入任何的字符或一个空格

(B) 必须输入任何的字符或一个空格

(C) 必须输入字母或数字

(D) 可以选择输入字母或数字

16. 利用 Access 中记录的排序规则，对下列文字字符串 5，8，13，24 进行升序排序的先后顺序应该是(   )。

(A) 5，8，13，24　　　　　　　　　　(B) 13，24，5，8

(C) 24，13，8，5　　　　　　　　　　(D) 8，5，24，13

17. 输入数据时，如果希望输入的格式标准保持一致，或希望检查输入的错误时，可以(   )。

(A) 控制字段大小　　　　　　　　　　(B) 设置默认值

(C) 定义有效性规则　　　　　　　　　(D) 设置输入掩码

18. 可以输入任何一个字符或者空格的输入掩码是(   )。

(A) 0　　　　　　　　　　　　　　　　(B) #

(C) &　　　　　　　　　　　　　　　　(D) C

19. 下面说法中，错误的是(   )。

(A) 文本型字段，最长为 255 个字符

(B) 要得到一个计算字段的结果，仅能运用总计查询来完成

(C) 在创建一对一关系时，要求两个表的相关字段都是主关键字

(D) 创建表之间的关系时，正确的操作是关闭所有打开的表

三、思考题

1. Access 支持的导入数据的文件类型有哪些?

2. 记录的筛选与排序有何区别? Access 提供了几种筛选方式? 它们有何区别?

3. 如何显示子数据表的数据?

4. 如何冻结或解冻列、隐藏或显示列?

5. 如何向表中导入电子表格数据作为表。

6. 如何编辑数据库中表的关系?

第6章　查询的创建和简单应用

□□□□□□□

【教学目的与要求】

❖ 熟悉查询的类型
❖ 了解创建查询的方式
❖ 掌握使用向导创建查询
❖ 熟悉运算符查询的应用
❖ 掌握运行查询

【教学内容】

❖ 查询的类型
❖ 创建查询的方式
❖ 使用向导创建查询
❖ 运算符查询的应用
❖ 运行查询

【教学重点】

❖ 查询的类型
❖ 使用向导创建查询
❖ 运算符查询的应用
❖ 运行查询

【教学难点】

❖ 运算符查询的应用
❖ 运行查询

　　在 Access 数据库中，不需要将所有的数据都保存在一张表中。不同的数据可以分门别类地保存在不同的表中。在创建数据库时，并不需要将所有可能用到的数据都罗列在表中，尤其是一些需要计算的值。使用数据库中的数据时，并不是简单地使用表中的数据，而常常是将有"关系"的很多表中的数据一起调出使用，有时还要把这些数据进行一定的计算以后才能使用。用"查询"对象可以很轻松地解决这个问题，它同样也会生成一个数据表视图，看起来就像新建的"表"对象的数据表视图一样。"查询"的字段来自很多相互之间有"关系"的表，这些字段组合成一个新的数据表视图，但它并不存储任何数据。当改变"表"中的数据时，"查询"中的数据也会发生改变。

6.1　查　询　概　述

Access 提供了多种功能强大的查询工具，利用它们不仅可以从一个数据表中查找数据，还可以从多个数据表或已创建好的查询中查找、更新数据，对数据进行统计、分析，并能根据需要将查询的结果以表的形式保存到数据库中。

6.1.1　查询的功能

具体而言，查询具有以下功能：

(1) 选择数据，包括选择字段和选择记录两方面。利用查询既可以只选择一个表的某几个字段，也可以选择来自多个表的字段，并能通过指定记录所需满足的条件，将当前不需要的数据排除在查询之外，从而使用户将注意力集中在感兴趣的数据上。例如，仅查找"学生"表的"学号"、"姓名"、"性别"三个字段的内容。

(2) 分析与计算。 查询不仅可以选择数据， 还可以对数据表中的数据进行各种统计计算，如计算某个学生或某门课程的平均成绩。通过将经常处理的原始数据及统计计算定义为查询，可以大大简化数据的处理工作。用户不必每次都在原始数据上进行检索，从而提高了整个数据库的性能。

(3) 编辑记录。利用 Access 查询的操作功能可以根据指定的规则在数据表中编辑记录、删除记录、添加新记录，并能将查询结果以数据表的形式保存起来。例如，可以利用查询方便地将已毕业的学生信息保存到一个新表中，然后在"学生"表中删除已毕业学生的信息。

(4) 为窗体、报表或数据访问页提供数据。因为查询是经过处理的数据集合，因而适合作为数据源，通过窗体、报表或数据访问页提供给用户。例如，为了在窗体中显示来自多个表的数据，可以先建立能检索出所需数据的查询，然后将该查询作为窗体的数据源。每次打开窗体时，该查询就自动从基表中检索出符合要求的最新数据，从而提高了窗体的使用效果。

6.1.2　查询的类型

Access 为用户提供了五种类型的查询，分别是选择查询、参数查询、交叉表查询、操作查询、SQL 查询，下面逐一介绍。

1. 选择查询

选择查询是最常见的查询类型，它按照规则从一个或多个表，或其他查询中检索数据，并按照所需的排列顺序显示出来。

2. 参数查询

参数查询可以在执行时显示对话框以提示用户输入信息，它不是一种独立的查询，只是在其他查询中设置了可变化的参数。

3. 交叉表查询

使用交叉表查询可以计算并重新组织数据的结构，这样可以更加方便地分析数据。

4. 操作查询

使用操作查询只需进行一次操作，就可对许多记录进行更改和移动。四种操作查询如下所示。

(1) 删除查询：可以从一个或多个表中删除一组记录。例如，可以使用删除查询来删除所有毕业学生的记录。使用删除查询，通常会删除整个记录，而不只是记录中所选择的字段。

(2) 更新查询：可以对一个或多个表中的一组记录做全局的更改。例如，可以将所有学生的"英语专业课"表中"精读"全部增加 10 点，或将某一工作类别的人员的工资提高 5 个百分点。使用更新查询，可以更改已有表中的数据。

(3) 追加查询：可以将一个或多个表中的一组记录添加到一个或多个表的末尾。例如，假设用户获得了一些新的客户以及包含这些客户信息的数据表，若要避免在自己的数据库中键入所有这些信息的麻烦，最好将其追加到"客户"表中。

(4) 生成表查询：可以根据一个或多个表中的全部或部分数据新建表。生成表查询有助于创建表以导出到其他数据库中。

5. SQL 查询

SQL(Structure Query Language)是一种结构化查询语言，是数据库操作的工业化标准语言。可以使用 SQL 来查询、更新和管理任何数据库系统。用户在设计视图中创建查询时，Access 将在后台构造等效的 SQL 语句。有些 SQL 查询只能在 SQL 视图中创建，称为"特定查询"，有如下几种。

(1) 传递查询：该查询可以直接向 ODBC 数据库服务器发送命令。

(2) 联合查询：该查询可使用 Union 运算符来合并两个或更多选择查询结果。

(3) 数据定义查询：利用数据定义语言(DDL)语句来创建或更改数据库中的对象。

(4) 子查询：包含 SQL 查询语句的查询。如果在一个查询中要使用另一查询的查询结果，可以在查询设计网格的"字段"单元格中输入 SQL 查询语句来定义新字段，或在"准则"单元格中定义包含 SQL 查询语句的准则。

6.1.3　查询视图

当打开一个查询以后，Access 窗口的主工具栏就会发生变化，其中在工具栏的最左侧有一个【视图】按钮，单击该按钮后，出现一个用于各种视图切换的下拉列表框，如图 6-1 所示。

图 6-1　五种查询视图

从图中可以看出，Access 2003 中查询具有五种视图，分别是"设计视图"、"数据表视图"、"SQL 视图"、"数据透视表视图"和"数据透视图视图"，其中"数据透视图视图"是 Access 2003 中新增加的视图。

(1) 设计视图：也叫查询设计器，显示数据库对象(包括表、查询、窗体、宏和数据访问页)的设计窗口。在设计视图中，可以新建数据库对象和修改现有数据库对象的设计。通过该视图可以设计除 SQL 查询之外的任何类型的查询。

(2) 数据表视图：查询的数据浏览器，以行列格式显示来自表、窗体、查询、视图或存储过程的窗口，通过该视图可以查看查询运行的结果。在数据表视图中，可以编辑字段、添加和删除数据以及搜索数据。

(3) 数据透视表视图：用于汇总并分析数据表或窗体中数据的视图。可以通过拖拽字段和项，或通过显示和隐藏字段的下拉列表中的项，来查看不同级别的详细信息或指定布局。

(4) 数据透视图视图：用于显示数据表或窗体中数据的图形分析的视图。可以通过拖拽字段和项，或通过显示和隐藏字段的下拉列表中的项，来查看不同级别的详细信息或指定布局。

(5) SQL 视图：是用 SQL 语法规范显示查询，即显示查询的 SQL 语句。

6.2　简单查询的创建与运行

在 Access 中创建查询有三种方式：查询向导、设计视图、SQL 视图。简单的选择查询(包括"查找重复项查询"和"查找不匹配项查询")、交叉表查询一般使用向导创建查询；SQL 查询(SQL 程序)在 SQL 视图中创建；其他查询一般在设计视图中创建。

先来讨论一下简单查询的创建与运行，本节将介绍使用向导创建查询、交叉表查询、使用标签向导创建报表及报表的运行。

6.2.1　使用向导创建查询

创建查询的种类有两种：一种是利用查询向导创建查询，包括简单查询向导、交叉表查询向导、查找重复项查询向导和查找不匹配项查询向导；另一种是利用查询设计创建查询，使用该方法可以创建选择查询、参数查询、交叉表查询和操作查询等。首先介绍使用向导创建查询，在第 7 章介绍利用查询设计创建查询的方法。

1. 简单查询向导

使用简单查询向导创建查询可以将一个或多个表或查询中的字段检索出来，还可以根据需要对检索的数据进行统计运算。

【例 6-1】查询"基础篇–学生成绩管理系统"中学生的基本信息和相应课程的成绩。其具体操作如下：

(1) 打开"基础篇–学生成绩管理系统"数据库，单击"对象"中的"查询"，弹出"新建查询"对话框，如图 6-2 所示。

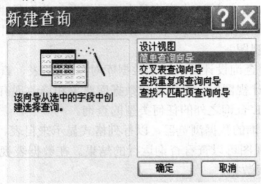

图 6-2　"新建查询"对话框

(2) 选择"简单查询向导"，单击【确定】按钮，此时打开"简单查询向导"对话框，如图 6-3 所示。

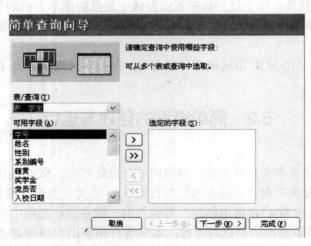

图 6-3　"简单查询向导"对话框

(3) 在"可用字段"列表框中选择"学号"选项，然后单击 > 钮，将"学号"选项添加到"选定的字段"列表框中，如图 6-4 所示。

(4) 使用同样的方法将"可用字段"列表框中的"姓名"添加到"选定的字段"列表框中，如图 6-5 所示。

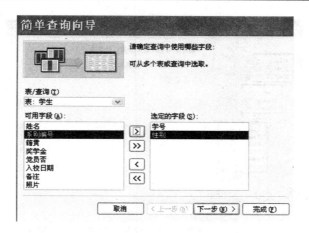

图 6-4　选定"学号"字段

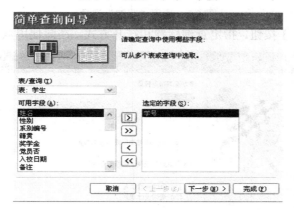

图 6-5　选定"姓名"字段

(5) 在"表/查询"下拉列表框中选择"英语表成绩"表，依次将"泛读"、"精读"两字段添加到"选定的字段"列表框中，如图 6-6 所示。

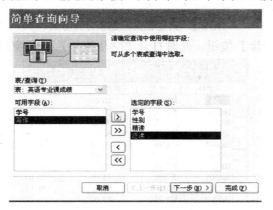

图 6-6　添加"泛读"、"精读"选项

(6) 单击【下一步】按钮，此时"简单查询向导"对话框提示选择明细查询还是汇总查询，选用默认的"明细"选项，如图 6-7 所示。

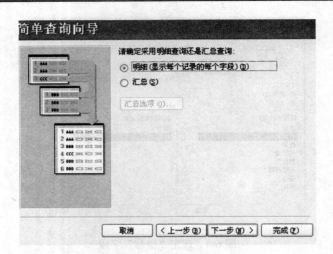

图 6-7 选用"明细"选项

(7) 单击【下一步】按钮，指定查询标题和打开方式，在此使用默认值，如图 6-8 所示。

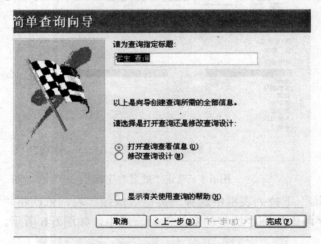

图 6-8 指定查询标题和打开方式

(8) 单击【下一步】按钮。此时打开"学生查询"视图窗口，如图 6-9 所示。

学号	姓名	精读	泛读
080101	赵新运	90.00	88.00
080102	李东阳	70.00	79.00
080103	王民伟	85.00	65.00
080201	张玉娟	60.00	77.00
080202	孙红梅	76.00	91.00
080203	钱永良	92.00	85.00
080204	李先峰	80.00	87.00
080301	李洪亮	66.00	70.00
080302	王红燕	55.00	61.00
080303	赵一婧	74.00	66.00

图 6-9 "学生查询"视图窗口

(9) 在数据库窗口的查询对象中增加了"学生查询"，如图 6-10 所示。

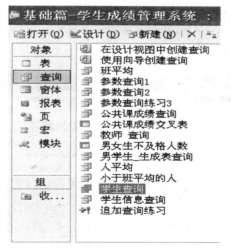

图 6-10　查询对象

2. 交叉表查询向导

使用交叉表查询可以将查询的字段分成两组：一组是以列标题的形式显示在表的顶端；一组是以行标题的形式显示在表的最左侧。用户可以在行列交叉的位置对数据进行汇总、求平均值或其他统计运算，并将结果显示在行列的交叉处。

【例 6-2】使用交叉表查询向导创建学生成绩的查询。

其具体操作如下：

(1) 打开"基础篇-学生成绩管理系统"数据库，单击"对象"中的"查询"，单击【新建】按钮，弹出"新建查询"对话框，在该对话框中选择"交叉表查询向导"选项，单击【确定】按钮，打开"交叉表查询向导"对话框，如图 6-11 所示。

(2) 单击【下一步】按钮，弹出如图 6-12 所示的对话框，此时对话框提示指定字段行标题，在"可用字段"列表框中选择"学号"选项，然后单击【下一步】按钮，则就将"学号"选项添加到"选定字段"列表框中了。

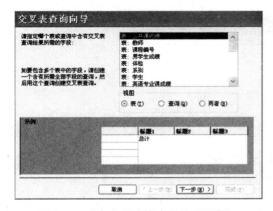

图 6-11　"交叉表查询向导"对话框

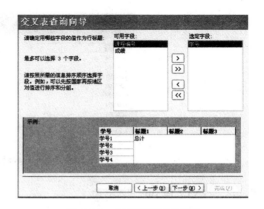

图 6-12　指定字段行标题

(3) 单击【下一步】按钮，此时对话框提示指定字段列标题，在右侧的列表框中选择【课程编号】选项，如图 6-13 所示。

(4) 单击【下一步】按钮,此时对话框提示指定交叉点计算的数字,在"字段"列表框中选择"成绩"选项,在"函数"列表框中选择"求和"选项,取消"是,包含各项小记(Y)"复选框,如图 6-14 所示。

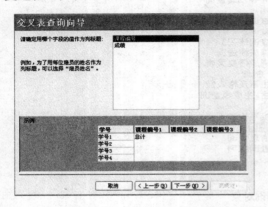 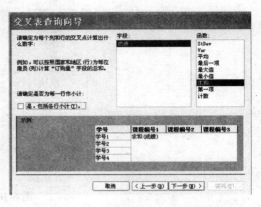

　　　图 6-13　指定字段列标题　　　　　　　　　图 6-14　　确定交叉点计算数字

(5) 单击【下一步】按钮,出现指定查询标题和打开方式信息,使用默认值,如图 6-15 所示,单击【完成】按钮,此时打开"公共课成绩_交叉"视图窗口,如图 6-16 所示。

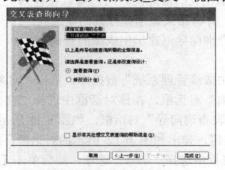

图 6-15　指定查询名称

学号	101	102	103	104	105
080101	60	87			
080102			57		74
080103			69	68	
080201		70		64	
080202			90		71
080203	70	55			
080204			59	66	
080301		58			92
080302	87	71			
080303				61	53

图 6-16　　"公共课成绩_交叉"视图窗口

6.2.2　运行查询

在查询设计器中,利用工具栏中的运行按钮运行查询,或选择【查询】→【运行】命令运行查询。

在"数据库"窗口中运行查询的方法有以下三种:

(1) 在数据库窗口直接双击查询对象，即进入查询的数据表视图，其形式与表的数据表视图完全相同，不同的是查询视图中显示的是一个动态数据集。

(2) 在数据库窗口对象列表下选中查询，再单击【打开】按钮，即可打开选中的查询运行。

(3) 利用宏运行查询。

6.3　查询的准则

6.3.1　运算符及通配符

1. 运算符

1) 算术运算符

算术运算符用来进行算术运算，算术运算符及其优先级的含义如表 6-1 所示。

表 6-1　算术运算符及其优先级

优先级	运　算　符	说　　明
1	^	乘方
2	*、/	乘、除
3	\	整数除法
4	Mod	求模运算
5	+、−	加、减

2) 联接运算符

联接运算符具有联接两个或多个字符串(即文本型数据)的功能，在 Access 中，有"+"和"&"两个联接运算符。"+"将两个字符串联接成一个新字符串，只能在两个表达式均为字符串数据时使用；而"&"用来强制两个表达式做字符串联接。

"+"和"&"的优先级相同，但低于所有算术运算符的优先级。

【例 6-3】联接运算。

　　　　"2*3"+"="+" (2*3)"　　　　　　　出错，类型不匹配

　　　　"2*3"&"="&"(2*3) "　　　　　　　运算结果为：2*3=6

3) 逻辑运算符

逻辑运算符除包括常见的">"、"<"、"="等外，还包括以下几个：

(1) And：逻辑并，两个条件同时满足。

(2) Or：逻辑或，两个条件满足一个即可。

(3) Not：逻辑否，不属于表达式范围。

4) 特殊运算符

(1) Like：用来指定字符串的样式。如：like"李*"，指姓李的名字。

(2) In：指定一系列值的列表。如：In("山东", "浙江", "安徽")。

(3) Between a1 and a2：指位于 a1 和 a2 之间的值(包括端值)，如：Between 75 and 90 是指 75～90 之间的数据。

(4) Null：字段不包括任何数据，为空值。

2．通配符

(1) ?：代表任意一个字符。

(2) *：代表任意字符串(0 或多个字符)。

(3) #：代表单一数字。

(4) [字符表]：字符表中的单一字符。

(5) [! 字符表]：不在字符表中的单一字符。

例：Like c*?：表示以字符 C 开头的字符串。

Like p[b-g]###：表示以字母 p 开头，后根 b～g 之间的 1 个字母和 3 个数字的字符串。

Like f? [!6-10]*：表示第 1 个为字符 f，第 2 个为任意字符，第 3 个为非 6～10 的任意字符，其后为任意字符的字符串。

6.3.2　常用函数

Access 提供了大量的标准函数，如数值函数、字符函数、日期时间函数和统计函数等。下面给出一些常用的函数，以方便读者查询。

1．数值函数

数值函数用于数值运算，其自变量与函数都是数值型数据。

1) 取绝对值函数 Abs()

格式：Abs(<nExp>)

功能：计算 nExp 的值，并返回该值的绝对值。

如：Abs(−10)=10

2) 平方根函数 Sqrt()

格式：Sqrt(<nExp>)

功能：求非负 nExp 的平方根。

如：Sqrt(16)=4

3) 四舍五入函数 Round()

格式：Round(<nExp1>，< nExp2>)

功能：返回 nExp1 四舍五入的值，nExp2 表示保留的小数位数。

如：Round(3.14159, 2)=3.14

4) 取整函数 Int()

格式：INT(<nExp>)

功能：计算 nExp 的值，返回该值的整数部分。

如：Int(36.29)=36

2．字符函数

1) 空格函数 Space()

格式：Space (<nExp>)

功能：返回一个包含 nExp 个空格的字符串。

如：Space(8)="   "

2) 取左子串函数 Left()

格式：Left(<cExp>，<nExp>)

功能：返回从 cExp 串中第一个字符开始，截取 nExp 个字符的子串。

如：Left("infomation"，4)="info"

3) 取右子串函数 Right()

格式：Right(<cExp>，<nExp>)

功能：返回从 cExp 串中右边第一个字符开始，截取 nExp 个字符的子串。有关说明同 Left()函数。

如：Right("infomation"，4)= "tion"

4) 字符串长度函数 Len()

格式：Len(<cExp>)

功能：返回 cExp 串的字符数(长度)，函数值为 N 型。

如：Len("计算机")=3

5) 取子串函数 Mid()

格式：Mid (<cExp>，<nExp1> [，<nExp2>])

功能：返回从串 cExp 中第 nExp1 个字符开始，截取 nExp2 个字符的子串。

如：Mid("infomation"，5，2)="ma"

6) 删除字符串前导空格函数 LTrim()

格式：LTrim(<cExp>)

功能：删除 cExp 串的前导空格字符。

如：LTrim("   tree   ")="tree"

7) 删除字符串尾部空格函数 RTrim()|Trim()

格式：RTrim| Trim (<cExp>)

功能：删除 cExp 串尾部空格字符。

如：RTrim("   tree   ")="   tree"

8) 删除前导和尾部空格函数 Trim()

格式：Trim (<cExp>)

功能：删除 cExp 串前导和尾部空格字符。

如：Trim("   tree   ")= "tree"

9) 求子串位置函数 InStr()

格式：InStr(<nExp1>，<cExp1>，<cExp2>[，< nExp2>])

功能：求子串<cExp2>在字符表达式<ncxp1>中出现的位置。如果省略"起始位置"<nExp1>，则从头开始查找。常用的比较方法<nExp2>有 0 和 1。O 为区分大小写，1 为不区分大小写。

【例 6-4】求子串位置函数。

InStr(1，"XpXPXpXP"，"P"，0) = 4

InStr(5，"XpXPXpXP"，"P"，0) = 8

　　　　Instr(1，　"XpXPXpXP"，"P"，1)= 2

　　　　InStr(5，　'XpXPXpXP'，"P"，1) = 6

　　　　InStr("XpXPXpXP"，"P") = 2

　　　　InStr("XpXPXpXP"，"p") = 2

　10) 大小写转换函数

(1) 小写转大写 Ucase()。

格式：Ucase(<cExp>)

功能：将字符表达式<cExp>中的小写字母转换为大写字母。

(2) 大写转小写 Lcase()。

格式：Lcase(<cExp>)

功能：将字符表达式<cExp>中的大写字母转换为小写字母。

【例如】Ucase(A)="ACCESS"

　　　　Lcase(Access)= "access"

3. 日期时间函数

　　日期时间函数是处理日期型或日期时间型数据的函数。其自变量为日期型表达式 dExp 或日期时间型表达式 tExp。

　1) 获取系统日期和时间函数

(1) 系统日期函数 Date()。

格式：Date()

功能：返回当前系统日期，此日期由 Windows 系统设置。函数值为 D 型。

(2) 日期时间函数。

格式：Now()

功能：返回当前系统的日期和时间。

(3) 时间函数。

格式：Time()

功能：返回当前系统时间。

　2) 截取日期/时间分量函数

(1) 年份函数 Year()。

格式：Year(<dExp>)

功能：函数返回 dExp 式中的年份值，函数值为 N 型。

(2) 月份函数 Month()。

格式：Month(<dExp>)

功能：返回 dExp 式中的月份数，函数值为 N 型。

(3) 日期函数 Day()。

格式：Day(<dExp>)

功能：返回 dExp 式中的天数，函数值为 N 型。

(4) 小时函数。

格式：Hour(<dExp>)

功能：返回日期表达式<dExp>中的小时，结果为数字型。

(5) 分钟函数。

格式：Minute(<dExp>)

功能：返回日期表达式<dExp>中的分钟，结果为数字型。

(6) 秒函数。

格式：Second(<dExp>)

功能：返回日期表达式<dExp>中的秒，结果为数字型。

【例 6-5】日期/时间函数(假定运行函数的时间为 2007 年 8 月 9 日 10 时 11 分 12 秒)。

  Date()= # 2007-08-09 #

  Time()=10:11:12

  Now() = 2007-08-09 10:11:12

  Year(Date()) = 2007，Month(Date()) = 8，Day(Now())=9

  Hour(Time())=10，Minute(Time())=11，Second(Now())=12

4. 其他函数

Access 还提供了其他类型的函数以实现数据的统计、检索等计算。

1) 条件函数

格式：IIf(<条件表达式>，<条件为真时的返回值>，<条件为假时的返回值>)

功能：根据条件表达式决定返回的值。

【例 6-6】根据"在职否"(是/否型)返回字符型"在职"或"离退休"。

  IIf(在职否, "在职", "离退休")

2) 检索字段值函数

格式：DLookup(<检索字段>，<数据表>，<条件>)

功能：返回数据表中符合条件的检索字段的值，函数中的变量均需要用引号括起来。

【例 6-7】查找课程编号为"101"的课程名称。

  DLookup("课程名称", "课程编号", "课程编号='101'")

3) 统计函数

格式 1：DCount(<统计量>，<数据表>，<条件>)

格式 2：DSum(<统计量>，<数据表>)，<条件>)

格式 3：DAvg(<统计量>，<数据表>，<条件>)

功能：DCount，DSum，DAvg 分别返回数据表中符合条件的统计量的个数、总和、平均值。这三个函数中的变量均需要用引号括起来。

【例 6-8】统计函数。

  DCount("学生", "姓名", "性别='女'")　　　　　统计女学生的人数

  DSum("成绩", "公共课成绩", "课程编号='101'")　统计"101"课程的总分

  DAvg("成绩", "公共课成绩", "课程编号='101'")　统计"101"课程的平均成绩

6.3.3　典型示例

【例 6-9】　查询"教师"表中工作时间在"1980-1-1"～"1990-12-31"之间的教师信息。

（1）打开"基础篇–学生成绩管理系统"数据库窗口，选择"对象"中的"报表"，单击
【新建】按钮，弹出"新建报表"对话框，选择"设计视图"，在请选择该对象数据的来源
表或查询中输入"教师"。

（2）在"主体"中用鼠标从字段列表框中拖入字段，结果如图6-17所示。

（3）在"工作时间"查询字段的"条件"行中输入"Between#1980-1-1#and#1990-12-31#"，
如图6-18所示。

图6-17　添加字段

图6-18　设置条件

（4）单击【运行】按钮，出现如图6-19所示的运行结果。

教师编号	姓名	系别编号	课程编号	工作时间	学历	职称
4003	刘立丰	0104	114	1988年09月12日	本科	副教授
2003	李达成	0102	107	1990年10月29日	本科	教授
1003	李鹏举	0101	103	1989年12月29日	本科	副教授
1002	张成	0101	102	1980年05月23日	本科	教授
4001	赵大勇	0104	112	1987年10月14日	研究生	教授
1001	王丽丽	0101	101	1989年12月24日	本科	讲师

图6-19　运行结果

6.4　习　题

一、填空题

1. 选择查询的最终结果是创建一个新的_____，而这一结果又可作为其他数据库对象
的_____。查询结果的记录集事先并不存在，每次使用查询时，都是从创建查询时所提供
的_____或_____中创建记录集。

2. Access提供5种类型的查询，分别是_____、_____、_____、_____、_____。

3. Access查询有5种视图，分别是_____、_____、_____、_____、_____。

4. "2*9"&"="&"(2*9)"的显示结果是_____。

二、选择题

1. Access查询的数据源可以来自（　　）。

（A）表　　　　　　　　　　　　　　（B）查询

(C) 窗体　　　　　　　　　　　(D) 表和查询

2. Access 数据库中的查询有很多种，其中最常用的查询是(　　)。

(A) 选择查询　　　　　　　　　(B) 交叉表查询

(C) 参数查询　　　　　　　　　(D) SQL 查询

3. 查询"学生"表中"生日"在 6 月份的学生记录的条件是(　　)。

(A) Date([生日])=6　　　　　　(C) Month([生日])=6

(C) Mon([生日])= 6　　　　　　(D) Month([生日])= 06

4. 查询"学生"表中"姓名"不为空值的记录条件是(　　)。

(A) *　　　　　　　　　　　　(B) Is Not Nll

(C) ?　　　　　　　　　　　　(D) ""

5. 假设某表中有一个姓名字段，查找姓李的记录的条件是(　　)。

(A) Not "李*"　　　　　　　　(B) Like "李"

(C) Left([姓名]，1)="李"　　　(D) "李"

6. Access 中能返回数值表达式值的正负号值的标准函数是(　　)。

(A) Int(数值表达式)　　　　　(B) Abs(数值表达式)

(C) Sqr(值表达式)　　　　　　(D) sgn(数值表达式)

7. 下列函数中能返回数值表达式的整数部分值的是(　　)。

(A) Abs(数字表达式)　　　　　(B) Int(数值表达式)

(C) sqr(数值表达式)　　　　　(D) sgn(数值表达式)

8. 下面关于使用"交叉表查询向导"创建交叉表的数据源的描述中，正确的是(　　)。

(A) 创建交叉表的数据源可以来自于多个表或查询

(B) 创建交叉表的数据源只能来自于一个表和一个查询

(C) 创建交叉表的数据源只能来自于一个表或一个查询

(D) 创建交叉表的数据源可以来自于多个表

9. 如果想显示电话号码字段中 6 打头的所有记录(电话号码字段的数据类型为文本型)，在条件行输入(　　)。

(A) Like "6"　　　　　　　　　(B) Like "6?"

(C) Like "6#"　　　　　　　　(D) Link 6*

10. 以下关于查询的叙述正确的是(　　)。

(A) 只能根据表创建查询

(B) 只能根据已建查询创建查询

(C) 可以根据表和已建查询创建查询

(D) 不能根据已建查询创建查询

11. 在 Access 的数据库中已经建立了"tBook"表，若查找"图书编号"是"112266"或"113388"的记录，应在查询设计视图的条件行中输入(　　)。

(A) "112266" and "113388"　　　　　　(B) not in ("112266""113388")

(C) in("112266"，"113388″)　　　　　(D) in("112266" and "113388″)

12. 在课程表中要查找课程名称中包含"计算机"的课程，对应"课程名称"字段的正确条件表达式是(　　)。

(A) "计算机"　　　　　　　　　　　(B) "*计算机*"

(C) Like "*计算机*"　　　　　　　　(D) Like "计算机"

13. 要查询 2003 年度参加工作的职工，限定查询时间范围的条件为(　)。

(A) Between #2003-01-01# And #2003-12-31#

(B) Between 2003-01-01 And 200-12-31

(C) <#2003-12-31#

(D) >#2003-01-01#

三、思考题

1. 查询的作用是什么?

2. 查询与数据表的关系是什么?

3. 查询有哪五种类型?

4. 在 Access 中查询有哪五种视图?

第 7 章　查询的高级应用

【教学目的与要求】
- ❖ 掌握查询设计器创建查询
- ❖ 掌握参数查询
- ❖ 熟悉在查询中创建计算字段
- ❖ 掌握汇总查询、更新查询、生成表查询、追加查询、删除查询
- ❖ 掌握 SQL 查询的应用
- ❖ 掌握 SQL 查询语句

【教学内容】
- ❖ 使用查询设计器创建查询
- ❖ 参数查询
- ❖ 在查询中创建计算字段
- ❖ 汇总查询、更新查询、生成表查询、追加查询、删除查询
- ❖ SQL 查询的应用
- ❖ SQL 查询语句

【教学重点】
- ❖ 使用查询设计器创建查询
- ❖ 参数查询
- ❖ 在查询中创建计算字段
- ❖ 汇总查询、更新查询、生成表查询、追加查询、删除查询

【教学难点】
- ❖ 使用查询设计器创建查询
- ❖ SQL 查询的应用
- ❖ SQL 查询语句

7.1　创 建 查 询

使用查询向导可以简单、快速地创建查询，但创建的查询格式比较单一，有一定的局限性。为了创建具有独特风格、美观实用的查询，通常使用设计视图来设计查询。

7.1.1　查询设计器

查询设计器是创建和修改查询的可视化工具。可以在查询设计器中添加数据源，选择查询字段，输入查询准则，选择排序方式，设置查询属性，从而方便、直观地完成查询的创建。

1. 查询设计器及其打开方式

如果要使用查询设计器新建一个查询，则可在"数据库"窗口中选择"查询"对象，然后单击【新建】按钮或直接执行【插入】菜单中的【查询】命令打开"新建查询"对话框(如图 7-1 所示)，然后在出现的"新建查询"对话框中选择"设计视图"，并单击【确定】按钮。

如果要使用查询设计器修改已有的查询，则可在"数据库"窗口中选择"查询"对象，然后单击【设计】按钮。

设计视图是一个设计查询的窗口，包含创建查询所需要的各个组件。用户只需要在各个组件中设置一定的内容就可以创建一个查询。查询设计器(如图 7-2 所示)分为上、下两部分，上部为表/查询的字段列表，显示添加到查询中的数据表或查询的字段列表；下部为设计网格，由一些字段列和已命名的行组成，其中已命名的行有 7 行，其作用如表 7-1 所示。字段列表和设计网格之间是可以调节的分隔线。查询设计器的标题栏用于显示查询的名称和查询类型。

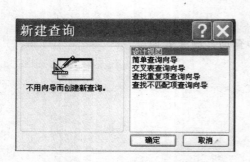

图 7-1　"新建查询"对话框

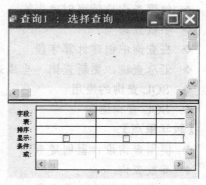

图 7-2　查询设计器

表 7-1　查询设计网格中的内容

行的名称	作　　用
字段	查询所需要的字段，如果与字段对应的"显示"复选框被选中，则表中该字段将显示在查询的结果中
表	指定查询的数据来源表或其他查询
排序	指定查询的结果是否进行排序
显示	利用复选框确定字段是否在数据表视图(查询结果)中显示
条件	指定用户用于查询的条件或要求
或	用输入准则或条件来限定记录的选择
总计	用于确定字段在查询中的运算方法

2. "查询设计"工具栏

打开查询设计器后,窗口中将出现"查询设计"工具栏,如图 7-3 所示。其中,常用的工具按钮及其功能如下:

图 7-3 "查询设计"工具栏

(1) 视图:在设计视图、数据表视图和 SQL 视图之间切换查询的视图方式。

(2) 查询类型:有选择查询、交叉表查询、生成表查询、删除查询、追加查询和更新查询等。

(3) 运行:执行查询,生成查询结果并以数据表的形式显示出来。

(4) 显示表:打开"显示表"对话框,列出当前数据库中的表和查询,以便选择查询的数据源。

(5) 总计:在查询设计网格中增加"总计"行,用于各种统计计算,如求和、求平均值等。

(6) 属性:显示光标处的对象属性。如果光标在某一字段内,则显示该字段的属性;如果光标在查询设计器上半部的字段列表区,则显示字段列表属性;如果光标在查询设计器的其他位置,则显示查询的属性。

7.1.2 使用查询设计器创建查询

在查询设计器中设计查询,包括添加数据源、选择查询字段、输入查询准则、设置查询属性、保存及运行查询等几个步骤。

(1) 添加数据源。数据源可以是表,也可以是查询,单击工具栏中的【显示表】按钮,打开"显示表"对话框,如图 7-4 所示。在该对话框中如果要添加表,则单击"表"选项卡,然后双击要添加的表;如果要添加查询,则单击"查询"选项卡,然后双击要添加的查询。

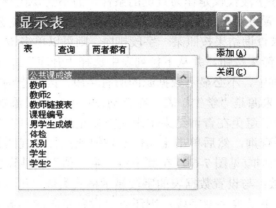

图 7-4 "显示表"对话框

注意： 如果在设计视图中列出的表或查询没有用，则可以将其删除。方法如下：

删除表或查询的操作与添加表或查询的操作相似，首先打开要修改的查询设计视图，在设计视图下选择要删除的表或查询；然后执行【编辑】→【删除】菜单命令或按【Delete】键；最后单击工具栏中的【保存】按钮保存所进行的修改。删除表或查询后，属于它们的字段也将从查询设计网格中删除。

(2) 选择查询字段。在查询设计器的"字段列表"区列出了可以添加到查询设计网格的所有字段，如图 7-5 所示。选择查询字段的方法有三种：一是将字段从"字段列表"区拖动到查询设计网格的"字段"单元格中；二是双击"字段列表"中的字段；三是单击查询设计网格的"字段"单元格，然后单击其右侧的向下箭头按钮，从打开的下拉列表中选择所需的字段。

图 7-5　查询设计器

(3) 输入查询准则。可以在"准则"单元格("条件"单元格及"或"单元格)中对一个或多个字段输入多个准则。在多个"准则"单元格中输入表达式时，Access 将使用 And(逻辑与)或 Or(逻辑或)运算符进行组合。运算规律为：同行 And，异行 Or。

提示： 如果在准则中输入日期型数据，则 Access 将自动用"#"包围；如果输入文本型数据，则将自动用""""包围；如果在准则中用到字段名，则字段名要用方括号括起来。

(4) 设置查询属性。可以在查询设计器中分别设置某一字段的属性、字段列表的属性或查询的属性。常用的属性及其设置方法如下：

① 显示：如果某些字段仅仅是作为查询的条件，而不需要在查询结果中显示，则可以将其设置为不显示。设置方法是：清除该字段"显示"单元格的复选框。

② 排序：如果要求查询结果按照某一字段排序，则可以单击该字段的"排序"单元格，然后单击其右侧的向下箭头按钮，并从下拉列表中选择"升序"或"降序"。

③ 唯一值：在查询中，不必显示数据源的所有字段，因此查询的结果可能包含重复记录。例如，如果查询的来源是"学生"表，在查询设计网格中只添加了"系别编号"字段，则将得到重复记录。为了避免在查询结果中出现重复记录，可以在除字段列表和查询网格外的任意处单击以选择查询，然后单击【属性】按钮或执行【视图】菜单中的【属性】命令打开"查询属性"对话框(见图 7-6)，在其中将"唯一值"属性设置为"是"即可。

④ 格式与小数位数：与设置数据表的字段显示格式类似，可以设置查询字段的打印方式和屏幕显示格式。如果是数字型字段，则还可以设置字段的小数位数。其设置方法为：在字段内单击以选择该字段，然后单击【属性】按钮或执行【视图】→【属性】命令打开

"字段属性"对话框(如图 7-7 所示)，在其中的"格式"和"小数位数"属性框中输入新的属性值即可。

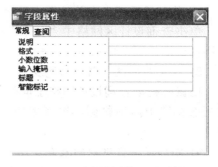

图 7-6　"查询属性"对话框　　　　　　　　图 7-7　"字段属性"对话框

提示：在查询设计器中对属性的设置不会改变数据表中该字段的属性设置。

(5) 保存及运行查询。建立查询后，可以运行查询以生成并显示查询结果。如果查询结果符合要求，则可以保存查询以备以后使用。

要运行查询，可单击【运行】按钮或执行【查询】→【运行】命令。

要保存查询，可单击【保存】按钮或执行【文件】→【保存】命令。

7.1.3　查询设计器基本操作

1. 编辑字段

1) 添加字段

将查询数据源中的字段拖动到查询设计区的"字段"网格中，可以将该字段添加到指定网格中。双击查询数据源中的字段，可以将该字段添加到查询设计区的所有字段之后。先单击查询设计区的某个空白字段网格，再单击其右边的下拉按钮，并从打开的列表中选择一个字段，可以为该网格添加字段。

2) 添加全部字段

将查询数据源中字段列表上方的"*"添加到查询设计区的"字段"网格中，即可添加全部字段。

3) 删除字段

先单击查询设计区"字段"网格上方的列选择器，选择需要删除的字段，再按【Delete】键，或先将光标移到要删除的列上，再选择【编辑】→【删除列】命令，即可删除字段。

4) 移动字段的位置

先单击查询设计区"字段"网格上方的列选择器，选择需要移动位置的字段，再拖动该列选择器到适当位置松开鼠标左键即可。

5) 修改字段名

先单击查询设计区网格中需要修改的字段名，再单击其右边的下拉按钮，并从打开的列表中择一个字段，即可修改字段名。

6) 设置在查询结果中显示标题

先用鼠标右键单击需要显示标题的字段，并从打开的快捷菜单中选择【属性】命令，打开"字段属性"对话框，在其中的"常规"选项卡中可以通过设置"标题"来改变查询结果中的显示标题。

7) 使数据项不在查询结果中显示

单击查询设计区网格中"显示"行的复选框，取消对该复选框的选择，同列的数据项就不在查询结果中显示。

8) 改变查询设计网格的宽度

用鼠标拖动查询设计网格上面列选择器的边框线，可以改变左边一列的宽度。如果先在列选择器中拖动鼠标，选择多列，再拖动选择器的边框线，则可以设置选定列的宽度相等。

9) 添加查询数据源的表或查询

单击"查询设计"工具栏上的【显示表】按钮，或选择【查询】→【显示表】命令，打开"显示表"对话框，在"表"选项卡中选择字段即可添加查询数据源的表或查询。

2. 为查询结果排序

在设计网格中，有时因查询时没有对数据进行整理，故查询后得到的数据无规律，影响查看。此时可以使用以下步骤对查询结果排序：

(1) 在数据库窗口的"查询"对象中选择要运行的查询，然后单击【设计】按钮，屏幕上将出现查询设计视图。

(2) 单击查询设计视图下设计网格的"排序"单元格，并单击单元格内右侧的向下箭头按钮，从下拉列表中选择一种排序方式，如图 7-8 所示。Access 中有两种排序方式：升序和降序。

(3) 单击工具栏中的【视图】按钮或工具栏中的【运行】按钮切换到"数据表"视图。这时可以看到查询排序结果，如图 7-9 所示。通过排序，查询中的记录就会排列整齐，显示的记录一目了然，用户查看记录就比较方便了。

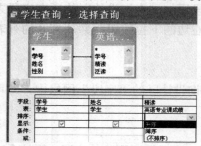

图 7-8　选择排序方式

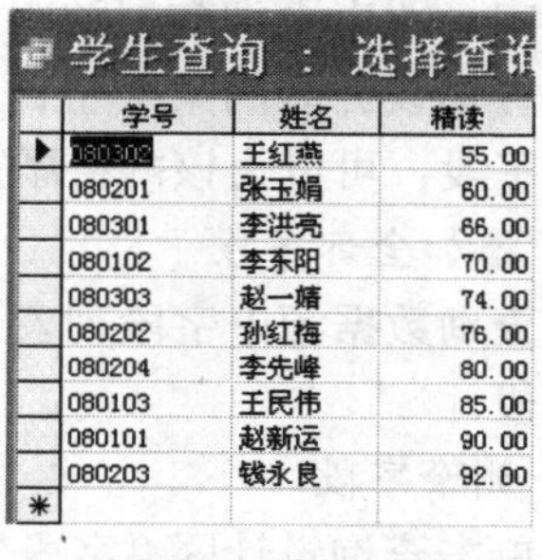

图 7-9　排序结果

7.2　实　用　查　询

7.2.1　多个表的查询

对学生成绩的报表常常需要从多个表中检索出需要的数据。下面介绍多个表的查询。

【例 7-1】从"学生"表、"公共课成绩"表、"课程编号"表中检索出"姓名"、"课程名称"、"成绩"三个字段的信息。

操作步骤如下:

(1) 启动 Access,打开"基础篇−学生成绩管理系统"数据库。

(2) 在数据库窗口中,选择"查询"对象,再单击【新建】按钮,打开"新建查询"对话框。

(3) 选择"设计视图"选项,再单击【确定】按钮,打开查询设计器和"显示表"对话框。

(4) 在"显示表"对话框的"表"选项卡中依次将"学生"表、"公共课成绩"表、"课程编号"表添加到查询设计器,如图 7-10 所示。

说明:由于三张表之间建立了关系,所以查询设计器显示了两个一对多的关系连线。查询多个表的数据时,通常先在这些表之间建立关系。如果用户没有建立表间关系,则 Access 默认自动连接;如果既没有建立表间关系,又关闭了 Access 的默认自动连接功能,则查询结果可能没有意义。

(5) 将查询的字段添加到查询设计区的网格中,如图 7-11 所示。

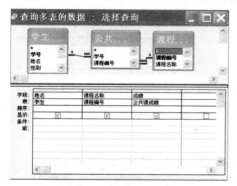

图 7-10　添加表

图 7-11　添加查询字段

(6) 单击"查询设计"工具栏上的【保存】按钮,或选择【文件】→【另存为】命令,打开"另存为"对话框,以"查询多表的数据"为查询名保存查询,并关闭查询设计器。

(7) 在数据库窗口中,选择"查询多表的数据",并单击【打开】按钮,运行查询的结果将显示三张表中指定字段的数据,如图 7-12 所示。

图 7-12　运行结果

7.2.2 参数查询

用户在查询数据过程中，可以通过输入指定参数来查询与输入参数相符合的记录，这种查询就是参数查询。

【例 7-2】使用参数查询查找，输入"学生"名，查找学生"籍贯"及"爱好"。

(1) 打开"基础篇-学生成绩管理系统"数据库，选择"对象"中的"查询"，单击【新建】按钮，在弹出的"新建查询"对话框中选择"设计视图"，单击【确定】按钮，弹出"选择查询"对话框，单击工具栏中的【显示表】按钮，弹出"显示表"对话框，在"显示表"对话框中选择"学生"，单击【添加】按钮，如图 7-13 所示。

(2) 在"选择查询"对话框的上方将增加学生表，如图 7-14 所示。

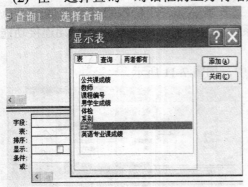

图 7-13　选择学生表

图 7-14　增加学生表

(3) 在"字段"行分别选择"姓名"、"籍贯"、"爱好"，如图 7-15 所示。

(4) 在"姓名"字段的"条件"行中输入：[姓名]，如图 7-16 所示。

图 7-15　选择字段

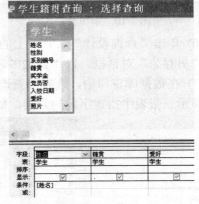

图 7-16　设定条件

(5) 选择【查询】→【参数...】命令，如图 7-17 所示。

(6) 弹出"查询参数"对话框，在"参数"中输入"姓名"，在"数据类型"中选择"文本"，如图 7-18 所示，单击【确定】按钮。

(7) 单击工具栏中的【保存】按钮，弹出"另存为"对话框，输入文件名"学生籍贯查询"，单击【确定】按钮。

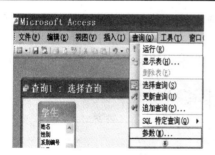

图 7-17　【参数】命令

图 7-18　选择"文本"

(8) 单击工具栏中的【运行】按钮，弹出"输入参数值"对话框，如图 7-19 所示。在该对话框中输入"赵新运"，弹出如图 7-20 所示的运行结果。

图 7-19　"输入参数值"对话框

图 7-20　运行结果

7.2.3　在查询中创建计算字段

计算字段是通过在查询中创建新的字段来完成计算功能的。

【例7-3】将"英语专业课成绩"表中的"精读"、"泛读"、"写作"三个字段的成绩求和，通过"总计"显示出来。具体操作步骤如下：

(1) 在"数据库"窗口中单击"对象"列表中的"查询"对象，选择【新建】按钮，在弹出的对话框中选择"设计视图"，单击【确定】按钮。

(2) 通过"显示表"对话框向"查询设计器"中添加"英语专业课成绩"表，向设计网格中添加"学号"、"精读"、"泛读"、"写作"四个字段，如图 7-21 所示。

(3) 在图 7-21 中，找到第一个空白列，在字段单元格中输入表达式"总成绩：[精读]+[泛读]+[写作]"，如图 7-22 所示。方括号表示引用的是字段。

图 7-21　添加字段

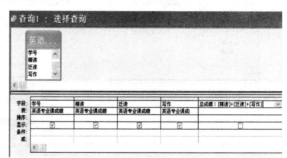

图 7-22　输入表达式

(4) 单击 "工具栏" 中的【保存】按钮，在弹出的 "另存为" 对话框中输入查询文件名 "计算查询"，单击【确定】按钮。

(5) 运行 "计算查询"，将出现如图 7-23 所示的运行结果。

学号	精读	泛读	写作	总成绩
080101	90.00	88.00	80.00	258
080102	70.00	79.00	82.00	231
080103	85.00	65.00	77.00	227
080201	60.00	77.00	68.00	205
080202	76.00	91.00	70.00	237
080203	92.00	85.00	90.00	267
080204	80.00	87.00	81.00	248
080301	66.00	70.00	72.00	208
080302	55.00	61.00	60.00	176
080303	74.00	66.00	69.00	209
*	0.00	0.00	0.00	

图 7-23　运行结果

7.2.4　汇总查询

在实际应用中，常常需要对记录或字段进行汇总统计，Access 2003 提供了建立汇总查询的方式。

【例 7-4】汇总 "英语专业课成绩" 表中 "精读" 字段的成绩，其操作步骤如下：

(1) 在数据库窗口中单击 "对象" 列表中的 "查询" 对象，单击【新建】按钮。

(2) 在弹出的 "新建查询" 对话框中，选择 "设计视图" 选项，单击【确定】按钮。

(3) 在 "显示表" 对话框中，选择 "查询" 选项卡，将 "英语专业课成绩" 添加到 "查询" 窗口中。

(4) 将 "精读" 字段拖到字段行中，如图 7-24 所示。

(5) 单击工具栏中的【求和】按钮，Access 将显示设计网格中的 "总计" 行，如图 7-25 所示。

(6) 单击 "总计" 行与 "精读" 列交叉的单元格下拉列表框，选择 "总计" 函数，即对 "精读" 进行总计，如图 7-25 所示。

(7) 单击工具栏中的【视图】按钮查看结果，如图 7-26 所示。

图 7-24　显示 "总计"

图 7-25　选择 "总计" 函数

图 7-26　运行结果

7.3　操作查询的应用

操作查询是指仅在一个操作中更改许多记录的查询。例如，在一个操作中删除一组记录、更新一组记录等。

操作查询包括更新查询、生成表查询、追加查询、删除查询等。不管是更新查询或是生成表查询或是删除查询，都可以设置一些条件来对符合条件的那部分记录进行操作。

7.3.1　更新查询

这种查询可以对一个或多个表中的一组记录做全局的更改。

【例 7-5】将"公共课成绩"表的成绩字段增加"10"分。

(1) 在"数据库"窗口中选中并打开例 7-1 创建的查询，单击【设计器】按钮，打开其设计视图，如图 7-27 所示。

(2) 单击工具栏上【查询类型】按钮旁的向下箭头符号，调出"查询类型"下拉列表，如图 7-28 所示，然后单击【更新查询】按钮，这时的查询设计窗口如图 7-29 所示。

(3) 从字段列表中将要更新或指定条件的字段拖至查询设计网格中。

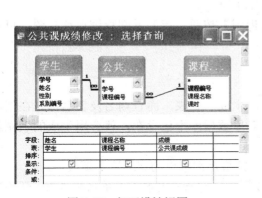

图 7-27　打开设计视图

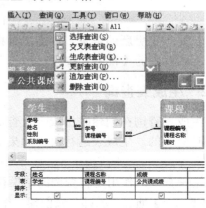

图 7-28　调出"更新查询"

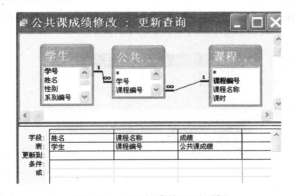

图 7-29　"更新查询"对话框

(4) 在要更新字段的"更新到"单元格中，键入用来更改这个字段的表达式或数值"[成绩]+10"，如图 7-30 所示。

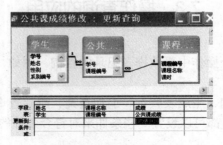

图 7-30 输入更新表达式

若要查看将要更新的记录列表，请单击工具栏上的【视图】按钮，此列表将不显示新值。若要返回查询的设计视图，请再单击工具栏上的【视图】按钮，在设计视图中可以进行所需的更改。

(5) 单击工具栏中的【运行】按钮，弹出要求确认更新有效的对话框，如图 7-31 所示，单击【是】按钮，更新数据。

图 7-31 运行对话框

若要预览更新的记录，单击工具栏中的【视图】按钮。若要返回查询设计视图，可再单击工具栏中的【视图】按钮。

7.3.2 生成表查询

生成表查询在创建时生成一个查询，运行时生成一张表，而查询名及表名都是在创建查询时命名的。生成表运行时，如果命名的表名原数据库中已存在，就会用生成的表刷新原表。

这种查询的作用是将查询的结果存为新表，并将查询结果的记录置于新表内。

【例 7-6】通过"教师"表创建一个新表"教师2"，包含"姓名"、"系别编号"、"学历"、"职称"四个字段。

(1) 在数据库窗口中打开要用于生成新表的查询，用本章前面介绍的方法打开其设计视图，如图 7-32 所示。

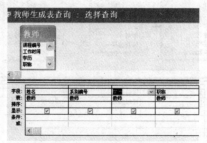

图 7-32 打开查询设计器

(2) 单击工具栏上【查询类型】按钮旁的向下箭头符号，调出"查询类型"下拉列表，然后单击【生成表查询...】项，如图 7-33 所示，调出"生成表"对话框，如图 7-34 所示。

(3) 在"表名称"文本框中，输入所要创建或替换的表的名称"教师2"，并选择表要存放的数据库。

图 7-33 调出【生成表查询...】菜单　　　　　图 7-34 "生成表"对话框

● 如果表位于当前打开的数据库中，则单击【当前数据库】单选按钮，单击"表名称"下拉列表框的向下箭头，选择要追加记录的表。

● 如果表不在当前打开的数据库中，则单击【另一数据库】单选按钮，这时"文件名"文本框为有效状态，键入存储该表的数据库的路径，或单击"浏览"定位到该数据库。

(4) 单击生成表对话框中的【确定】按钮。

(5) 从字段列表中将要包含在新表中的字段拖拽到查询设计网格，如图 7-35 所示。如果需要，可以在已拖到网格的字段的"条件"单元格中键入条件。

图 7-35 添加字段

(6) 单击工具栏上的【运行】按钮，弹出要求确认向新表中粘贴数据的对话框，如图 7-36 所示，单击【是】按钮，生成新表。

图 7-36 运行

在数据库窗口中单击"表"对象，可以看到新表已经生成，如图 7-37 所示。生成的新表如图 7-38 所示。

图 7-37　生成"教师 2"表

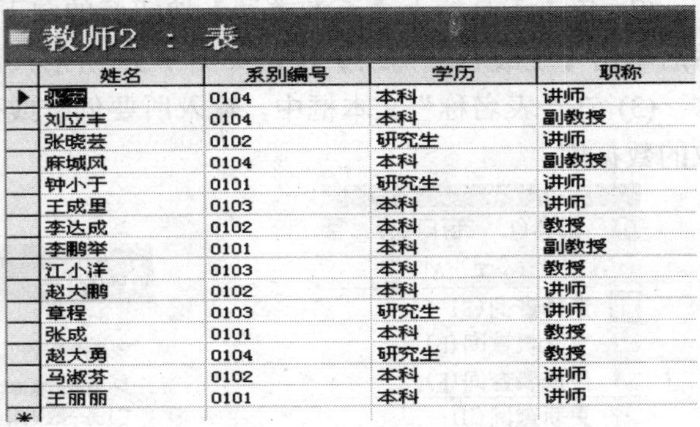

图 7-38　生成的新表

7.3.3　追加查询

　　追加查询用来将一个或多个表中的一组记录添加到一个或多个表的末尾。例如，假设用户获得了一些新的客户以及包含这些客户信息的数据库，要避免在自己的数据库中键入这些信息，最好将其追加到"客户"表中，当然也可以用生成表查询创建新表，再用追加查询增加数据。

　　【例 7-7】在"基础篇-学生成绩管理系统"数据库中创建一个文件名为"学生 2"的空数据表，如图 7-39 所示。创建一个追加查询，将"学生"表中的数据追加到"学生 2"表中。

图 7-39　"学生 2"表

　　(1) 在数据库窗口选择"对象"中的"查询"，单击【新建】按钮，弹出"新建查询"对话框，选中"设计视图"，单击【确定】按钮。

　　(2) 通过"显示表"对话框中的"表"选项卡将"学生"表添加到查询设计器中，如图 7-40 所示。将"学号"、"姓名"、"性别"、"系别编号"、"籍贯"、"爱好"、"照片"依次拖动到设计网格中，如图 7-41 所示。

图 7-40　选择表

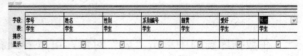

图 7-41　选择字段

(3) 单击工具栏中查询类型按钮右边的向下箭头符号，调出"查询类型"下拉列表，然后单击【追加查询...】按钮，如图 7-42 所示，调出"追加"对话框，如图 7-43 所示。

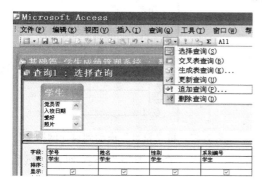

图 7-42　【追加查询...】按钮　　　　　　　　　　图 7-43　"追加"对话框

(4) 在"表名称"文本框中输入要追加记录的表的名称，或单击"表名称"文本框右侧的向下箭头符号，调出其下拉列表，从中选择所需要的表，这里选"学生 2"表。

(5) 选择表要存放的数据库，此处选择"当前数据库"。

(6) 单击【确定】按钮。

(7) 单击工具栏上的【运行】按钮，弹出要求确认的对话框，如图 7-44 所示，单击【是】按钮，向"学生 2"表中追加查询的结果，如图 7-45 所示。

图 7-44　确认对话框　　　　　　　　　　　　　图 7-45　追加查询的结果

7.3.4　删除查询

这种查询用来从一个或多个表中删除一组记录。例如，可以使用删除查询来删除不再生产或没有订单的产品。使用删除查询，通常会删除整个记录，而不只是删除记录中所选择的字段。

删除查询根据其所在的表及表之间的关系可以简单地划分为 3 种类型：删除单个表或一对一关系表中的记录，使用只包含一对多关系中"一"端的表的查询来删除记录，使用一对多关系中两端的表的查询来删除记录。

【例 7-8】删除"学生 2"表中"籍贯"是"河北"的学生记录。

(1) 在"数据库"窗口选择"对象"中的"查询"，单击【新建】按钮，弹出"新建查询"对话框，选中"设计视图"，单击【确定】按钮。

(2) 通过"显示表"对话框中的"表"选项卡将"学生 2"表添加到查询设计器中，如图 7-46 所示，将"籍贯"拖动到设计网格中，如图 7-47 所示。

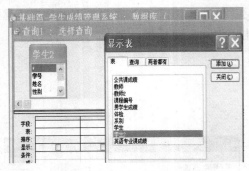

图 7-46　添加 "学生 2" 表

图 7-47　将 "籍贯" 拖动到设计网格中

(3) 单击工具栏上查询类型按钮旁的向下箭头符号，调出 "查询类型" 下拉列表，然后单击【删除查询】命令。

(4) 在其 "条件" 单元格中键入条件 "河北"。

● From 将显示在这些字段下的 "删除" 单元格中，Where 显示在这些字段下的 "删除" 单元格中。

● 若要预览待删除的记录，则可单击工具栏上的【视图】按钮。若要返回查询设计视图，则可再次单击工具栏上的【视图】按钮。

(5) 单击工具栏上的【运行】按钮，弹出要求确认删除有效的对话框，单击【是】按钮，删除记录，如图 7-48 所示。

学号	姓名	性别	系列编号	籍贯	爱好	照片
080102	李东阳	男	0101	山西	足球,排球,蓝球	位图图像
080103	王民伟	男	0101	河南	长跑,绘画,足球	位图图像
080107	王献立	男	0101	河南	长跑,绘画,足球	位图图像
080201	张玉娟	女	0102	山西	唱歌,跳舞,长跑	位图图像
080203	钱永良	男	0103	山西	跳舞,长跑,唱歌	位图图像
080204	李先峰	男	0103	山东	蓝球,足球,排球	位图图像
080302	王红燕	女	0104	山西	唱歌,跳舞,绘画	位图图像
080303	赵一婧	女	0104	河南	跳舞,蓝球,绘画	位图图像

图 7-48　删除查询的结果

注意：使用删除查询删除记录之后，将无法撤消此操作。因此，在运行查询之前，应该先预览即将删除的查询所涉及的数据。预览数据可以单击工具栏上的【视图】按钮，然后在数据表视图中查看查询。要用一对多关系中的 "一" 端的表来删除记录，可以在一对多关系中利用 "一" 端上的表执行一个删除查询，让 Access 2003 从多表端的表中删除相关的记录，但是使用这种方法的前提是必须使表间关系具有删除特性。

7.4　SQL 查询的应用

7.4.1　SQL 查询语句

SQL 语言具有 4 个功能：

(1) 数据查询(SELECT 语句)。

(2) 数据操纵(INSERT、UPDATE、DELETE 语句)。

(3) 数据定义(CREATE、DROP 等语句)。

(4) 数据控制(COMMIT、ROLLBACK 等语句)。

1. CREATE 命令

CREATE 命令用来创建表、视图或索引，其命令格式如下：

　　Create Table　<表名>(<列名 1>　<数据类型>　[列完整性约束条件],

　　　　<列名 2>　<数据类型>　[列完整性约束条件],

　　　　　　　　…　　　　　　)[表完整性约束条件];

【例 7-9】创建一个教师信息表，包括：编号、姓名、职称、出生日期、简历等字段。其中，编号字段为主索引字段(不能为空，且值唯一)。

Create Table　教师信息(编号 char(9) not null unique，姓名 char(9)，职称 char(10)，出生日期 date，简历 memo);

2. DROP 命令

DROP 命令用来删除表、视图或索引，其命令格式如下：

　　Drop　Table　<表名>;

　　Drop　Index　<索引名>;

　　Drop　View　<视图名>;

例如：删除教师表。

　　Drop　Table　教师;

3. SELECT 命令

利用 SELECT 命令可以构造数据查询语句，其语法结构如下：

　　Select　[All | Distinct] <目标列名 1>，<目标列名 2>，… From <表名 1>，<表名 2>

　　[Where <条件表达式>]

　　[Group By <分组列名>　[Having <条件表达式>]

　　[Order By <排序列名>　[Asc | Desc]]

语句中各关键词的含义如下：

(1) All(默认)：返回全部记录。

(2) Distinct：略去选定字段中重复值的记录。

(3) From：指明字段的来源，即数据源表或查询。

(4) Where：定义查询条件。

(5) Group By：指明分组字段。

(6) Having：指明分组条件。

(7) Order By：指明排序字段。

(8) Asc | Desc：排序方式，升序或降序。

【例 7-10】从学生成绩表中(表结构如表 7-2 所示,请读者自己创建表并输入若干条记录)查询出英语 061 班全体学生的记录，结果按照高数成绩的升序排序。

Select　All xh，xm，bj，gscj，zzcj，yycj，jscj　From 学生成绩

Where bj="英语 061" Order By　gscj　Asc；

如果本例的条件改为"查询出英语 061 班中高数成绩 75 分以上全体学生的记录"，两个条件并列，则语句应为：

Select　All xh，xm，bj，gscj，zzcj，yycj，jscj　　From　　学生成绩　Where bj="英语 061" and gscj>=75 Order By　gscj　Asc；

表 7-2　学生成绩表结构

字段名称	字段标题	字段类型	字段大小
xh	学号	文本	6
xm	姓名	文本	20
bj	班级	文本	6
gscj	高等数学	数字	5
zzcj	政治	数字	5
yycj	英语	数字	5
jscj	计算机	数字	5

4. INSERT 命令

通过该命令可以向数据表中插入新记录。

【例 7-11】向课程编号表中插入一条新纪录。

　　INSERT INTO　课程编号　VALUES ("117", "数据结构", 72);

5. UPDATE 命令

通过该命令可以修改数据表中的数据。

【例 7-12】修改课程编号表中的数据，将课程"C 语言"改为"C 语言程序设计"。

UPDATE 课程编号　SET　课程名称　= "C 语言程序设计" WHERE　课程名称="C 语言";

6. GRANT 命令

通过该命令可以将指定操作权限授予指定的用户。

【例 7-13】把对课程编号表的查询权限授予所有用户。

　　GRANT SELECT ON TABLE　课程编号　TO PUBLIC;

7. REMOVE 命令

通过该命令可以收回授予用户的权限。

【例 7-14】收回对课程编号表的所有查询权限。

　　REMOVE SELECT ON TABLE　课程编号　FROM PUBLIC;

7.4.2　子查询

使用子查询可以定义字段或字段的条件。操作步骤如下：

(1) 新建一个查询，将所需的字段添加到设计视图的设计网格中。

(2) 如果要用子查询来定义字段的条件，则在要设置条件的"条件"单元格中输入一条 SELECT 语句，并将 SELECT 语句放置在括号中。

(3) 如果要用子查询定义"字段"单元格，则可以在"字段"单元格的括号内输入一条 SELECT 语句。

【例 7-15】查询并显示"英语专业课成绩"表中写作成绩大于平均写作成绩的记录。

操作步骤如下：

(1) 在"基础篇-学生成绩管理系统"数据库窗口中，选择"查询"对象，然后双击"在设计视图中创建查询"选项。

(2) 在"显示表"对话框中单击"表"选项卡，双击"英语专业课成绩"表，然后关闭"显示表"对话框。

(3) 双击"英语专业课成绩"表字段列表中的"*"和"写作"。

(4) 在"写作"列的"条件"单元格内填入">(SELECT AVG([写作]) FROM [英语专业课成绩])"。

(5) 单击工具栏中的【视图】按钮，或单击【运行】按钮切换到"数据表"视图。

(6) 单击工具栏中的【保存】按钮，将查询保存为"子查询"。

此例的 SQL 语句如图 7-49 所示。

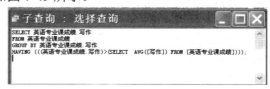

图 7-49 子查询的 SQL 语句

提示：子查询的 SELECT 语句不能定义为联合查询和交叉表查询。

7.4.3 用 SQL 语句实现各种查询

可以用 SQL 查询实现前面所讲的各种查询。

1. 选择查询

【例 7-16】查询学生的姓名、性别、课程编号和成绩。

  SELECT 学生.姓名，学生.性别，公共课成绩.课程编号，公共课成绩.成绩

  FROM 学生 INNER JOIN 公共课成绩 ON 学生.学号 = 公共课成绩.学号；

2. 计算查询

【例 7-17】统计每位学生英语专业课的总成绩，计算公式为"总成绩=[精读]+[泛读]+[写作]"。

  SELECT 英语专业课成绩.学号，英语专业课成绩.精读，英语专业课成绩.泛读，英语专业课成绩.写作，[精读]+[泛读]+[写作] AS 总成绩

  FROM 英语专业课成绩；

3. 参数查询

【例 7-18】按学生名查询学生的姓名、籍贯、爱好。

  PARAMETERS 姓名 Text (255)；

  SELECT 学生.姓名，学生.籍贯，学生.爱好

  FROM 学生；

4. 操作查询

1) 更新查询

【例7-19】在"学生"表的"学号"字段后加上字串"2000"。

　　UPDATE　学生　SET 学生.学号=[学号] + "2000";

2) 追加查询

【例7-20】将"学生"表的所有字段追加到"学生2"表中。

　　INSERT INTO 学生2

　　SELECT 学生.*

　　FROM 学生;

3) 删除查询

【例7-21】删除"学生2"表中所有姓"王"的学生记录。

　　DELETE 学生2.*，学生2.姓名

　　FROM 学生2

　　WHERE(((学生2.姓名) Like "王*"));

4) 生成表查询

【例7-22】查询"教师"表中的所有记录，并生成"教师副本"表。

　　SELECT 教师.* INTO 教师副本

　　FROM 教师;

7.4.4　SQL 查询语句的应用

【例7-23】在数据库文件"laborage.mdb"中的数据表"pay"中包含以下字段：工号(C)、姓名(C)、性别(C)、部门(C)、婚否(L)、工作日期(D)、工资(N)、补贴(N)、公积金(N)，应发工资(N)，如图7-50所示。注意：填写命令时，均不考虑表的打开和关闭。

工号	姓名	性别	部门	婚否	工作日期	工资	补贴	公积金	应发工资
010101	赵晓青	女	办公室	☑	1999-8-2	1500.00	600.00	0.00	0.00
010102	李光明	男	办公室	☑	1985-1-23	2300.00	1200.00	0.00	0.00
010201	董慧	女	办公室	☐	2001-2-13	1200.00	600.00	0.00	0.00
010202	张国强	男	办公室	☐	1999-12-1	1500.00	600.00	0.00	0.00
020102	李珍	女	财务科	☐	1998-5-25	1800.00	800.00	0.00	0.00
020201	张松涛	男	财务科	☐	2005-6-1	1000.00	500.00	0.00	0.00
020202	孙小海	男	财务科	☐	1995-8-15	1600.00	800.00	0.00	0.00
030101	王琳琳	女	研发部	☐	1992-8-12	2000.00	1000.00	0.00	0.00
030102	李俊	男	研发部	☑	1990-10-28	2000.00	1000.00	0.00	0.00
030201	张楠	女	研发部	☐	2005-7-1	1000.00	500.00	0.00	0.00
030202	孙仲甫	男	研发部	☑	1980-6-30	2500.00	1200.00	0.00	0.00
								0.00	0.00

图 7-50　表 pay

(1) 要求填写 SQL 命令，列出部门为"财务科"和"研发部"的所有女性职工的信息。SQL 命令如下：

　　SELECT pay.工号，pay.姓名，pay.性别，pay.部门，pay.婚否，pay.工作日期，pay.工资，pay.补贴，pay.公积金，pay.应发工资

　　FROM pay

　　WHERE (((pay.性别)="女") AND ((pay.部门)="财务科")) OR (((pay.性别)="女") AND ((pay.部门)="研发部"));

运行结果如图7-51所示。

工号	姓名	性别	部门	婚否	工作日期	工资	补贴	公积金	应发工资
020102	李珍	女	财务科	☐	1998-5-25	1800.00	800.00	0.00	
030101	王琳琳	女	研发部	☑	1992-8-12	2000.00	1000.00	0.00	
030201	张楠	女	研发部	☐	2005-7-1	1000.00	500.00	0.00	
				☐		0.00	0.00	0.00	

图 7-51　"财务部"和"研发部"的所有女性职工的信息

(2) 要求填写 SQL 命令，计算并替换每一条记录中的"公积金"字段(公积金=工资
*0.05)。

SQL 命令如下：

UPDATE pay SET pay.公积金 = pay.工资*0.05；

运行结果如图 7-52 所示。

工号	姓名	性别	部门	婚否	工作日期	工资	补贴	公积金	应发工资
010101	赵晓青	女	办公室	☑	1999-8-2	1500.00	600.00	750.00	
010102	李光明	男	办公室	☑	1985-1-23	2300.00	1200.00	1150.00	
010201	董慧	女	办公室	☐	2001-2-13	1200.00	600.00	600.00	
010202	张国强	男	办公室	☐	1999-12-1	1500.00	600.00	750.00	
020102	李珍	女	财务科	☐	1998-5-25	1800.00	800.00	900.00	
020201	张松涛	男	财务科	☐	2005-6-1	1000.00	500.00	500.00	
020202	孙小海	男	财务科	☑	1995-8-15	1600.00	800.00	800.00	
030101	王琳琳	女	研发部	☑	1992-8-12	2000.00	1000.00	1000.00	
030102	李俊	男	研发部	☑	1990-10-28	2000.00	1000.00	1000.00	
030201	张楠	女	研发部	☐	2005-7-1	1000.00	500.00	500.00	
030202	孙仲甫	男	研发部	☑	1980-6-30	2500.00	1200.00	1250.00	
				☐		0.00	0.00	0.00	

图 7-52　公积金

(3) 要求填写 SQL 命令，统计部门为"财务科"的女性职工的工资字段总和，并将结
果赋给新字段 A51。

SQL 命令如下：

SELECT Sum(pay.工资) AS A51

FROM pay

GROUP BY pay.性别，pay.部门

HAVING (((pay.性别)="女") AND ((pay.部门)="财务科"))；

运行结果如图 7-53 所示。

图 7-53　汇总查询

(4) 要求填写 SQL 命令，按照"部门"升序生成一个名为"人事表 1"的新表，其中包
含 4 个字段：工号、姓名、性别和部门。

SQL 命令如下：

SELECT pay.工号，pay.姓名，pay.性别，pay.部门 INTO 人事表 1

FROM pay；

运行结果如图 7-54 所示。

工号	姓名	性别	部门
010101	赵晓青	女	办公室
010102	李光明	男	办公室
010201	董慧	女	办公室
010202	张国强	男	办公室
020102	李珍	女	财务科
020201	张松涛	男	财务科
020202	孙小海	男	财务科
030101	王琳琳	女	研发部
030102	李俊	男	研发部
030201	张楠	女	研发部
030202	孙仲甫	男	研发部

图 7-54　建新表

【例 7-24】在数据库文件"laborage.mdb"中的数据表"pay"中包含以下字段：工号(C)、姓名(C)、性别(C)、部门(C)、婚否(L)、工作日期(D)、工资(N)、补贴(N)、公积金(N)、应发工资(N)，如图 7-50 所示。注意：填写命令时，均不考虑表的打开和关闭。

(1) 要求填写 SQL 命令，列出工资大于 1800 元的男性职工的工号、姓名、性别、部门和工资。

SQL 命令如下：

SELECT pay.工号，pay.姓名，pay.性别，pay.部门，pay.工资

FROM pay

WHERE (((pay.性别)="男") AND ((pay.工资)>1800));

运行结果如图 7-55 所示。

工号	姓名	性别	部门	工资
010102	李光明	男	办公室	2300.00
030102	李俊	男	研发部	2000.00
030202	孙仲甫	男	研发部	2500.00
				0.00

图 7-55　工资大于 1800 的记录

(2) 要求填写 SQL 命令，将工号前 4 位是"0102"的职工所属部门改为"秘书科"。

SQL 命令如下：

UPDATE pay SET pay.部门 = "秘书科"

WHERE (((Mid([工号]，1，4))="0102"));

运行结果如图 7-56 所示。

工号	姓名	性别	部门	婚否	工作日期	工资	补贴	公积金
010101	赵晓青	女	办公室	☑	1999-8-2	1500.00	600.00	0.00
010102	李光明	男	办公室	☑	1985-1-23	2300.00	1200.00	0.00
010201	董慧	女	秘书科	☐	2001-2-13	1200.00	600.00	0.00
010202	张国强	男	秘书科	☐	1999-12-1	1500.00	600.00	0.00
020102	李珍	女	财务科	☐	1998-5-25	1800.00	800.00	0.00
020201	张松涛	男	财务科	☐	2005-6-1	1000.00	500.00	0.00
020202	孙小海	男	财务科	☑	1995-8-15	1600.00	800.00	0.00
030101	王琳琳	女	研发部	☑	1992-8-12	2000.00	1000.00	0.00
030102	李俊	男	研发部	☑	1990-10-28	2000.00	1000.00	0.00
030201	张楠	女	研发部	☐	2005-7-1	1000.00	500.00	0.00
030202	孙仲甫	男	研发部	☑	1980-6-30	2500.00	1200.00	0.00
						0.00	0.00	0.00

图 7-56　运行结果

(3) 要求填写 SQL 命令，统计男性职工中工资超过 2000 元的人数，并将结果赋给变量 A55(或者新字段 A55)。

SQL 命令如下：

SELECT Count(pay.姓名) AS A55

FROM pay

HAVING (((pay.性＝"男")AND(pay.工资)>2000));

运行结果如图 7-57 所示。

(4) 要求填写 SQL 命令，要求物理删除 2000 年以后(含 2000 年)参加工作的部门为"研发部"的职工记录。

图 7-57　汇总结果

SQL 命令如下：

　　DELETE pay.工号，　pay.姓名，pay.部门，Year([工作日期]) AS 表达式 1

　　FROM pay

　　WHERE (((pay.部门)="研发部") AND ((Year([工作日期]))>2000));

运行结果如图 7-58 所示。

工号	姓名	性别	部门	婚否	工作日期	工资
010101	赵晓青	女	办公室	☑	1999-8-2	1500.00
010102	李光明	男	办公室	☑	1985-1-23	2300.00
010201	董慧	女	秘书科	☐	2001-2-13	1200.00
010202	张国强	男	秘书科	☐	1999-12-1	1500.00
020102	李珍	女	财务科	☐	1998-5-25	1800.00
020201	张松涛	男	财务科	☐	2005-6-1	1000.00
020202	孙小海	男	财务科	☑	1995-8-15	1600.00
030101	王琳琳	女	研发部	☑	1992-8-12	2000.00
030102	李俊	男	研发部	☑	1990-10-28	2000.00
030202	孙仲甫	男	研发部	☑	1980-6-30	2500.00
*				☐		0.00

图 7-58　删除结果

7.5　习　　题

一、填空题

1. 查询设计网格中的内容包括_____、_____、_____、_____、_____。

2. 查询"教师"表中"职称"为教授或副教授的记录的条件应填写为_____。

3. 使用查询设计视图中的_____行，可以对查询中的全部记录或记录组计算一个或多个字段的统计值。

4. 在对"公共课成绩"表的查询中，若设置显示的排序字段是"学号"和"课程编号"，则查询结果先按_____排序，_____相同时再按_____排列。

5. 在查询中，写在"条件"栏同一行的条件之间是_____的逻辑关系，写在"条件"栏不同行的条件之间是_____的逻辑关系。

6. _____语言是关系型数据库的标准语言。

7. 写出下列函数的名称：对字段内的值求和_____；字段的值求最小值_____。

8. 操作查询包括_____、_____、_____、_____。

9. 操作查询可以用于_____。

10. 对于参数查询，输入参数可以设置在设计视图中"设计网格"的_____行。

二、选择题

1. 在查询设计视图中(　　)。

(A) 只能添加表　　　　　　　　　　(B) 可以添加表，也可以添加查询

(C) 只能添加查询　　　　　　　　　(D) 以上说法都不对

2. 创建查询，可以在以下(   )中进行。

(A) 表设计器   (B) 窗体设计器

(C) 报表设计器   (D) 查询设计器

3. 在查询的设计视图中，通过设置(   )行，可以让某个字段只用于设定条件，而不必出现在查询结果中。

(A) 字段   (B) 排序

(C) 条件   (D) 显示

4. 如果希望根据某个或某些可以临时变化的值来查找记录，则最好使用的查询是(   )。

(A) 选择查询   (B) 交叉表查询

(C) 参数查询   (D) 操作查询

5. 如要从"成绩"表中删除"考分"低于 60 分的记录，则应该使用的查询是(   )。

(A) 参数查询   (B) 操作查询

(C) 选择查询   (D) 交叉表查询

6. Access 的 SQL 语句不能实现的是(   )。

(A) 修改字段名   (B) 修改字段类型

(C) 修改字段长度   (D) 删除字段

7. SQL 的功能包括(   )。

(A) 查找、编辑、控制、操纵   (B) 数据定义、查询、操纵、控制

(C) 窗体、视图、查询、页   (D) 控制、查询、删除、增加

8. 在查询中，默认的字段显示顺序是(   )。

(A) 在"数据表视图"中显示的顺序   (B) 建立查询时字段添加的顺序

(C) 按照字母顺序   (D) 按照文字笔画顺序

9. 下列不属于 SQL 查询的是(   )。

(A) 操作查询   (B) 联合查询

(C) 传递查询   (D) 数据定义查询

10. 将表 A 的记录复制到表 B 中，且不删除表 B 中的记录，可以使用的查询是(   )。

(A) 删除查询   (B) 生成表查询

(C) 追加查询   (D) 交叉表查询

11. Access 支持的查询类型有(   )。

(A) 选择查询、交叉表查询、参数查询、SQL 查询和操作查询

(B) 基本查询、选择查询、参数查询、SQL 查询和操作查询

(C) 多表查询、单表查询、交叉表查询、参数查询和操作查询

(D) 选择查询、统计查询、参数查询、SQL 查询和操作查询

12. 创建"追加查询"的数据来源是(   )。

(A) 一个表   (B) 多个表

(C) 没有限制   (D) 两个表

三、思考题

1. 试举例说明查询的 WHERE 条件中，BETWEEN...AND 与 IN 的区别。
2. 简述在查询设计器中创建查询的过程。
3. 简述选择查询与操作查询的区别。
4. 如何在查询中创建计算字段?

第 8 章   窗 体 的 创 建

□□□□□□□

【教学目的与要求】

❖ 熟悉窗体中的节、工具栏、工具箱
❖ 掌握窗体中的常用控件
❖ 熟悉在窗体上放置控件

【教学内容】

❖ 窗体的种类
❖ 窗体的创建
❖ 窗体中的节、工具栏、工具箱
❖ 常用控件的使用

【教学重点】

❖ 窗体的创建
❖ 窗体中的节、工具栏、工具箱
❖ 常用控件的使用

【教学难点】

❖ 窗体中的节、工具栏、工具箱
❖ 常用控件的使用

Microsoft Access 的窗体为数据的输入、修改和查看提供了一种灵活、简便的方法。Access 的窗体不用任何代码就可以绑定到数据，其数据来源可以是表、查询或 SQL 语句。

8.1   创 建 窗 体

8.1.1   窗体的种类

按应用功能的不同，Access 的窗体对象可分为两类。

1. 数据交互型窗体

数据交互型窗体用于显示数据，接收数据输入、删除、编辑与修改等操作，如图 8-1 所示。它必须具有数据源，其数据源可以是数据库中的表、查询或者一条 SQL 语句。

图 8-1　数据交互型窗体

2. 命令选择型窗体

数据库应用系统通常是具有一个主操作界面的窗体，在这个窗体上安置一些命令按钮可以实现数据库应用系统中其他窗体的调用，同时也表明了本系统所具备的全部功能。从应用的角度看，这属于命令选择型窗体，如图 8-2 所示。

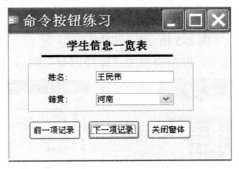

图 8-2　命令选择型窗体

8.1.2　使用自动窗体创建窗体

【例 8-1】创建"学生"窗体。

操作步骤如下：

(1) 在数据库窗口对象列表下选择"窗体"，单击数据库窗口工具栏上的【新建】按钮，打开"新建窗体"对话框，从"请选择该对象数据的来源表或查询"下拉列表中选择"学生"。

(2) 在对话框中选择"自动创建窗体：纵栏式"选项，如图 8-3 所示，单击【确定】按钮，屏幕显示"学生"表窗体，如图 8-4 所示。

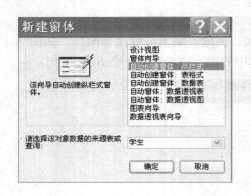

图 8-3　自动创建窗体

图 8-4　"学生"窗体

(3) 单击工具栏上的【保存】按钮，屏幕显示"另存为"对话框，在"窗体名称"框内输入窗体的名称"学生"，单击【确定】按钮。

8.1.3　使用向导创建窗体

使用"窗体向导"创建的窗体，其数据源可以来自一个表或查询，也可以来自多个表或查询。下面通过一个实例介绍创建基于一个表或查询的窗体。

【例 8-2】创建"公共课成绩表"窗体。

操作步骤如下：

(1) 在数据库窗口对象列表下选择"窗体"，单击数据库窗口工具栏上的【新建】按钮，打开"新建窗体"对话框。

(2) 选择"窗体向导"，如图 8-5 所示。

(3) 双击"窗体向导"选项，屏幕将显示"窗体向导"的第一个对话框，如图 8-6 所示。

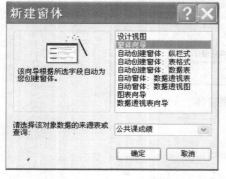
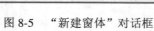

图 8-5　"新建窗体"对话框

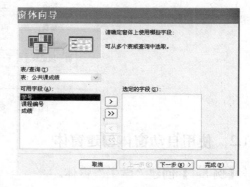

图 8-6　选择字段

(4) 单击"表/查询"下拉列表框的向下箭头按钮，从中选择"表：公共课成绩"，并选择全部字段。

(5) 单击【下一步】按钮，屏幕显示选择窗体布局对话框，如图 8-7 所示。

(6) 单击【下一步】按钮，屏幕显示"窗体向导"的第三个对话框，如图 8-8 所示。这里选择"标准"样式。

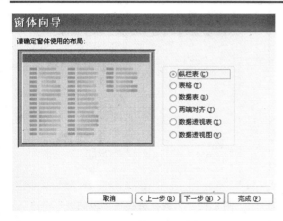

图 8-7 选择窗体布局对话框

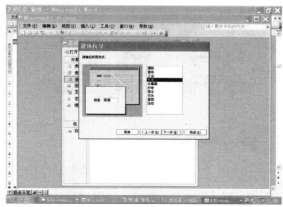

图 8-8 选择"标准"样式

(7) 单击【下一步】按钮,屏幕显示"窗体向导"的最后一个对话框,在"请为窗体指定标题"框中输入"公共课成绩表",并选择"打开窗体查看或输入信息",如图 8-9 所示。单击【完成】按钮,结果如图 8-10 所示。

图 8-9 输入文件名

图 8-10 显示结果

8.1.4 创建数据透视表窗体

数据透视表是一种交互式的表,它可以实现用户选定的计算,所进行的计算与数据在数据透视表中的排列有关。

【例 8-3】创建统计各院系男女生人数的窗体。

操作步骤如下:

(1) 打开要建立窗体的数据库,在该数据库的"对象"列表中选择"窗体"项,单击【新建】按钮,屏幕显示"新建窗体"对话框,如图 8-11 所示。在该对话框中选择"自动窗体:数据透视表",并在"请选择该对象数据的来源表或查询"下拉列表中选择"学生"表,屏幕显示如图 8-11 所示。

(2) 单击【确定】按钮,屏幕显示如图 8-12 所示的对话框。

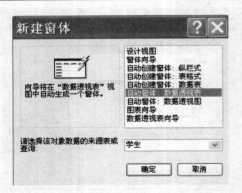 

图 8-11　选择"自动窗体：数据透视表"　　　　图 8-12　"数据透视表字段列表"窗口

(3) 从"数据透视表字段列表"窗口中将"系别编号"字段拖到行字段处，将"性别"字段拖至列字段处，将"学号"字段拖至汇总或明细字段处，如图 8-13 所示。

(4) 右键单击具体的学号处(如080101)，在打开的快捷菜单中指向【自动计算】，从下一级菜单中选择【计数】，如图 8-14 所示。

 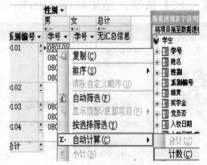

图 8-13　拖动字段　　　　　　　　　　图 8-14　选择【计数】

(5) 右键单击汇总或明细字段处，从打开的快捷菜单中选择【隐藏详细信息】，如图 8-15 所示。

(6) 单击工具栏上的【保存】按钮，将窗体命名为"各院系男女生人数"。运行结果如图 8-16 所示。

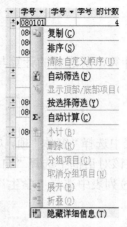 

图 8-15　选择【隐藏详细信息】　　　　　　　图 8-16　运行结果

8.2　窗体操作环境

熟练窗体操作环境对掌握窗体操作具有重要作用，下面我们学习窗体操作环境中的节、窗体工具栏和窗体工具箱。

8.2.1　窗体中的节

在通常情况下，Access 窗体有五个节，分别是"窗体页眉"、"页面页眉"、"主体"、"页面页脚"和"窗体页脚"。并不是所有的窗体都必须同时存在所有的节，用户可以根据实际情况选择需要的节。图 8-17 描述了窗体中各节的主要功能。

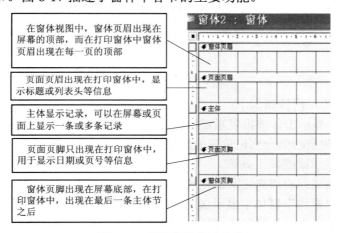

图 8-17　设计窗体的五个节

1. 添加或删除窗体页眉、页脚或页面页眉、页脚

在窗体设计视图中，打开【视图】菜单，通过选定或取消【页面页眉/页脚】和【窗体页眉/页脚】可完成添加或删除窗体页眉、页脚和页面页眉、页脚，如图 8-18 所示。

图 8-18　【视图】菜单

2. 更改窗体的页眉、页脚或其他节的大小

如果要更改窗体的高度或宽度，则可以在窗体设计视图中打开相应的窗体，然后将鼠标放在节的底边(更改高度)或右边(更改宽度)，上下拖动鼠标更改节的高度，或左右拖动鼠标更改节的宽度。

如果要同时更改高度和宽度，则可以将鼠标放在节的右下角，然后沿对角线的方向拖动鼠标。

8.2.2 窗体工具栏

窗体工具栏如图 8-19 所示。

图 8-19　窗体工具栏

窗体工具栏中的常用按钮如下：

(1) 字段列表：显示窗体或报表基础数据源中所包含的字段列表。将列表中的字段拖到窗体节中，可以创建自动结合到记录源的控件。

(2) 工具箱：显示或隐藏工具箱。

(3) 自动套用格式：将事先定义的格式应用于窗体或报表。

(4) 代码：在"模块"窗体中显示选定窗体或报表所包含的程序代码。

(5) 属性：显示所选对象的属性对话框，例如数据表字段或控件的属性对话框。如果不选任何对象，则显示当前活动对象的属性对话框。

(6) 生成器：用于打开或关闭控件向导。使用控件向导可以创建列表框、组合框、选项组、命令按钮、图表、子窗体或子报表。

8.2.3 窗体工具箱

窗体工具箱中的各种控件如图 8-20 所示。

图 8-20　窗体工具箱中的各种控件

(1) 选择对象：用于选定控件、节或窗体。单击该工具可以释放以前锁定的工具按钮。

(2) 控件向导：用于打开或关闭控件向导。使用控件向导可以创建列表框、组合框、选项框、选项组、命令按钮、图表、子报表或子窗体。使用向导来创建这些控件，必须按下该按钮。

(3) 标签：用于显示说明文本的控件，如窗体或报表上的标题或指示文字。

(4) 文本框：用于显示、输入、编辑窗体或报表的基础记录源数据，显示计算结果，或接收用户输入数据的控件。

(5) 选项组：与复选框选项按钮或切换按钮搭配使用，可以显示一组可选值。

(6) 切换按钮：用于结合到是/否字段的独立控件，或用来接收用户在自定义对话框中输入数据的非结合性控件，或选项组的一部分。

(7) 单选按钮：用于结合到是/否字段的独立控件，或用来接收用户在自定义对话框中输入数据的非结合性控件，或选项组的一部分。

(8) 复选框：用于结合到是/否字段的独立控件，或用来接收用户在自定义对话框中输入数据的非结合性控件，或选项组的一部分。

(9) 组合框：该控件组合了文本框和列表框的特性，即可以在文本框中输入数据或在列表框中选择输入项，然后将其添加到基础字段中。

(10) 列表框：显示可滚动的数据列表。在窗体视图中，可以从列表中选择值输入到新的记录中，更改现有记录中的值。

(11) 命令按钮：用于在窗体或报表中创建命令按钮以便完成某些特定操作。

(12) 图像：用于在窗体或报表上显示静态图片。

(13) 未绑定对象框：用于在窗体或报表上显示非结合型 OLE 对象。

(14) 绑定对象框：用于在窗体或报表上显示结合型 OLE 对象。

(15) 分页符：用于在窗体中开始一个新的屏幕，或在打印窗体、报表时开始一个新页。

(16) 选项卡控件：用于创建一个多页的选项卡窗体或选项卡对话框。

(17) 子窗体/子报表：用于在窗体或报表中显示来自多个表的数据。

(18) 直线：用于在窗体或报表中画直线。

(19) 矩形：用于在窗体或报表中画一个矩形框。

(20) 其他控件：用于显示所有其他可用的控件按钮。

8.3 窗体常用控件

根据 Access 控件在窗体中所起的作用不同，Access 控件可分为以下 3 种类型：绑定型、未绑定型和计算型。绑定型控件主要用于显示、输入、更新数据库中的字段；未绑定型控件没有数据源，可以用来显示信息、线条、矩形或图像；计算型控件将表达式作为数据源，表达式可以是窗体或报表所引用的表或查询中的数据，也可以是窗体或报表上的其他控件中的数据。

8.3.1　标签

标签控件用于在窗体或报表中显示说明性文本，例如窗体的标题信息。标签没有数据源，因此不能用来显示字段或表达式的值，它所显示的内容也不会随着记录的变化而变化。

1. 向窗体中添加标签的方法

向窗体中添加标签有两种方法：一种方法是使用工具箱中的标签控件按钮来直接创建，用这种方法创建的标签称为独立标签，这种标签在"数据表"视图中是不显示的；另一种方法是在"字段列表"中通过拖动字段名来建立的，这时在窗体中建立了两个控件，一个是标签，用来显示字段名称，另一个根据字段类型不同(文本框或绑定对象框)，用来显示字段的值，用这种方法创建的标签称为附加到其他控件上的标签。

2. 常用的标签属性

1) 标题(Caption)

标签的"标题"用于指定该标签的显示文本。该属性可以在属性对话框中直接修改(如图 8-21 所示)。

图 8-21　标签属性对话框

2) 前景色(ForeColor)和背景色(BackColor)

标签的"前景色"用来指定标签中文本的颜色，标签的"背景色"用来指定标签内部的背景色。这两个属性可以在属性对话框中直接修改或者使用格式 按钮来修改。

3) 字体名称(FontName)和字号(FontSize)

标签的"字体名称"用来指定标签中文本的字体，标签的"字号"用来指定标签中文本的大小。这两个属性可以在属性对话框中直接修改，或者使用格式 按钮来修改。

4) 宽度(Width)和高度(Height)

标签的"宽度"用来指定标签的宽度，标签的"高度"用来指定标签的高度。这两个属性可以在属性对话框中直接修改，如图 8-21 所示。

5) 可见性(Visible)

标签的"可见性"用来指定对象是可见还是隐藏，在窗体设计中默认值为"是"，即对象是可见的。如果在属性框中将可见性改变为"否"，则对象是隐藏的。

8.3.2 文本框控件

1. 文本框类型

文本框主要用来显示、输入、编辑数据源的数据，显示计算结果或用户输入的数据，它是一种最常用的交互式控件。按照用途不同可将文本框控件分为 3 种类型：绑定型、未绑定型与计算型。结合型文本框与表、查询中的字段相结合，用来显示字段的内容；非结合型文本框没有和某个字段链接，一般可以用来显示提示信息或接收用户输入的数据；计算型文本框用来显示表达式的计算结果。当表达式发生变化时，数值就会被重新计算。表8-1 列出了各种文本框的创建、显示和编辑要点。

表 8-1　各种文本框的创建、显示和编辑

文本框种类	在设计视图中创建	窗体视图
绑定型文本框	先为窗体设置记录源。然后从字段列表中将字段拖至窗体中，就会产生一个绑定到该字段的文本框	显示字段值，并可键入数据更改字段值
未绑定型文本框	利用工具箱中的"文本框"工具在窗体中创建文本框	可以显示、键入数据
计算型文本框	先创建未绑定文本框，然后在文本框中键入等号开头的表达式，或在其"控件来源"属性框中键入等号开头的表达式	显示表达式的计算结果，但不能在窗体视图中修改

2. 常用的文本框属性

常用的文本框属性有控件来源、输入掩码、默认值、有效性规则、有效性文本、可用、是否锁定，如图 8-22 所示。

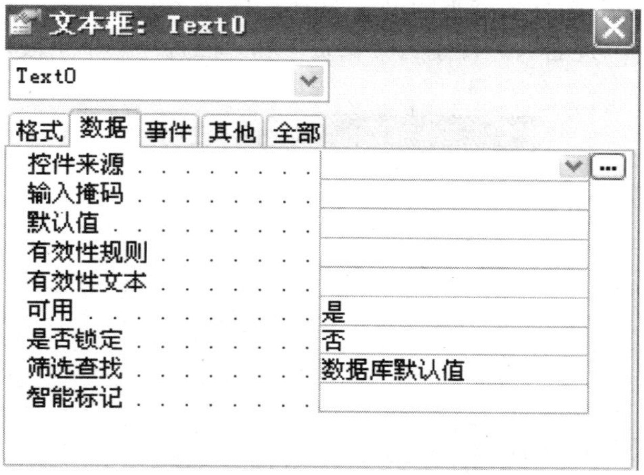

图 8-22　标签属性对话框

1) 控件来源(ControlSource)

控件来源用于设定一个结合型文本框控件时，它必须是窗体数据源表或查询的一个字段；用于设定一个计算型文本框控件时，它必须是一个计算表达式。该属性可以在属性对话框中设置，如图 8-22 所示。

2) 输入掩码(Input Mask)

输入掩码用于设定一个结合型文本框控件或非结合型文本框控件的输入格式，仅对文字或日期型数据有效。

3) 默认值(Default Value)

默认值用于设定一个计算型文本框控件或非结合型文本框控件的初始值。

4) 有效性规则(ValidationRule)

有效性规则用于设定对文本框控件中输入数据的合法性进行检查的表达式。

5) 有效性文本(ValidationText)

在窗体运行期间，当该文本框中输入的数据违背了有效性规则时，即显示有效性文本中填写的文字信息。

6) 可用(Enabled)

该属性用于指定该文本框控件是否能够获得焦点。属性对话框中的默认值为"是"，表示能够获得焦点。

7) 是否锁定(Locked)

该属性用于指定文本框是否允许在"窗体"运行视图中修改数据。

可以通过用户操作(鼠标或键盘操作)来获得焦点，例如按 Tab 键来切换对象，或用鼠标单击对象使之激活等，也可以用代码方式来获得。其格式如下：

对象.SetFocus

功能：将焦点移动到特定的窗体或活动窗体中特定的控件上，或者移动到活动数据表的特定字段上。例如：

Forms![学生].SetFocus　　　　　　　使"学生"窗体获得焦点

Forms![学生].[姓名].SetFocus　　　　使"学生"窗体中的姓名文本框获得焦点

【例 8-4】以"学生"表作为数据源创建如图 8-23 所示的窗体，窗体名为"学生基本信息"，要求窗体中包含"姓名"、"性别"、"籍贯"和"照片"4 个字段，并为窗体添加标题"学生基本情况"。

图 8-23　学生信息窗体

操作过程如下：

(1) 在数据库窗口中，选择"窗体"对象。

(2) 单击【新建】按钮，并在"新建窗体"对话框中选择"设计视图"，如图 8-24 所示，然后在"请选择该对象数据的来源表或查询"下拉列表中选择"学生"。

(3) 单击【确定】按钮，打开设计视图窗口，如图 8-25 所示。

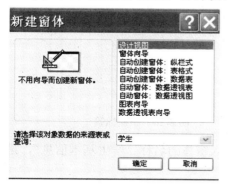

图 8-24　"新建窗体"对话框

图 8-25　设计视图窗口

(4) 将所需字段从"字段列表"拖到窗体的"主体"中的适当位置，这时系统将根据每个字段的数据类型自动创建相应的控件，包括结合型文本框，如图 8-26 所示。如果此时窗口中没有"字段列表"，则只需单击工具栏上的【字段列表】按钮即可打开"字段列表"。

图 8-26　添加字段

向主体节中拖放字段时，可以一次拖放一个，也可以同时将多个字段一次拖到主体节中。在字段列表中选择多个字段分为以下三种情况：

● 同时选择连续的多个字段：单击第一个字段后，按住【Shift】键后单击最后一个字段。

● 同时选择不连续的多个字段：按住【Ctrl】键后分别单击其他的字段。

● 选择字段列表中的所有字段：双击字段列表的标题栏。

(5) 执行【视图】菜单中的【窗体页眉/页脚】命令，为窗体添加一个"窗体页眉"节，如图 8-27 所示。

(6) 在"窗体页眉"节中添加一个标签控件，并输入标签内容"学生基本信息"，作为窗体的标题，如图 8-28 所示。

图 8-27　添加"窗体页眉"

图 8-28　添加标签

(7) 单击【保存】按钮，在"另存为"对话框中输入窗体的名称"学生基本信息"，最后单击【确定】按钮保存所建窗体。

8.3.3　组合框和列表框

如果在窗体上输入的数据总是取自某一个表的可查询记录中的数据，则应该使用组合框控件或列表框控件。这样设计可以确保输入数据的正确性，同时还可以有效地提高数据的输入速度。

要创建组合框控件或列表框控件，需要考虑以下三点：

● 控件中的列表数据从何而来。

● 在组合框或者列表框中完成选择操作后，将如何使用这个选定值。

● 组合框和列表框控件的差别何在。

【例 8-5】以"学生"表窗体为例说明组合框的创建过程。

操作步骤如下：

(1) 创建组合框控件，如图 8-29 所示。

(2) 为组合框控件设定数据来源，如图 8-30 所示。

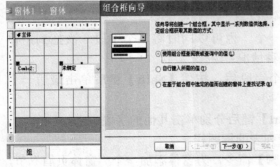

图 8-29　创建组合框控件

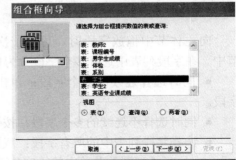

图 8-30　设定数据来源

(3) 为组合框控件选择数据字段，如图 8-31 所示。确定列表使用的排序次序，如图 8-32 所示。

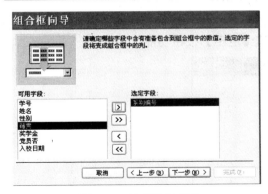

图 8-31 选择数据字段

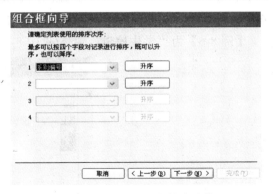

图 8-32 确定使用的排序次序

(4) 为组合框指定列的宽度，如图 8-33 所示。

(5) 为组合框控件运行时的选定数据指定使用方式，如图 8-34 所示。

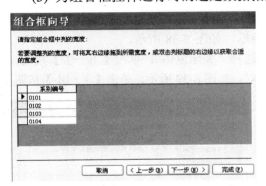

图 8-33 指定列的宽度

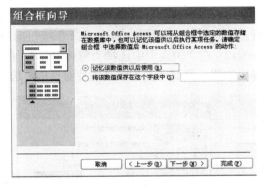

图 8-34 指定使用方式

(6) 为组合框指定标签，如图 8-35 所示。

(7) 以"组合框窗体"为文件名保存窗体。运行结果如图 8-36 所示。

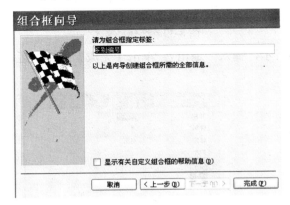

图 8-35 指定标签

图 8-36 运行结果

8.3.4 命令按钮

在窗体上添加命令按钮是为了实现某种功能操作，如"确定"、"退出"、"添加记录"

和"查询"等。因此，一个命令按钮必须具有对"单击"事件进行处理的能力。

【例8-6】为"学生信息"窗体(见图8-37)创建【退出】按钮功能。

图 8-37　"学生基本信息"窗体

(1) 在窗体设计器中打开"学生信息"窗体，在工具箱中单击【命令】按钮，在窗体设计器中创建命令按钮，弹出"命令按钮向导"对话框，如图8-38所示。

(2) 在"类别"中选择"窗体操作"，在操作中选择"关闭窗体"，单击【下一步】按钮，弹出按钮上是显示文本或是图片对话框，选择"文本"，如图8-39所示，单击【下一步】按钮。

图 8-38　"命令按钮向导"对话框

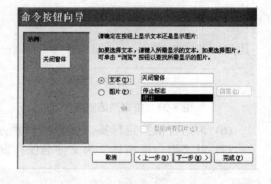

图 8-39　选择"文本"

(3) 弹出指定按钮名称对话框，如图8-40所示，输入"退出"，单击【完成】按钮，运行结果如图8-41所示。

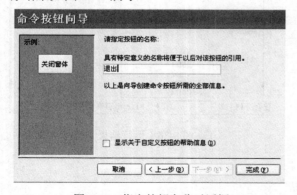

图 8-40　指定按钮名称对话框

图 8-41　运行结果

8.4 习 题

一、填空题

1. 按应用功能的不同，可将 Access 的窗体对象分为_____、_____两类。

2. 窗体是用户对数据库中数据进行操作的理想的_____。

3. 窗体控件的属性决定了窗体的_____及控件自身的结构、外观和行为，以及它所涉及的_____特性。

4. 使用"自动创建窗体"可以创建_____、_____、_____的窗体。但如果想要创建基于多表的窗体，则应该使用_____或先建立基于多表的查询作为数据源。

二、选择题

1. 以数据表制作窗体后，数据表的 OLE 对象字段会显示为( )。

(A) 绑定对象框   (B) 未绑定对象框

(C) 图像   (D) 以上皆不是

2. 在数据透视表中，显示数据的位置称为( )。

(A) 筛选区域   (B) 列区域

(C) 行区域   (D) 数据区域

3. 新建窗体的记录来源是( )。

(A) 数据表   (B) 查询

(C) 数据表和查询   (D) 数据表和窗体

4. 下面关于绑定控件与未绑定控件的区别，说法错误的是( )。

(A) 未绑定控件没有行来源

(B) 未绑定控件没有控件来源

(C) 未绑定控件的数据变化不能改变数据源

(D) 绑定控件的数据变化必然改变数据源

5. 下列可以在"窗体属性"对话框中设置的属性是( )。

(A) 进入 Access 系统时自动打开某个窗体

(B) 打开或屏蔽工作区下面的状态栏

(C) 打开某个窗体时自动出现在工作区中央

(D) Access 系统的标题不再是"Microsoft Access"

6. 下列不属于 Access 窗体的视图是( )。

(A) 设计视图   (B) 窗体视图

(C) 版面视图   (D) 数据表视图

7. 下列有关窗体的描述，错误的是( )。

(A) 数据源可以是表和查询

(B) 可以链接数据库中的表，作为输入记录的理想界面

(C) 能够从表中查询、提取所需的数据，并将其显示出来

(D) 可以将数据库中需要的数据提取出来进行汇总，并将数据以格式化的方式发送到打印机

8. 下列有关窗体的叙述，错误的是（　　）。

(A) 可以存储数据，并以行和列的形式显示数据

(B) 可以用于显示表和查询中的数据，输入数据、编辑数据和修改数据

(C) 由多个部分组成，每个部分称为一个节

(D) 常用 3 种视图：设计视图、窗体视图和数据表视图

9. 可以作为窗体记录源的是（　　）。

(A) 表　　　　　　　　　　　　　(B) 查询

(C) SELECT 语句　　　　　　　　(D) 表、查询或 SELECT 语句

10. 窗体由多个部分组成，每个部分称为一个（　　）。

(A) 节　　　　　　　　　　　　　(B) 段

(C) 记录　　　　　　　　　　　　(D) 表格

11. 使用窗体设计器不能创建（　　）。

(A) 动作查询　　　　　　　　　　(B) 自定义对话窗体

(C) 开关面板窗体　　　　　　　　(D) 数据维护窗体

12. 以下（　　）不是窗体的组成部分。

(A) 主体　　　　　　　　　　　　(B) 窗体页眉

(C) 窗体页脚　　　　　　　　　　(D) 窗体设计器

13. 自动窗体向导不包括（　　）。

(A) 纵栏式　　　　　　　　　　　(B) 数据表

(C) 递阶式　　　　　　　　　　　(D) 表格式

14. 只可显示数据，无法编辑数据的控件是（　　）。

(A) 文本框　　　　　　　　　　　(B) 标签

(C) 组合框　　　　　　　　　　　(D) 选项组

15. 若字段类型为"是/否"，则通常会在窗体中使用的控件是（　　）。

(A) 标签　　　　　　　　　　　　(B) 文本框

(C) 选项组　　　　　　　　　　　(D) 组合框

16. 使用（　　）创建的窗体其灵活性最小。

(A) 设计视图　　　　　　　　　　(B) 窗体视图

(C) 自动创建窗体　　　　　　　　(D) 窗体向导

三、思考题

1. 窗体主要有哪些功能？

2. 创建窗体有哪几种方法？简述其优缺点。

3. 什么是窗体中的节？各节主要放置什么数据？

4. 如何使用数据透视表对数据进行分析？

5. 如何更改窗体的页眉、页脚或其他节的大小？

第 9 章　窗体的高级应用

□□□□□□□

【教学目的与要求】

❖ 掌握控件位置的调整
❖ 熟悉对象的引用
❖ 熟悉窗体控件的属性
❖ 熟悉多页或多选项卡窗体的创建

【教学内容】

❖ 调整控件位置
❖ 对象的引用
❖ 窗体控件的属性
❖ 创建多页或多选项卡窗体

【教学重点】

❖ 调整控件位置
❖ 创建多页或多选项卡窗体

【教学难点】

❖ 调整控件位置
❖ 对象的引用
❖ 窗体控件的属性

9.1　窗体控件操作

9.1.1　Access 中控件的名称

(1) 控件名称不能超过 64 个字符。
(2) 控件名称中不能包含小数点(.)、感叹号(!)、重音符(')和方括号([])。
(3) 控件名称的第一个字符不能是空格。

(4) 控件名称中不能包含双引号(双引号用于项目)。

(5) 有时为了简化控件的名称,可以使用以下规则:

① 把控件的名称保持在 30 个字符以内。

② 只使用字母和数字。

③ 避免使用标点符号和空格。

9.1.2　调整控件的位置

为了合理安排控件在窗体中的位置,需要对控件进行移动、改变大小、删除等操作。窗体中的所有操作都是针对当前控件的,故对控件进行操作前必须先选定。

(1) 选定单个控件:单击所需选定的控件,此时控件区域的四角及每边的中点均会出现一个控点,表示控件已被选定。左上角的控点形状较大,称为移动控点,其他控点均为尺寸控点。

(2) 选定多个控件:按下【Shift】键,逐个单击要选定的控件,或者按下鼠标左键并拖动,使屏幕上出现一个虚线框,放开鼠标按键后框中的控件就被选定。对于附带标签的控件,只要单击其中之一,控件与标签两者就会同时被选定。

(3) 取消选定:单击已选定控件的外部某处即可取消选定。

(4) 改变控件大小:选定控件后,拖动它的某个尺寸控点即可使控件放大或缩小。若选定了多个控件,则拖动其中某一控件的尺寸控点就会使这些控件都改变大小。

(5) 移动控件:选定的控件可用键盘的箭头键来微调位置。若用鼠标来移动,则有以下两种情况。

选定一个控件,将鼠标指针移到某控件的移动控点,指针变成手掌状,此时按住鼠标左键拖动,即可移动单个控件。

选定多个控件,将鼠标指针移到控件边缘上的非控点处,指针变成手掌状,此时按住鼠标左键拖动,被选定的所有控件将会一起移动,即可移动多个控件。

(6) 复制控件:选定控件,执行【编辑】菜单中的【复制】命令,再将鼠标移动到需要添加控件的位置后执行【编辑】菜单中的【粘贴】命令,即可将控件复制到指定位置。复制操作可以在同一个窗体内进行,也可以在两个窗体之间进行。

(7) 删除控件:选定对象后,按【Delete】键或执行【编辑】菜单中的【删除】命令即可删除控制。

提示:对于带有附加标签的控件,当附加标签四周显示控点时按【Delete】键,仅删除附加标签,否则同时删除控件与附加标签。

(8) 在窗体上显示或移去网格线:执行【视图】菜单中的【网格】命令,可在窗体设计视图中增加或移去网格线,供定位对象时参考。

9.1.3　对象的引用

在面向对象的程序设计中,常常需要引用对象的属性、事件与方法。下面介绍对象引用的格式及使用方法。

1. 对象引用的格式

　　[<Forms>|<Reports>!][<窗体名>]|<报表名>.][<控件名>.]<属性名>|<方法名>
　　　　[参数名表]
　　　　<对象名>.<方法名>

　　说明：感叹号(!)和点(.)为引用运算符，其中感叹号(!)用来引用集合中由用户定义的一个项，包括打开的窗体、报表等，点(.)用来引用集合中 Access 定义的一个项，即引用窗体或控件的属性等。例如：

　　　　Forms![学生基本信息]　　　　　　引用"学生基本信息"窗体
　　　　Forms![学生基本信息].Caption　　引用"学生基本信息"窗体中的"标题"属性
　　　　Forms![学生基本信息]![Label0].Width　　　引用"学生基本情况"窗体中的 Label0
标签的宽度属性
　　　　DoCmD.Close　　　　引用并执行 VBA 的 DoCmD 对象的 Close 方法

2. 对象引用的方法

　　控件的属性值可以在属性对话框中更改，也可以通过对象引用以编码的方式来设置，其格式如下：

　　　　<对象名>.<属性名>=属性值

　　例如：

　　　　Forms![窗体 1]!.Caption = Date　　　　以当前日期作为"窗体 1"的标题
　　　　窗体页眉.Height = 300　　　　　　　　设置窗体的页眉高度为 300
　　　　Label0.FontName = "楷书"　　　　　　设置标签 Label0 的字体为楷书
　　　　Label0.FontSize = 30　　　　　　　　　设置标签 Label0 的字号为 30
　　　　Text1.Height = Text1.Width* 0.5　　　设置文本框 Text1 的高度为其宽度的一半

9.2　窗体和控件的属性

　　Access 中的属性用于决定表、查询、字段、窗体及报表的特性。无论是控件还是窗体本身都有相应的属性，这些属性决定了控件及窗体的结构和外观，可通过属性窗口来进行操作。在选定窗体或控件后，单击工具栏上的【属性】按钮，可以打开属性窗口。

　　属性窗口共有五个选项卡，包括格式、数据、事件、其他和全部。针对不同的设置可选择不同的选项卡，其中全部选项卡包含了格式、数据、事件和其他选项卡中的所有属性。

9.2.1　常用的格式属性

　　格式属性主要是针对控件的外观和窗体的显示格式而设置的。

　　控件的格式属性包括标题、字体名称、字体大小、左边距、上边距、宽度、高度、前景颜色、特殊效果等。

　　窗体的格式属性包括标题、默认视图、滚动条、记录选定器、浏览按钮(或导航按钮)、分隔线、自动居中、控制框、最大最小化按钮、关闭按钮、边框样式等。

9.2.2 窗体和控件的格式属性

1. 窗体的格式属性

标题：设置窗体标题栏上显示的字符串。

默认视图：决定窗体的显示形式，有"连续窗体"、"单一窗体"和"数据表"三个属性值。

滚动条：决定窗体显示时是否具有窗体滚动条，有"两者均无"、"水平"、"垂直"和"两者都有"四个属性值。

记录选定器：决定窗体显示时是否有记录选定器(窗体视图最左边的标志块)，属性值只有"是"和"否"。

导航按钮：决定窗体运行时是否有导航按钮(窗体视图最下边的导航按钮组)，属性值只有"是"和"否"。

分隔线：决定窗体显示时是否显示窗体各节之间的分隔线，属性值只有"是"和"否"。

自动居中：决定窗体显示时是否自动居于桌面的中间，属性值只有"是"和"否"。

边框样式：决定窗体运行时的边框形式，有"无"、"细边框"、"可调边框"和"对话框边框"四个属性值。

最大最小化按钮：决定是否使用 Windows 标准的最大化和最小化按钮。

2. 控件的格式属性

背景色：利用该属性可以设置控件的背景颜色。

背景样式：利用该属性可以指定控件是否透明。

边框颜色：利用该属性可以设置控件的边框颜色。

边框样式：利用该属性可以设置控件的边框样式。

边框宽度：利用该属性可以设置控件的边框宽度。

文本上边距、下边距和文本左边距、右边距：利用这些属性可以设置控件上显示的文本与控件的上、下、左、右边缘之间的距离。

标题：利用该属性可以设置显示在控件上的文本。

小数位数：利用该属性可以设置小数位数(用于数字字段)。

字体名称、字体大小、字体粗细、倾斜字体、下划线：利用该属性可以控制显示在控件上的文本的外观。

前景色：利用该属性可以设置控件上的文本颜色。

格式：利用该属性可以设置应用于控件上的文本格式。

高度、宽度：利用这两个属性可以设置控件的高度和宽度。

左边距、上边距：利用这两个属性可以设置控件的位置。

行距：利用该属性可以设置控件上的文本行之间的距离。

图片：利用该属性可以设置在控件上显示什么图像。

特殊效果：利用该属性可以设置控件的样式，如蚀刻、凿痕等。

文本对齐：利用该属性可以设置控件上文本的对齐方式，如左对齐、居中和右对齐等。

可见性：利用该属性可以控制控件是否可见。

【例 9-1】在图 9-1 所示的"学生"窗体中，去掉导航条、记录指示器。

(1) 在窗体设计器中打开"学生"窗体，接着打开"窗体属性"对话框，将"记录选择器"选为"否"，将"导航按钮"选为"否"，如图 9-2 所示。

图 9-1　"学生"窗体

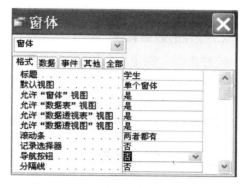

图 9-2　属性设置

(2) 运行修改后的"学生"窗体，结果如图 9-3 所示。

图 9-3　运行结果

9.2.3　常用的数据属性

数据属性决定了控件或窗体中数据以及操作数据的规则。

控件的数据属性包括控件来源、输入掩码、有效性规则、有效性文本、默认值、是否有效、是否锁定等。

窗体的数据属性包括记录源、排序依据、允许编辑、数据入口(或数据输入)等。其设置同格式属性一样，通过在相应的属性框中输入或选择属性值来完成。

1. 窗体的数据属性

记录源：通常是本数据库中的一个数据表对象名或查询对象名，它指明了该窗体的数据源。

排序依据：其属性值是一个字符串表达式，由字段名或字段名表达式组成，用来指定排序的规则。

允许编辑、允许添加、允许删除：决定窗体运行时是否允许对数据进行编辑修改、添加或删除等操作，其属性值只有"是"和"否"。

数据入口(或数据输入)：决定窗体运行时是否显示已有记录，其属性值只有"是"和"否"。如果选择"是"，则在窗体打开时，只显示一个空记录，否则显示已有记录。

2. 控件的数据属性

控件来源：决定如何检索或保存窗体中要显示的数据。如果是一个字段名，则在控件上显示数据表中该字段的值，对窗体中的数据所进行的任何修改都会被写入字段中。如果该属性含有计算表达式，则控件会显示计算的结果。

输入掩码：用于设定控件的输入格式，仅对文本型或日期/时间型数据有效。

9.2.4　常用的事件属性

Access 中不同的对象可触发的事件不同，总体上这些事件可分为键盘事件、鼠标事件、对象事件、窗口事件和操作事件等。

1. 键盘事件

键盘事件是指操作键盘所引发的事件，主要有以下几种：

(1) 键按下：指在窗体或控件具有焦点时，在键盘上按下任何键所发生的事件。

(2) 键释放：指在窗体或控件具有焦点时，释放一个原本按下的键所发生的事件。

(3) 击键：指在窗体或控件具有焦点时，完成按下并释放一个键或键组合时所发生的事件。

2. 鼠标事件

鼠标事件是指操作鼠标所引发的事件，主要有单击、双击、鼠标按下、鼠标移动和鼠标释放等，其中单击事件的应用最为广泛。

(1) 单击：表示当鼠标在控件上单击左键时所发生的事件。

(2) 双击：表示当鼠标在控件上双击左键时所发生的事件。

(3) 鼠标按下：表示当鼠标在控件上按下左键时所发生的事件。

(4) 鼠标移动：表示当鼠标在窗体或控件上来回移动时所发生的事件。

(5) 鼠标释放：表示当鼠标指针位于窗体或控件上时，释放一个按下的鼠标键时所发生的事件。

3. 对象事件

常用的对象事件有获得焦点、失去焦点、更新前、更新后和更改等。

(1) 获得焦点：指当窗体或控件接收焦点时所发生的事件。

(2) 失去焦点：指当窗体或控件失去焦点时所发生的事件。

(3) 更新前：指在控件或记录用更改的数据更新之前所发生的事件。

(4) 更新后：指在控件或记录用更改的数据更新之后所发生的事件。

(5) 更改：指当文本框或组合框的部分内容更改时所发生的事件。

4. 窗口事件

窗口事件是指操作窗口时所引发的事件，常用的窗口事件有打开、关闭和加载等。

（1）打开：指在窗体打开，但第一条记录显示之前发生的事件。

（2）关闭：指在关闭窗体，并从屏幕上移除窗体时发生的事件。

（3）加载：指在打开窗体，并且显示了它的记录时发生的事件，此事件发生在打开事件之后。

5．操作事件

操作事件是指与操作数据有关的事件。常用的操作事件有删除、插入前、插入后、成为当前、不在列表中、确认删除前和确认删除后等。

（1）删除：指当删除一条记录时，但在确认删除和实际执行删除之前所发生的事件。

（2）插入前：指在新记录中键入第一个字符，但还未将记录添加到数据库之前所发生的事件。

（3）插入后：指在一条新记录添加到数据库中之后所发生的事件。

（4）成为当前：指当焦点移动到一条记录，使它成为当前记录时所发生的事件。

（5）不在列表中：指当输入一个不在组合框列表中的值时所发生的事件。

（6）确认删除前：指在删除一条或多条记录后，但尚未确认删除前所发生的事件，该事件发生在删除事件后。

（7）确认删除后：指在确认删除记录并且记录实际上已经删除或取消删除之后所发生的事件。

9.2.5　常用的其他属性

其他属性表示了窗体和控件的附加特征。

1．窗体的其他属性

独占方式：决定该窗体处于打开状态时是否还可以打开其他窗体或 Access 的其他对象，只有"是"和"否"两个属性值。

弹出方式：只有"是"和"否"两个属性值。

循环：表示当移动控制点时按照何种规律移动。在循环属性中，"所有记录"表示从某条记录的最后一个字段移到下一条记录；"当前记录"表示从某条记录的最后一个字段移到该记录的第一个字段；"当前页"表示从某条记录的最后一个字段移到当前页中的第一条记录。

2．控件的其他属性

名称：控件的唯一标识，当程序中要指定或使用一个对象时，可通过名称来实现。

自动校正：用于更正控件中的拼写错误。

自动 Tab 键：用于设置按下 Tab 键后焦点在控件上的切换次序。

控件提示文本：用于设定鼠标放在一个对象上后显示的提示文本。

9.3　创建应用窗体

在通常情况下，创建一页以上的窗体有两种方法：使用选项卡控件或分页符控件。选项卡控件是创建多页窗体最容易且最有效的方法。使用选项卡控件可以将独立的页全部创建到一个控件中。如果要切换页，则单击其中的某个选项卡即可。

9.3.1　创建多选项卡窗体

创建多选项卡窗体可以将更多的内容分类显示在不同的页面上，这样便于操作。

【例 9-2】创建一个多选项卡窗体，包含两页：一页是学生基本情况，另一页是学生成绩。

操作步骤如下：

(1) 创建一个空白窗体，在来源表或查询中选择"学生"表，命名为"多选项卡窗体"，如图 9-4 所示。

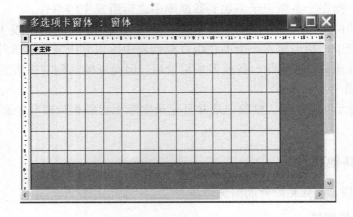

图 9-4　多选项卡窗体

(2) 打开"工具箱"，如图 9-5 所示，单击【选项卡控件】按钮，在主窗体上拖出一个合适的区域，如图 9-6 所示。

图 9-5　工具箱

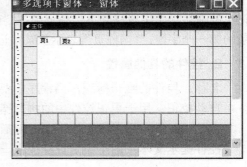

图 9-6　创建选项卡控件

(3) 向页 1 的属性中的"名称"参数中输入"学生基本情况"，并在该页中加入几个基本控件，如图 9-7 所示。

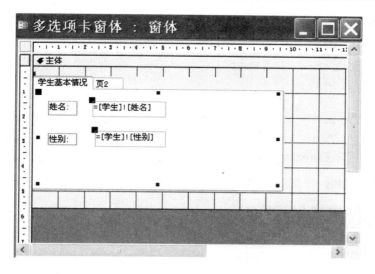

图 9-7　创建学生基本情况页

(4) 向页 2 的属性中的 "名称" 参数中输入 "学生成绩"，插入一个子窗体，如图 9-8 所示。

(5) 运行结果如 9-9 所示。

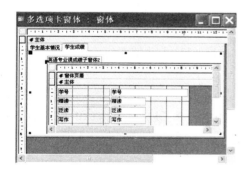

图 9-8　插入一个子窗体

图 9-9　运行结果

9.3.2　创建多页(屏)窗体

创建多页(屏)窗体可以将较多的内容显示在多页中或者以多屏幕方式显示，以便于用户搜索需要的信息。

【例 9-3】创建多页窗体。

操作步骤如下：

(1) 先利用 "自动创建窗体：纵栏式" 创建一个教师信息窗体，文件名为 "教师分页"，如图 9-10 所示。

(2) 在窗体设计视图中打开 "教师分页" 窗体，在工具箱中选择 "插入一个分页符"，如图 9-11 所示。在图 9-12 中某一位置插入分页，运行结果如图 9-13 所示。

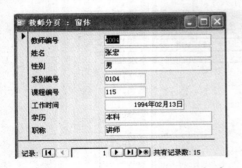

图 9-10　创建一个教师信息窗体

图 9-11　插入分页符

图 9-12　插入一个分页符

图 9-13　运行结果

9.3.3　创建主/子窗体

在 Access 中，用户可以根据需要在窗体中创建子窗体，也可以在一个窗体中创建两个子窗体，或者在子窗体中创建子窗体。

【例 9-4】创建学生成绩查询、修改窗体。

操作步骤如下：

(1) 创建"主窗体 1"，如图 9-14 所示。

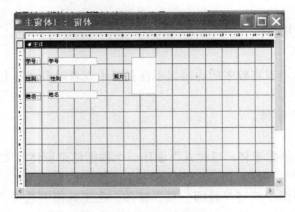

图 9-14　创建主窗体

（2）在主窗体中确定子窗体区域。

① 选取工具箱中的【子窗体/子报表】按钮，如图 9-15 所示。在主窗体中拖出一个合适的区域，弹出"子窗体向导"对话框，如图 9-16 所示。

图 9-15　【子窗体/子报表】按钮

图 9-16　"子窗体向导"对话框

② 在图 9-16 中选择"使用现有的表和查询"，单击【下一步】按钮，弹出选定字段的对话框，选择"表：公共课成绩"，将"可用字段"全部转向"选定字段"，如图 9-17 所示。

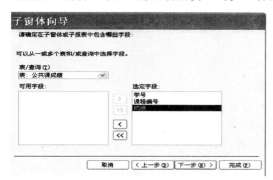

图 9-17　选定字段的对话框

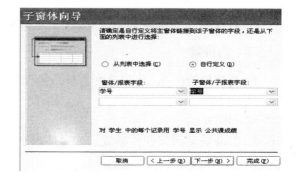

图 9-18　主/子窗体链接字段

③ 单击【下一步】按钮，在弹出对话框中选择"自行定义"选项，在"窗体/报表字段"中选"学号"，在"子窗体/子报表"字段中也选"学号"，如图 9-18 所示。

④ 单击【下一步】按钮，在弹出的对话框中输入文件名"学生成绩主-子窗体"，单击【完成】按钮，保存文件，如图 9-19 所示。

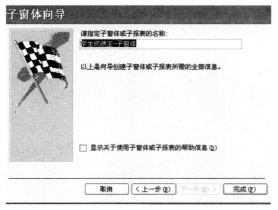

图 9-19　输入文件名

图 9-20　运行结果

⑤ 运行主窗体 1，出现如图 9-20 所示的结果。图 9-20 下半部分是子窗体。

9.4　习　　题

一、填空题

1. 控件名称中不能包含_____、_____、_____和_____。

2. 控件名称不能超过_____个字符。

3. 用鼠标将"工具箱"中的任意一个_____拖拽到窗体中，将在窗体中添加一个新的控件，用户只有对新控件的_____加以设置，窗体的控件才能发挥其应有的作用。

4. 利用系统_____菜单中的命令可以对选定的控件进行居中、对齐等多种操作。

5. 在窗体设计窗口中选取对象后，使用 4 个方向键可对其进行移动，若按住_____键，再使用 4 个方向键，则可对其大小进行微调。

6. 窗体属性对话框中有_____、_____、_____、_____、_____选项卡。

二、选择题

1. 通过修改(　)，可以改变窗体或控件的外观。

(A) 属性　　　　　　　　　　　　(B) 设计

(C) 窗体　　　　　　　　　　　　(D) 控件

2. 若要快速调整控件格式，如字体大小、颜色等，可使用(　)。

(A) 字段列表　　　　　　　　　　(B) 工具箱

(C) 自动格式设置　　　　　　　　(D) "格式"工具条

3. 子窗体向导创建的默认窗体布局是(　)。

(A) 纵栏式　　　　　　　　　　　(B) 表格式

(C) 数据表式　　　　　　　　　　(D) 图表式

4. 要设置主、子窗体的自动链接，应该选取子窗体属性选项卡的(　)

(A) 格式　　　　　　　　　　　　(B) 数据

(C) 事件　　　　　　　　　　　　(D) 其他

5. 下列方法中不能改变控件大小的是(　)。

(A) 使用鼠标拖动选定的控件

(B) 使用鼠标拖动选定控件的边框

(C) 使用鼠标拖动选定控件的控制柄

(D) 先选择控件，再按【Shift】+方向键

6. 下列关于属性对话框的叙述，错误的是(　)。

(A) 属性对话框可以设置对象的属性值

(B) 单击"窗体设计器"工具栏上的【属性】按钮可以打开属性对话框

(C) 选择【视图】→【属性】命令可以打开属性对话框

(D) 选择【视图】→【工具栏】中的【属性】命令可以打开属性对话框

7. 下列叙述错误的是(　　)。

(A) 两个不同的命令按钮有相同的属性

(B) 两个不同的命令按钮有相同的属性值

(C) 对同一类的控件设置不同的属性值，将得到不同的对象

(B) 不同类型的控件其属性是不同的

8. 下列关于设置属性值的叙述，错误的是(　　)。

(A) 先在窗体设计器中选择控件，再在属性对话框中设置属性值

(B) 在属性对话框的"对象"列表框中选择控件，并在属性对话框中设置属性值

(C) 先在窗体设计器中选择多个控件，则设置的属性值对选定的所有控件有效

(D) 在属性对话框中设置属性值的操作只对一个控件有效

三、思考题

1. 窗体的数据属性包含哪些内容？控件的数据属性包含哪些内容？

2. 简述 Access 中的触发事件。

3. 简述创建多选项卡窗体的过程。

4. 简述创建多页(屏)窗体的过程。

5. 如何正确创建带子窗体的窗体？主窗体和子窗体的数据来源有何关系？

第 10 章　报 表 的 创 建

□□□□□□□

【教学目的与要求】

❖ 掌握创建报表的两种方法
❖ 熟悉报表对象
❖ 掌握报表中控件的使用
❖ 掌握数据排序与分组的方法
❖ 掌握主/子报表与标签报表
❖ 了解报表布局

【教学内容】

❖ 报表对象
❖ 在报表中使用控件
❖ 数据排序与分组
❖ 主/子报表与标签报表

【教学重点】

❖ 报表对象
❖ 在报表中使用控件

【教学难点】

❖ 在报表中使用控件
❖ 数据排序与分组
❖ 主/子报表与标签报表

　　数据库中的表、查询和窗体都可以被打印出来。要打印数据库中的数据，最好的方式是使用报表。报表是 Access 中专门用来统计、汇总并整理打印数据的一种工具。如果要打印大量的数据或者对打印的格式要求比较高，则必须使用报表的形式。用户可以利用报表有选择地将数据输出，从中检索有用信息。Access 2003 报表的功能非常强大，也极易掌握，并可制作出精致、美观的专业性报表。

　　报表作为 Access 2003 数据库的一个重要组成部分，不仅可用于数据分组，单独提供各项数据并执行计算，还提供了以下功能：

　　(1) 可以制成各种格式的报表，从而使用户的报表更易于阅读和理解。

（2）可以使用剪贴画、图片或者扫描图像来美化报表的外观。

（3）通过页眉和页脚可以在每页的顶部和底部打印标识信息。

（4）可以利用图表和图形来帮助说明数据的含义。

10.1　报　表　对　象

报表按指定格式输出数据的对象，数据源是表、查询或 SQL 语句。报表主要用于数据库中数据的打印，没有输入数据的功能。报表中的大部分内容是从表查询或 SQL 语句中获得的，它们都是报表的数据来源。创建和设计报表对象与创建和设计窗体对象有许多共同之处，两者的所有控件几乎是可以共用的。它们之间的不同之处在于：报表不能用来输入数据，而是在窗体中输入数据；报表只有设计视图和打印预览两种视图。

报表是容器对象，包含数据源和其他对象。在报表中的对象称为报表控件。

10.1.1　报表的视图

报表有 3 种视图：设计视图、打印预览、版面预览，如图
10-1 所示。单击视图按钮可进行视图切换。

图 10-1　报表的 3 种视图

10.1.2　报表的结构

报表的内容以节划分，节代表不同带区，每个节都有特定用途，并按一定顺序打印。报表有唯一的宽度，改变一个节的宽度等于改变整个报表的宽度。

用【视图】菜单中的命令可以为报表添加报表页眉/页脚节、页面页眉/页脚节、组页眉/页脚节。

选中一个节，将"可见性"属性设置为"否"，或删除节中控件，将节的"高度"属性设置为 0，可以隐藏选中的节。

由图 10-2 可以看到，报表在设计视图中由报表页眉、页面页眉、主体、页面页脚和报表页脚五个部分组成。

图 10-2　报表的结构

(1) 报表页眉：以大的字体将该报表的标题放在报表顶端。只有报表的第 1 页才出现报表页眉。报表页眉的作用是作为封面或信封等。

(2) 页面页眉：页面页眉中的文字或字段通常会打印在每页的顶端。如果报表页眉和页面页眉共同存在于第 1 页，则页面页眉的数据会打印在报表页眉的数据下。

(3) 主体：用于处理每一条记录，其中的每个值都要被打印。主体区段是报表内容的主体区域，通常含有计算的字段。

(4) 页面页脚：页面页脚通常包含页码或控件，其中 ""="第"&[page]& "页"" 表达式用来打印页码。

(5) 报表页脚：用于打印报表末端，通常使用它显示整个报表的计算汇总等。

除了以上通用区段外，在分组和排序时，有可能需要组页眉和组页脚区段。选择【视图】→【排序与分组】命令，将弹出"排序与分组"对话框。选定分组字段后，对话框下端会出现"组属性"选项组，将"组页眉"和"组页脚"框中的设置改为"是"，在工作区即出现相应的组页眉和组页脚。

10.1.3　报表的类型

报表有 4 种类型，分别是纵栏式报表、表格式报表、图表报表、标签报表。

(1) 纵栏式报表以垂直方式显示记录，字段标签与字段值一起显示在主体节内。

(2) 表格式报表以行、列形式显示记录，一页显示多条记录，字段标签不在主体节区域，而是在页面页眉节中。分组字段在表格式报表中设置。

(3) 图表报表用图表方式显示数据，直观地显示数据之间的关系。

(4) 标签报表是特殊类型的报表，将数据做成标签形式，一页中可显示多个标签。

10.1.4　报表工具栏、工具箱

1. 报表工具栏

常用的报表工具栏按钮是字段列表、工具箱、排序与分组、自动套用格式、代码、属性、生成器、数据库、新对象，如图 10-3 所示。

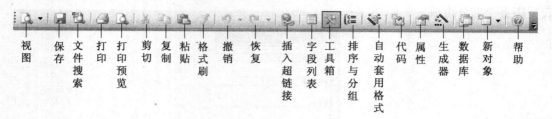

视图　保存　文件搜索　打印　打印预览　剪切　复制　粘贴　格式刷　撤销　恢复　插入超链接　字段列表　工具箱　排序与分组　自动套用格式　代码　属性　生成器　数据库　新对象　帮助

图 10-3　工具栏按钮

(1) 字段列表：可向报表设计器中添加表及其字段。

(2) 工具箱：可弹出如图 10-4 所示的报表工具箱。

(3) 排序与分组：选取一个字段后，单击此按钮可以对字段进行排序和分组操作，实现报表数据的排序、分组输出、分组统计。

(4) 自动套用格式：单击可弹出自动套用格式对话框，其中有大胆、正式、淡恢、紧凑、

组织、随意 6 种样式可供选择。

(5) 代码：单击会弹出代码窗口。

(6) 属性：单击可弹出报表属性窗口。

(7) 生成器：单击可打开生成器窗口，在生成器窗口中可选择表达式生成器、宏生成器、代码生成器。

(8) 数据库：单击可打开数据库窗口。

(9) 新对象：单击可打开新建表对话框。

2. 报表工具箱

报表工具箱(如图 10-4 所示)与窗体工具箱的内容是一致的，有关使用方法请参考 8.2、8.3 节的内容，这里不再重复。

图 10-4　报表工具箱上的各种控件

10.2　报 表 的 创 建

Access 中提供了几种创建报表的方法，主要有自动报表方式、向导方式、设计视图方式。本节我们学习利用向导创建报表及在设计视图中创建报表的方法。

10.2.1　用向导创建报表

报表向导为用户提供了报表的基本布局，根据用户的不同需要可以进一步对报表进行修改。利用报表向导可以使报表的创建变得更加容易。

【例 10-1】以教师表为数据源，利用向导创建报表。

具体操作步骤如下：

(1) 打开数据库窗口，单击"报表"对象，在"报表"对象窗口中双击"使用向导创建报表"选项，调出"报表向导"对话框，如图 10-5 所示。在该对话框中单击"表/查询"下拉列表框右侧的向下箭头调出其下拉列表，从中选择创建窗体所需的"表：教师"，如图 10-5 所示。

(2) 在"可用字段"列表框中选择字段，单击添加按钮，将其添加到右半部分的"选定的字段"列表中，如图 10-5 所示。

(3) 在图 10-5 中单击【下一步】按钮，弹出"是否添加分组级别"对话框，此处不添加分组级别，如图 10-6 所示。

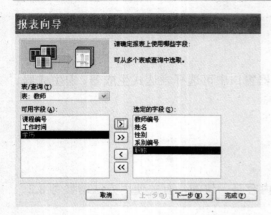

图 10-5　选定的字段

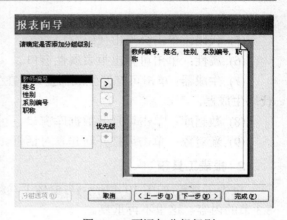

图 10-6　不添加分组级别

(4) 在图 10-6 所示的对话框中单击【下一步】按钮，弹出排序次序对话框。在该对话框中选"教师编号"、"升序"，如图 10-7 所示。单击【下一步】按钮。在弹出的对话框中选择"报表的布局方式"，单击【下一步】按钮，弹出"确定所用样式"对话框。单击【下一步】按钮，弹出"为报表指定标题"对话框，如图 10-8 所示。

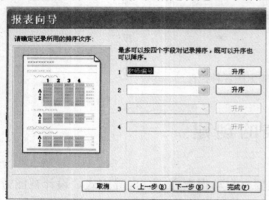

图 10-7　确定排序次序

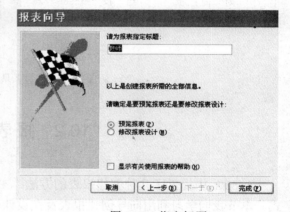

图 10-8　指定标题

(5) 单击【完成】按钮，出现运行结果，如图 10-9 所示。

教师

教师编号	姓名	性别	系别编	职称
1001	王丽丽	女	0101	讲师
1002	张成	男	0101	教授
1003	李鹏举	男	0101	副教授
1004	钟小于	女	0101	讲师
2001	马淑芬	女	0102	讲师
2002	赵大鹏	男	0102	讲师
2003	李达成	男	0102	教授

图 10-9　运行结果

10.2.2 在设计视图中创建报表

【例 10-2】在设计视图中创建教师报表。

具体操作步骤如下：

(1) 打开"基础篇-学生成绩管理系统"数据库窗口，单击"对象"中的"报表"，选【新建】按钮，弹出"新建报表"对话框，如图 10-10 所示。在该对话框中选"设计视图"，在"请选择该对象数据的来源表或查询"中输入"教师"。

图 10-10 "新建报表"对话框

(2) 单击【确定】按钮，弹出新建报表的设计视图，如图 10-11 所示。由图 10-11 可以看出，在设计视图窗口中没有报表页眉、报表页脚两个工作区，而只有页面页眉、主体和页面页脚。

(3) 在设计视图窗口中用鼠标右键单击，调出快捷菜单，如图 10-12 所示。

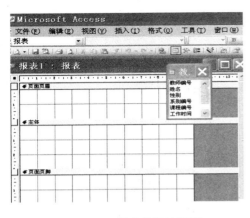

图 10-11 报表的设计视图

图 10-12 快捷菜单

(4) 在弹出的快捷菜单中单击【报表页眉/页脚】菜单命令，出现如图 10-13 所示的报表的页眉和页脚两部分内容。

报表1：报表
报表页眉
教师编号
姓名
性别
系别编号
课程编号
工作时间
页面页眉
主体
页面页脚
报表页脚

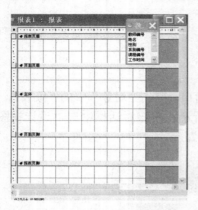

图 10-13　报表的页眉和页脚两部分

报表1：报表
报表页眉
教师信息
页面页眉
姓名
性别
系别编号
主体
姓名
性别
系别编号
页面页脚
报表页脚

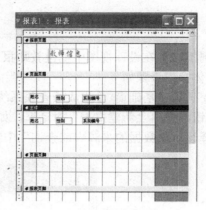

图 10-14　设计结果

(5) 下面可以根据需要为报表添加一些控件，在“报表页眉”和“页面页眉”中利用工具箱中的【标签】按钮建立标签，并在标签中输入文字，在“主体”中用鼠标从字段列表框中拖入。结果如图 10-14 所示。

(6) 单击工具栏上的【打印预览】按钮，可得到如图 10-15 所示的报表。

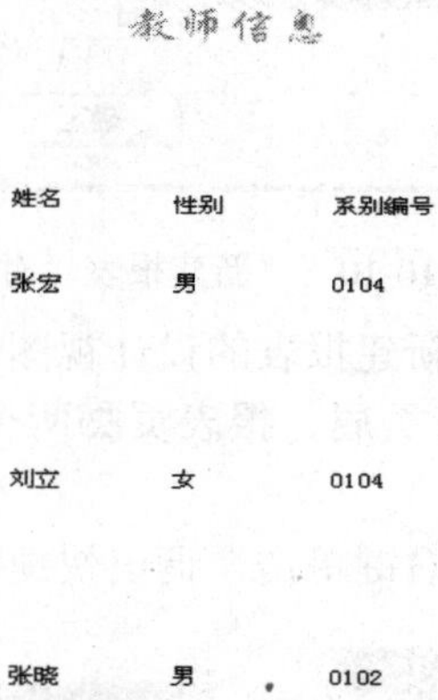

教师信息
姓名
性别
系别编号
张宏
男
0104
刘立
女
0104
张晓
男
0102

图 10-15　运行结果

10.3　控件在报表中的使用

10.3.1　用文本框控件显示页码

页码主要有以下两种显示格式：

(1) 显示格式为“当前页/总页数”，如“3/10”。

表达式：= [page] & "/" & [pages]

(2) 显示格式为“第 n 页/共 m 页”，如“第 3 页/共 10 页”。

表达式：= "第" & [page] & "页/总" & [pages] & "页"

其中，[page]表示计算当前页，[pages]表示计算总页数。

10.3.2 用文本框控件在报表中添加新字段

【例 10-3】以"英语专业课成绩"表为数据源，在报表中添加"总成绩"字段。

操作步骤如下：

(1) 先利用"自动创建报表：表格式"创建如图 10-16 所示的报表，文件名为"英语专业课成绩报表"。

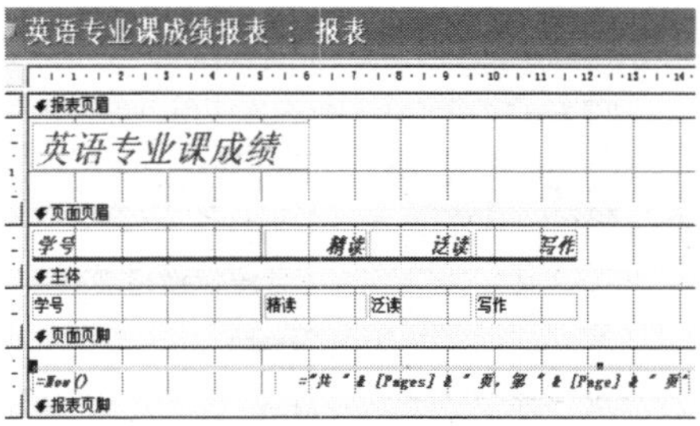

图 10-16 自动创建报表

(2) 在"英语专业课成绩报表"设计器中的页面页眉处创建标签控件，标签名为"总成绩"，在主体部分添加一个文本框，在文本框中输入"=[精读]+[泛读]+[写作]"，如图 10-17 所示。

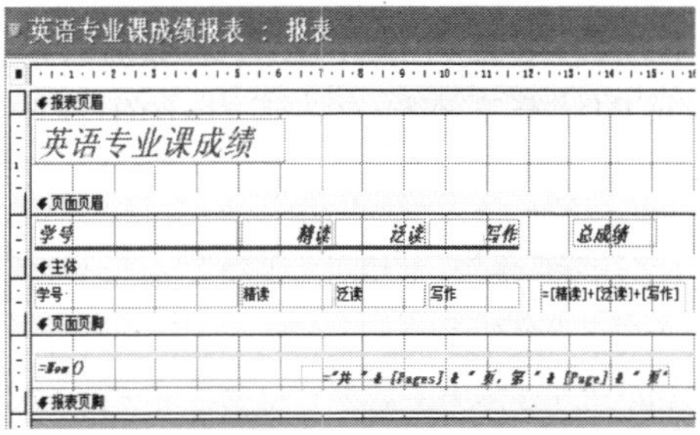

图 10-17 添加控件

(3) 运行结果如图 10-18 所示。

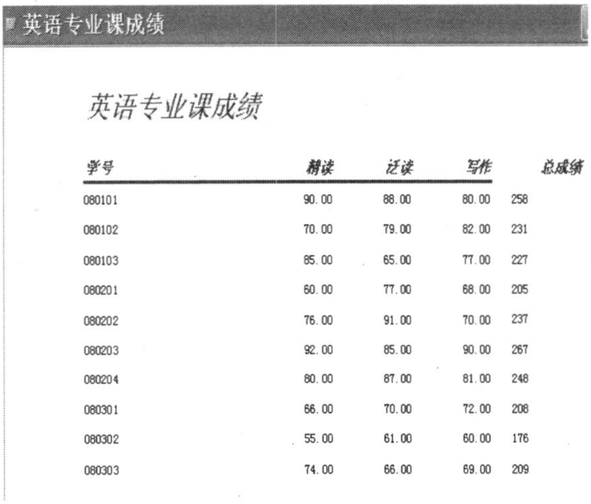

图 10-18 运行结果

10.3.3 用复选框控件在报表中添加新字段

【例10-4】用复选框控件添加"通过否"字段，并添加"录取否"字段，"精读"成绩在80分以上为通过，被录取。

操作步骤如下：

(1) 在报表设计器中创建"英语专业课成绩是否过关报表"，如图10-19所示。

(2) 在页面页眉中添加两个标签：一个名为"通过否"，另一个名为"录取否"，如图10-20所示。

图 10-19 创建报表基本框架　　　　　　　图 10-20 添加两个标签

(3) 在主体节添加复选框控件，名称为 fxk，"控件来源"属性写表达式为"=IIf([精读]>=80, True, False)"。"录取否"对应的计算文本框表达式为=IIf([fxk]=-1,"录取","未录取")，如图10-21所示。运行结果如图10-22所示。

图 10-21 创建复选框、"录取否"字段

学号	精读:	通过否	录取否
080101	90.00	☑	录取
080102	70.00	☐	未录取
080103	85.00	☑	录取
080201	60.00	☐	未录取
080202	75.00	☐	未录取
080203	92.00	☑	录取
080204	80.00	☑	录取
080301	66.00	☐	未录取
080302	55.00	☐	未录取

图 10-22 运行结果

10.3.4 在报表中显示非记录源字段

在 6.3 节我们已经学习过 DLookUp 函数,下面进一步说明它的格式及应用。DLookUp 函数在报表中可以显示非记录源(又称外部表)中的字段值,外部表与当前表之间无需建立关系,在函数中以共有字段作为连接条件即可。

DLookUp 函数的格式如下:

DLookUp("外部表字段名","外部表名","条件表达式")

说明:

(1) 函数中的各部分要用引号括起来。

(2) 条件表达式格式为:外部表字段名=' "&当前表字段名&" '。注意其中单、双引号和 & 号的使用。

(3) 如果有多个字段符合条件表达式,则 DLookUp 函数只返回第一个字段值。

【例 10-5】当前表是教师表(见图 10-23),外部表是系别表(见图 10-24),用 DLookUp 函数显示外部表中院系字段的值,并计算工作年限。

教师编号	姓名	性别	系别编号	课程编号	工作时间	学历	职称
4004	张宏	男	0104	115	1994年02月13日	本科	讲师
4003	刘立丰	女	0104	114	1988年09月12日	本科	副教授
2004	张晓芸	男	0102	108	2000年12月13日	研究生	讲师
4002	麻城凤	男	0104	113	1998年09月25日	本科	副教授
1004	钟小于	女	0101	104	1998年07月08日	研究生	讲师
3003	王成里	男	0103	111	1996年04月23日	本科	教授
2003	李达成	男	0102	107	1990年10月29日	本科	教授
1003	李鹏举	男	0101	103	1989年12月29日	本科	副教授
3002	江小洋	男	0103	110	1993年12月25日	本科	讲师
2002	赵大鹏	男	0102	106	1998年12月01日	本科	讲师
3001	章程	男	0103	109	1998年11月13日	本科	讲师
1002	张成	男	0101	102	1980年05月23日	本科	教授
4001	赵大勇	女	0104	112	1987年10月14日	研究生	教授
2001	马淑芬	女	0102	105	1997年02月21日	本科	讲师
1001	王丽丽	女	0101	101	1989年12月24日	本科	讲师

系别编号	院系	院长	院办电话
0103	英语系	王之元	8877991
0101	法律系	孙子山	8877992
0104	中文系	周永波	8877993
0102	计算机系	李龙达	8877996

图 10-23 教师表 　　　　　　　　　　图 10-24 系别表

(1) 在报表设计器中设计如下框架,文件名为"教师外部字段报表",如图 10-25 所示。

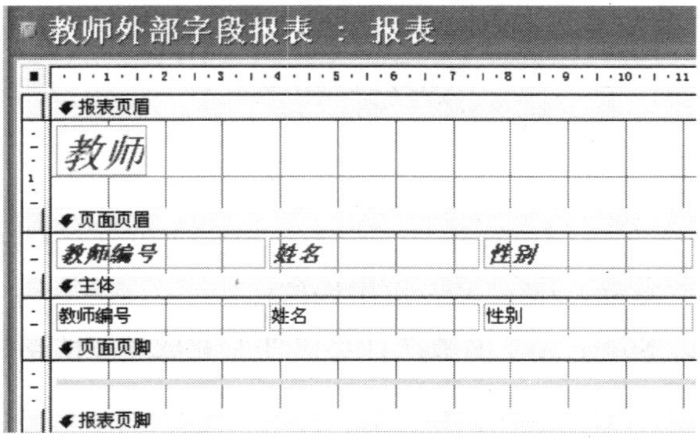

图 10-25 设计报表框架

(2) 在页面页眉中添加两个标签,名称分别为"系别"、"工作年限",在主体中"系别"标签的下面创建 1 个文本框,输入"=DLookUp("院系","系别","系别编号=' "&[系别编号]&" '")",在"工作年限"标签下输入"=Year(Date())−Year([工作时间])",如图 10-26 所示。显示结果如图 10-27 所示。

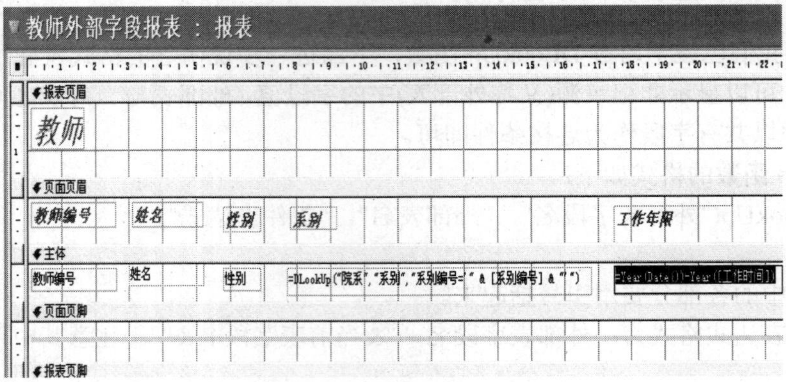

图 10-26 添加控件

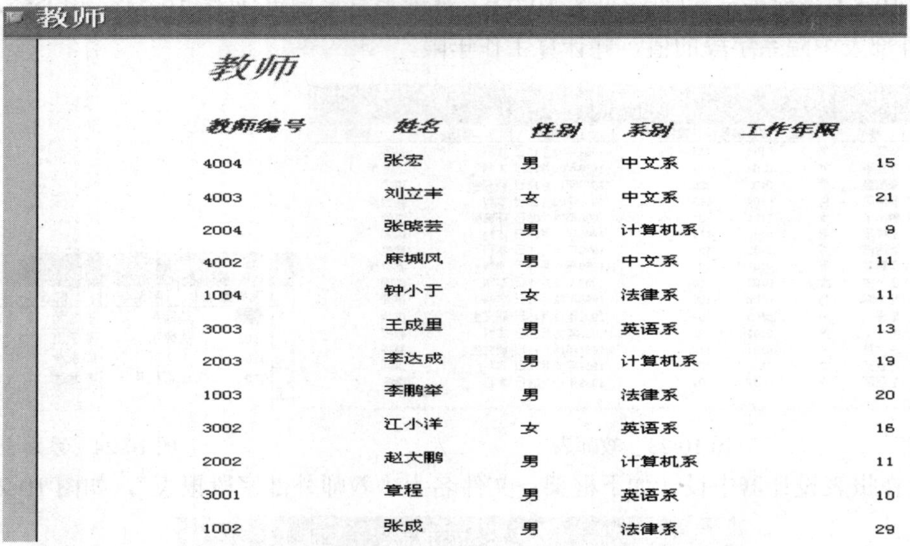
教师

教师

教师编号	姓名	性别	系别	工作年限
4004	张宏	男	中文系	15
4003	刘立丰	女	中文系	21
2004	张晓芸	男	计算机系	9
4002	麻城风	男	中文系	11
1004	钟小于	女	法律系	11
3003	王成里	男	英语系	13
2003	李达成	男	计算机系	19
1003	李鹏举	男	法律系	20
3002	江小洋	女	英语系	16
2002	赵大鹏	男	计算机系	11
3001	章程	男	英语系	10
1002	张成	男	法律系	29

图 10-27 显示结果

10.3.5 统计报表数据

在报表页脚节或组页脚节可以使用函数对整个报表或组进行统计操作。常用的统计函数有 Count(统计个数)、Sum(求和)、Avg(求平均值)。

【例10-6】用 Count、Sum、Avg 函数统计英语课专业成绩中的学生人数、精读课程的平均成绩及总成绩的报表数据。

总人数=Count([学号])

精读平均成绩=Avg([精读])

精读总成绩=Sum([精读])

报表布局如图 10-28 所示，运行结果如图 10-29 所示。

图 10-28　报表布局　　　　　　　　　　图 10-29　运行结果

10.3.6　数据排序与分组

1. 数据排序

【视图】→【排序与分组】→在左边列中选字段→在右边列中选排序方式。如果对多个字段排序，则选取字段的顺序就是排序次序。首先对第一个字段排序，当第一个字段的值相同时，再对第二个字段排序。

2. 数据分组

【例 10-7】以图 10-30 所示的"学生公共课成绩查询"为数据源，按照"姓名"字段分组，显示所选课程的名称、成绩，并计算平均成绩。

操作过程如下：

(1) 在报表设计器中打开"学生公共课成绩查询"，选择【视图】→【排序与分组】，弹出如图 10-31 所示的"排序与分组"对话框。在该对话框中的"字段/表达式"选项选"姓名"，"排序次序"选"升序"，"组页眉"选"是"，"组页脚"选"是"，关闭该对话框，设计视图中将显示组页眉和组页脚。

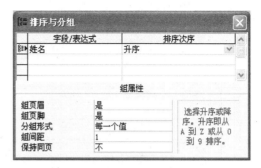

图 10-30　学生公共课成绩查询　　　　　　图 10-31　设置分组

(2) 在报表设计器中，将姓名、课程名称、成绩标签放在页面页眉处，将姓名文本框放在姓名页眉处，将课程名称、成绩两个文本框放在主体中，在姓名页脚处添加计算字段，表达式为=avg([成绩])。设计布局如图 10-32 所示，运行结果如图 10-33 所示。

图 10-32 设计布局

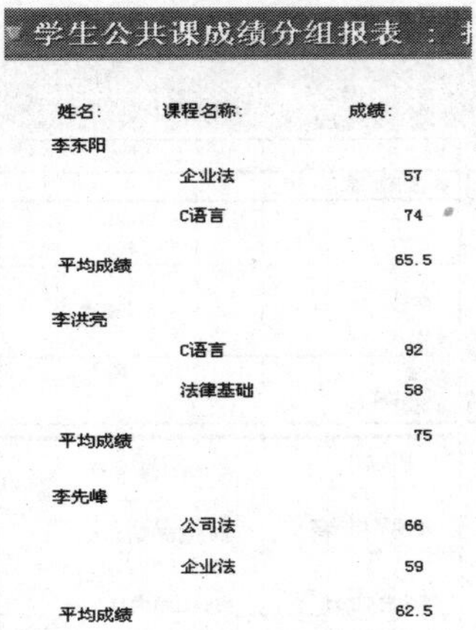

图 10-33 显示结果

10.4 主/子报表与标签报表

10.4.1 主/子报表

主/子报表类似于主/子窗体，是对建立了关系的两个表的操作。两个表都已单独建立了报表，然后将子表对应的报表插入到主表对应的报表中，主报表可以包含一个或多个子报表，也可以包含一个或多个子窗体。

【例 10-8】用主/子报表的方法显示学生表与公共课成绩表。

(1) 将学生表与公共课成绩表建立关系并实施参照完整性，然后分别建立报表，分别命名为主报表、子报表。

(2) 打开主报表设计视图，在数据库对象列表中选中报表对象有里的子报表，将子报表拖入主报表的设计视图，调整大小，如图 10-34 所示。

(3) 运行结果如图 10-35 所示。

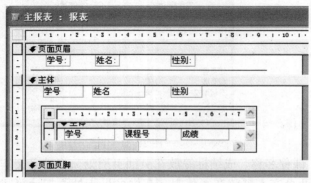

图 10-34 设计布局

图 10-35 运行结果

10.4.2　标签报表

标签报表是一种多列报表，在一页中显示多列数据。

【例 10-9】制作可以显示 4 列的标签报表。

(1) 添加字段，用矩形控件修饰，如图 10-36 所示。

(2) 选择【文件】→【页面设置】选项，在弹出的对话框中的"列"选项卡中列数选 4，行间距和列间距都选 0.4，宽度为 6.198 cm，高度为 1.7 cm，去掉"与主体相同"前的对钩，如图 10-37 所示。

(3) 运行结果如图 10-38 所示。

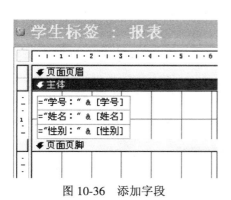

图 10-36　添加字段　　　　　　　　　　　　图 10-37　页面设置

图 10-38　运行结果

【例 10-10】创建标签向导。

具体操作步骤如下：

(1) 在数据库窗口中选择报表，单击工具栏上的【新建】按钮，调出"新建报表"对话框，选择"标签向导"选项，在下面的数据来源下拉列表框中选择"学生"表，如图 10-39 所示。

(2) 单击【确定】按钮，调出"标签向导"对话框之一，如图 10-40 所示，从中选择标签的型号、尺寸和生产厂商，这里选择"Avery"厂商和"C6101"型号的标签。

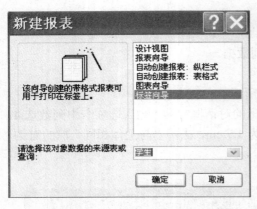

图 10-39 选择"标签向导"

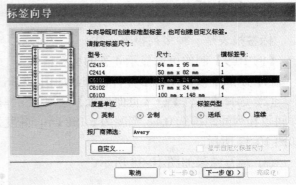

图 10-40 选择标签型号

(3) 单击【下一步】按钮，调出"请选择文本的字体和颜色"对话框，如图 10-41 所示。在该对话框中，可对文本外观的字体、字号、粗细及颜色进行设置。

(4) 单击【下一步】按钮，调出"请确定邮件标签的显示内容"对话框，如图 10-42 所示。在"标签向导"对话框中确定标签的显示内容。

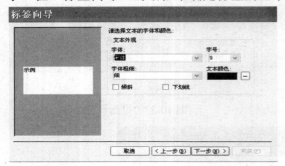

图 10-41 "选择文本的字体和颜色"对话框

图 10-42 确定邮件标签内容

(5) 单击【下一步】按钮，调出"按字段排序"对话框，如图 10-43 所示。在"标签向导"对话框中，可以选择一个或多个字段对标签进行排序。

(6) 单击【下一步】按钮，调出"标签向导"对话框之五，如图 10-44 所示。在"标签向导"对话框中输入报表的名称，同时选择"查看标签的打印预览"，显示运行结果，如图 10-45 所示。

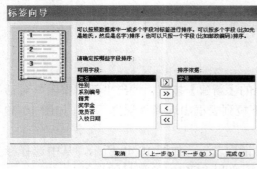

图 10-43 "按字段排序"对话框

图 10-44 输入标签名对话框

学号：080101	学号：080102	学号：080103	学号：080107
姓名：赵新运	姓名：李东阳	姓名：王民伟	姓名：王献立
性别：男	性别：男	性别：男	性别：男

学号：080201	学号：080202	学号：080203	学号：080204
姓名：张玉娟	姓名：孙红梅	姓名：钱永良	姓名：李先峰
性别：女	性别：女	性别：男	性别：男

学号：080301	学号：080302	学号：080303
姓名：李洪亮	姓名：王红燕	姓名：赵一婧
性别：男	性别：女	性别：女

图 10-45 运行结果

10.5 习　题

一、填空题

1. 一个复杂的报表设计最多可由报表页眉、报表页脚、_____、_____、_____五部分组成。

2. 报表页眉、页脚主要用于报表的_____、制作时间、制作者等信息的输出。

3. 报表有 3 种类型的视图，分别是_____、_____、_____。

4. 对报表进行_____的设置，可以使报表中的数据按一定的顺序及分组输出，同时还可以进行分组汇总。

5. 报表的_____部分是报表不可缺少的关键内容。

6. 报表要实现分组与排序，可通过指定_____字段、_____字段，并设置相关属性来实现。

7. 报表页眉的内容只能在报表的_____输出。

8. 报表数据的输出不可缺少的部分是_____。

9. 报表数据源可以是_____和_____。

二、选择题

1. 报表的功能是(　　)。

(A) 只能输入数据　　　　　　　　　　(B) 只能输出数据

(C) 可以输入/输出数据　　　　　　　　(D) 不能输入/输出数据

2. 以下对报表的理解正确的是(　　)。

(A) 报表与查询功能一样　　　　　　　(B) 报表与数据表的功能一样

(C) 报表只能输入/输出数据　　　　　　(D) 报表能输出数据和实现一些计算

3. 设置报表的属性，需在(　　)下操作。

(A) 报表视图　　　　　　　　　　　　(B) 页面视图

(C) 报表设计视图　　　　　　　　　　(D) 打印视图

4. 设置报表的属性，需鼠标指针指向(　　)对象，单击鼠标右键，弹出报表属性对话框。

(A) 报表左上角的小黑块　　　　　　　(B) 报表的标题栏处

(C) 报表页眉处　　　　　　　　　　　　　　(D) 报表的主体节

5. 要实现报表的分组统计，其操作区域是(　　)。

(A) 报表页眉或报表页脚区域　　　　　　　(B) 页面页眉或页面页脚区域

(C) 主体节区域　　　　　　　　　　　　　　(D) 组页眉或组页脚区域

6. 在报表的每一页的底部都输出信息，需要设置的区域是(　　)。

(A) 报表页眉　　　　　　　　　　　　　　　(B) 报表页脚

(C) 页面页眉　　　　　　　　　　　　　　　(D) 页面页脚

7. 新建报表的记录来源是(　　)。

(A) 数据表　　　　　　　　　　　　　　　　(B) 查询

(C) 数据表和查询　　　　　　　　　　　　　(D) 数据表和窗体

8. 要实现报表的总计，其操作区域是(　　)。

(A) 组页脚/页眉　　　　　　　　　　　　　(B) 报表页脚/页眉

(C) 页面页眉　　　　　　　　　　　　　　　(D) 页面页脚

9. 关于报表与窗体的区别，说法错误的是(　　)。

(A) 报表和窗体都可以打印预览

(B) 报表可以分组记录，窗体不可以分组记录

(C) 报表可以修改数据源记录，窗体不能修改数据源记录

(D) 报表不能修改数据源记录，窗体可以修改数据源记录

10. 子报表向导创建的默认报表布局是(　　)。

(A) 纵栏式　　　　　　　　　　　　　　　　(B) 数据表式

(C) 表格式　　　　　　　　　　　　　　　　(D) 递阶式

11. 要改变某报表控件的名称，应该选取其属性选项卡的(　　)页。

(A) 格式　　　　　　　　　　　　　　　　　(B) 数据

(C) 事件　　　　　　　　　　　　　　　　　(D) 其他

12. 子报表向导创建的子报表中每个字段的标签都在(　　)中。

(A) 报表页眉　　　　　　　　　　　　　　　(B) 页面页眉

(C) 组页眉　　　　　　　　　　　　　　　　(D) 报表标题

13. 要在报表页中主体节区显示一条或多条记录，而且以垂直方式显示，应选择(　　)。

(A) 纵栏式报表　　　　　　　　　　　　　　(B) 表格式报表

(C) 图表报表　　　　　　　　　　　　　　　(D) 标签报表

14. 要显示格式为"页码/总页数"的页码，应当设置文本框的控件来源属性是(　　)。

(A) [Page]/[Pages]　　　　　　　　　　　　(B) =[Page]/[Pages]

(C) [Page]&"/"&[Pages]　　　　　　　　　　(D) :[Page]&"/"&[Pages]

15. 要计算报表中所有学生的数学课程的平均成绩，在报表页脚节内对应数学字段列的位置添加一个文本框计算控件，应该设置其控件来源属性为(　　)。

(A) =Avg([数学])　　　　　　　　　　　　　(B) Avg([数学])

(C) =Sum([数学])　　　　　　　　　　　　　(D) Sum([数学])

16. 创建(　　)报表可以不使用报表向导，而直接使用设计视图。

(A) 纵栏式　　　　　　　　　　　　　　　　(B) 表格式

(C) 分组　　　　　　　　　　　　　　　　(D) 以上各种

17. 在报表设计中，以下可以作绑定控件显示字段数据的是(　　)。

(A) 文本框　　　　　　　　　　　　　　(B) 标签

(C) 命令按钮　　　　　　　　　　　　　(D) 图像

18. 要进行分组统计并输出，统计计算控件应该设置在(　　)。

(A) 报表页眉/报表页脚　　　　　　　　(B) 页面页眉/页面页脚

(C) 组页眉/组页脚　　　　　　　　　　(D) 主体

19. 要设置在报表第一页的顶部输出信息，需要设置(　　)。

(A) 页面页脚　　　　　　　　　　　　　(B) 报表页脚

(C) 页面页眉　　　　　　　　　　　　　(D) 报表页眉

20. 要设置在报表每一页的底部都输出信息，需要设置(　　)。

(A) 报表页眉　　　　　　　　　　　　　(B) 报表页脚

(C) 页面页眉　　　　　　　　　　　　　(D) 页面页脚

21. 要设置在报表每一页的顶部都输出信息，需要设置(　　)。

(A) 报表页眉　　　　　　　　　　　　　(B) 报表页脚

(C) 页面页眉　　　　　　　　　　　　　(D) 页面页脚

22. 要设置只在报表最后一页主体内容之后输出信息，需要设置(　　)。

(A) 报表页眉　　　　　　　　　　　　　(B) 报表页脚

(C) 页面页眉　　　　　　　　　　　　　(D) 页面页脚

23. 要实现报表按某字段分组统计输出，需要设置(　　)。

(A) 报表页脚　　　　　　　　　　　　　(B) 该字段组的页脚/页眉

(C) 主体　　　　　　　　　　　　　　　(D) 页面页脚

24. 要实现报表的分组统计，其操作区域是(　　)。

(A) 报表页眉或报表页脚区域　　　　　(B) 页面页眉或页面页脚区域

(C) 主体区域　　　　　　　　　　　　　(D) 组页眉或页脚区域

三、思考题

1. 报表和窗体有何区别？

2. 报表由几部分组成？各部分的含义是什么？

3. 报表页眉、页脚和页面页眉、页脚的关系如何？

4. 报表中如何实现对数据的排序和分组？

5. 报表中的计算公式常放在哪里？

6. 如何为报表插入页码和打印日期？

第 11 章　数 据 访 问 页

□□□□□□□

【教学目的与要求】

❖　掌握页中控件的使用方法
❖　掌握数据访问页属性的设置方法
❖　理解数据访问页的概念和功能
❖　了解各控件的作用
❖　了解数据访问页的存储位置

【教学内容】

❖　数据访问页概述
❖　创建数据访问页
❖　数据访问页的编辑

【教学重点】

❖　数据访问页的创建
❖　编辑数据访问页

【教学难点】

❖　数据访问页的创建
❖　编辑数据访问页

　　随着因特网的迅速发展和广泛应用，因特网已成为信息社会的一个重要的组成部分。越来越多的用户希望能在网络上浏览信息、编辑数据，自然也就需要将数据库应用系统运行于计算机网络上。这要求 Microsoft Access 跨网络存储和发送数据。Access 2003 提供了数据访问页。数据访问页是一种特殊的 Web 页，它允许用户使用 IE5.x 或以上版本查看和使用数据，给用户提供了跨因特网或内联网访问动态(实时)和静态(不可更新)信息的能力。

　　数据访问页是直接与数据库中的数据联系的 Web 页，用于查看和操作来自 Internet 的数据，而这些数据是保存在 Access 数据库中的。数据访问页可以用来添加、编辑、查看或处理 Access 数据库的当前数据，可以创建用于输入和编辑数据的页，类似于 Access 窗体，也可以创建显示按层次分组记录的页，类似于 Access 报表。在 Access 2003 的数据访问页中，相关数据还可以根据数据库中内容的变化而变化，以便于用户随时通过 Internet 访问这些资料。

11.1　Access 与静态 Web 页

创建 Web 页最简单的方法就是从用户熟悉的应用中导出现有的内容。将 Access 数据库对象导出为静态 Web 页或半动态的 Web 页，Access 只是发送当前的数据，而不会提供查询能力。

11.1.1　将 Access 表或查询导出为静态 Web 页

在将 Access 中的表或查询导出为静态或半静态 Web 页时，用户可以创建格式化的 Web 页，也可以创建非格式化的 Web 页。

1. 将 Access 数据表导出为静态 Web 页

下面介绍将 Access 数据表导出为静态 Web 页的方法。

(1) 打开数据库，在数据库窗口中的"表"对象中选中要导出的"学生"表。单击【文件】→【导出】菜单命令，打开"将表'学生'导出为"对话框，如图 11-1 所示。

图 11-1　将"表'学生'导出为"对话框

(2) 在"保存位置"下拉列表框中选择要保存的位置，在"保存类型"下拉列表框中选择"HTML 文档"类型，激活"带格式保存"复选框(选中该复选框才能对 HTML 格式化)，并激活"自动启动"复选框(选中该复选框)。

注意：如果不选择"带格式保存"复选框，直接单击【导出】按钮，则创建的是非格式化的 Web 页面，此时"HTML 输出选项"对话框不会出现。非格式化的 Web 页不包含格式化代码。

(3) 单击【导出】按钮，关闭该对话框，并弹出"HTML 输出选项"对话框，如图 11-2 所示。

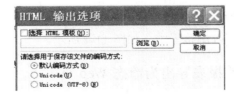

图 11-2　"HTML 输出选项"对话框

(4) 保持"HTML 输出选项"对话框的默认状态，单击【确定】按钮关闭对话框。Access 将自动对文件进行转换，并弹出格式化后的 Web 页面，如图 11-3 所示。

图 11-3 导出的格式化的 Web 页面

2. 将 Access 查询导出为静态 Web 页

将整个 Access 数据表导出为 Web 页，常常包含许多用户并不感兴趣的内容，所以大多数静态 Web 页只是包含数据表中相关记录和列的子集。使用查询可以指定在页面中出现哪些列和记录。利用具有不同准则的多个查询便可以创建一系列的 Web 页面，然后通过主页上的超链接打开指定的 Web 页。

用户可参照以下步骤来创建示例查询并将其导出为静态 Web 页。

(1) 打开"基础篇-学生成绩管理系统"数据库，创建一个"公共课成绩"查询，向查询设计视图中的表格添加姓名、课程名称、成绩三个字段。

(2) 切换到数据表视图并运行查询，然后选择【文件】→【导出】菜单命令，打开"导出查询"对话框。

(3) 在"导出查询"对话框中，为文件指定"保存位置"，在"文件类型"下拉列表框中选择"HTML 文档"，并选中"带格式保存"和"自动启动"复选框。

(4) 单击【保存】按钮关闭"导出查询"对话框，此时 Access 弹出"HTML 输出选项"对话框，单击【确定】按钮，查询结果将出现在默认的 Web 浏览器中，如图 11-4 所示。

图 11-4 导出的查询结果

11.1.2 将 Access 窗体或报表导出为静态 Web 页

可以用与导出表或查询类似的方式将 Access 窗体或报表导出为静态网页。与静态数据表不同的是，要导出一个多页窗体或报表，Access 需要创建多个 Web 页面，其中每个页面对应窗体或报表的一页。

Access 2003 报表的导出过程是不处理图形图像的。如果想把图形也导出，则必须为报表上的每一个图形创建一个 .jpg、.gif 或 .png 文件，然后手工添加 <IMG SRC="FILENAME.EXE">标记到每个报表页源代码的适当位置上。图形文件必须和想关联的 .html 文件保存在相同的文件夹中，否则就要在标记的"filename.exe"位置添加正确的完整路径。

11.1.3　链接 Web 页

Access 2003 不仅能导入本地计算机或网络服务器上的 HTML 表，还可以链接其他 Access 数据库生成的链接表数据和其他格式的数据。在 Access 数据库中，链接表数据使得用户能够读取并更新外部数据源中的数据，而不改变外部数据源的格式，因此可以继续用创建文件的程序来使用它，也可以用 Access 来添加、删除或编辑链接表数据。

要将 Web 页中的数据链接到 Access 中，应执行以下操作。

(1) 打开"基础篇-学生成绩管理系统"数据库，在数据库窗口中单击【文件】→【获取外部数据】→【链接表】菜单命令，并在弹出的对话框中选择一个需要链接的 HTML 文件。

(2) 单击【链接】按钮，在弹出的"链接 HTML 向导"对话框中选择是否在第一行包含列标题。如果选择"第一行包含列标题"复选框，则 Access 将把 Web 页中的列标题作为数据表的字段名称，否则将由用户自定义命名，如图 11-5 所示。

(3) 单击【下一步】按钮，在"字段选项"栏中设置字段名称、数据类型等选项，如图 11-6 所示。

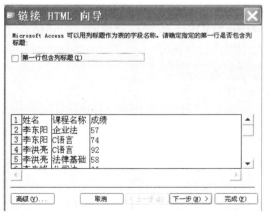

图 11-5　"链接 HTML 向导"对话框

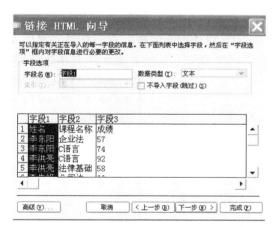

图 11-6　设置字段名称和数据类型

(4) 单击【下一步】按钮，在最后一个对话框中输入链接表的标题，单击【完成】按钮。这时链接表将出现在数据库窗口中。

如果确定数据只在 Access 中使用，则建议使用导入的方式，因为 Access 对其自身的表操作速度较快，而且还可以修改导入的表以满足需要。如果要使数据由 Access 以外的程序更新，则应该使用链接方式。

11.2　Access 与动态 Web 页

动态 Web 页允许用户创建自己的选择查询，并以表格形式返回定制的数据集，用户可以对其进行编辑或添加数据等操作。

11.2.1　ASP 概述

ASP(Active Server Pages)其实就是常说的动态网页。动态网页要比静态网页更生动、活泼。ASP 是一种成熟的 Microsoft 技术，使用该技术可以由包含在 .asp 文件中的指令生成与浏览器无关的 HTML 文件。

用户可以直接在 IE 浏览器中打开一个 ASP 文件，但不会看到任何内容。如果有默认属性安装的 FrontPage，则在 IE 浏览器中打开 ASP 文件将自动启动 FrontPage。

如果想要打开的 ASP 文件位于装有 PWS 或者 IIS 的机器上，则在 IE 浏览器中打开时可以使用传统的域名 URL 或 Internet URL，Web 服务器将自动执行 ASP 文件并生成 HTML 文件。

11.2.2　为 ASP 指定 ODBC 数据源

ASP 使用 ADO(Microsoft Active Data Object)来完成数据库的连接，但 Access 2003 导出功能没有使用 JET 自身的 OLE DB 数据提供者。因此，必须有一个 ODBC 系统或文件数据源支持有 ASP 文件的服务器上的数据库建立联系。

为 ASP 创建一个系统数据源，可按以下步骤操作。

(1) 启动控制面板，双击打开"管理工具"，打开"ODBC 数据源管理器"对话框，单击"系统 DSN"标签，显示所有系统数据源列表，如图 11-7 所示。

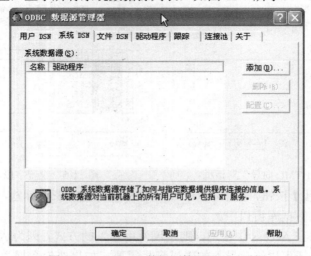

图 11-7　"ODBC 数据源管理器"对话框

(2) 单击【添加...】按钮，打开"ODBC Microsoft Access 安装"对话框，如图 11-8 所示。

(3) 在这个对话框中单击【选项>>】按钮，打开"选择数据库"对话框，指定数据库，如图 11-9 所示。

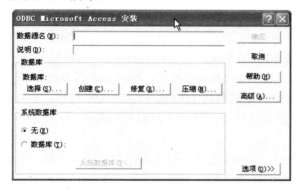

图 11-8 "ODBC Microsoft Access 安装"对话框　　　　图 11-9 指定数据库

(4) 单击【确定】按钮，返回"ODBC Microsoft Access 安装"对话框，单击【确定】按钮，关闭全部对话框，完成指定数据源，然后关闭控制面板。

11.2.3 将 Access 表导出为 ASP

要将数据库中的表导出为 ASP，可以执行以下操作。

(1) 打开数据库，在数据库窗口的"表"对象中选择要导出的表，然后选择【文件】→【导出】菜单命令，打开导出表对话框。

(2) 在对话框中的"保存类型"下拉列表框中选择"Microsoft Active Server Pages(*.asp)"选项，并选择"保存位置"和"文件名"。

(3) 单击【导出】按钮，Access 将弹出"Microsoft Active Server Pages 输出选项"对话框，在"数据源名称"文本框中输入 ODBC 数据源的名称(即前面创建的数据源的名称)，如图 11-10 所示。

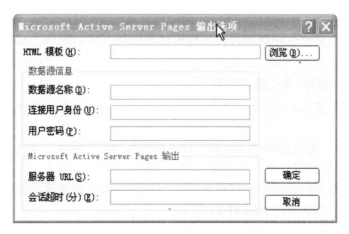

图 11-10 "Microsoft Active Server Pages 输出选项"对话框

(4) 如果愿意的话，指定一个 HTML 模板(或使用默认值)，单击【确定】按钮，就可以把 Access 表导出为 ASP 了。

Access 可以创建各种不同的 Web 页。如果在 Web 页面中直接处理数据库中的数据，则需要创建数据访问页，它直接连接着数据库中的数据。创建数据访问页和在 Access 中创建窗体或报表非常类似。

数据访问页作为一个独立的文件存储在 Access 2003 数据库文件之外的 .htm 文件中。.htm 文件使用 HTML 格式。这是一个标记构成的系统，所有经过这些标记描述的文件都可以在全球资源网(World Wide Web)上发布，能用如 Microsoft IE、Netscape 等 Web 浏览器来访问这些网站，并浏览这些网页。数据访问页就是利用 HTML 和 ActiveX 技术，连接到 Microsoft Access 数据库上的 Web 页。使用数据访问页，用户可以和其他人交互，便于在 Web 站点上提供动态数据。

数据访问页是一个独立的文件，保存在 Access 2003 之外，但当用户创建了一个数据访问页后，Access 2003 将在数据库窗口中自动为数据访问页添加一个图标。数据访问页与窗体、报表很相似，如它们都要使用字段列表、工具箱、控件、排序与分组对话框等。数据访问页能够完成窗体、报表所完成的大多数工作，同时又具有窗体、报表所不具备的功能，是使用数据访问页还是使用窗体和报表取决于要完成的任务。

11.3 数 据 访 问 页

一般情况下，在 Access 2003 数据库中输入、编辑和交互处理数据时，可以使用窗体，也可以使用数据访问页，但不能使用报表。通过因特网的输入、编辑和交互处理数据时，只能使用数据访问页实现，而不能使用窗体和报表。当要打印发布数据时，最好使用报表，也可以使用窗体和数据访问页，但效果不如报表。如果要通过电子邮件发布数据，则只能使用数据访问页。

11.3.1 新建数据访问页

创建数据访问页可以使用数据页向导和设计视图等方法。完成之后，页面就成为功能齐全的 HTML 文件。

1. 使用数据页向导创建数据访问页

创建数据访问页最简单的方法是使用 Access 数据页向导。按如下步骤可创建新的数据访问页。

(1) 打开数据库，在数据库的"对象"列表中选择"页"对象。双击"使用向导创建数据访问页"，打开"数据页向导"对话框。

(2) 从"表/查询"组合框中选择要创建数据访问页的"公共课成绩"表，从"可用字段"列表框中选择所需字段，如图 11-11 所示。

(3) 单击【下一步】按钮，进入向导分组级别窗口。在这个窗口中选中用作分组级别的字段，进行分组级别设置，如图 11-12 所示。

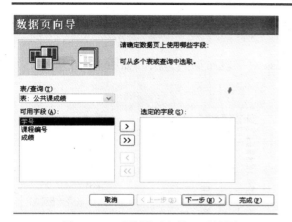

图 11-11 "数据页向导"对话框

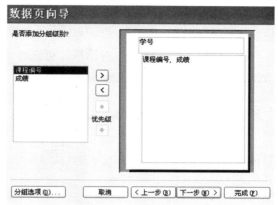

图 11-12 分组级别设置

(4) 单击【下一步】按钮，进入排序次序窗口，在该窗口中指定排序的字段，如图 11-13 所示。

(5) 单击【下一步】按钮，转到最后一个窗口，为数据库指定标题。在窗口的下方需要选择打开数据页或者修改数据页设计。选择【修改数据页的设计】单选按钮，如图 11-14 所示。单击【完成】按钮，关闭该对话框，Access 将自动生成数据访问页。

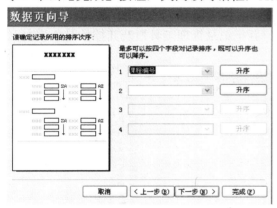

图 11-13 排序次序的设置

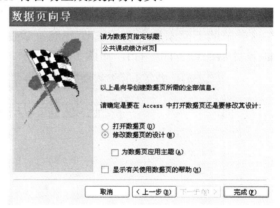

图 11-14 为数据库指定标题

2. 使用页面设计视图创建数据访问页

虽然创建数据访问页最简单的方法是使用向导，但是使用页面设计视图同样可以创建数据访问页。可以按照以下步骤创建新的数据访问页。

(1) 打开数据库，在数据库的"对象"列表中选择"页"对象。双击"在设计视图中创建数据访问页"，Access 警告创建的页不能在 Access 2000 或 Access 2002 的设计视图中打开，选择学生表为数据源。

(2) 单击【确定】按钮，打开页面设计视图，关闭属性表，如图 11-15 所示。

(3) 在"单击此处并键入标题文字"处单击，输入标题的名称"学生数据访问页"。

(4) 单击"将字段从'字段列表'拖放到该页面上"，从而选中该区域。选中了设计视图中的未绑定区域后，如果字段列表没有打开，则从菜单中选择【视图】→【字段列表】命令(或单击【字段列表】按钮)打开字段列表。

(5) 单击要制作页的源表，选择要使用的字段，并把它们拖到"将字段从'字段列表'拖到该页面上"区域。

(6) 打开"版式向导"对话框，可选择 Access 对字段布局的方法，如图 11-16 所示。

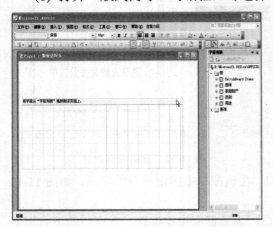 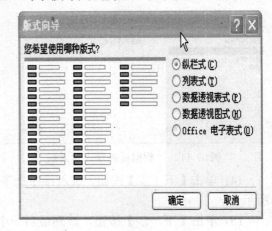

图 11-15　打开"字段列表"的页面设计视图　　　　图 11-16　　"版式向导"对话框

(7) 选择默认值，单击【确定】按钮，Access 将为每个字段创建输入框和标签。Access 对节标题进行修改(由"将字段从'字段列表'拖放到该页面上"修改为"页眉：学生 2)，在这一节的下面添加一个导航节(导航：学生 2)，并把记录管理工具栏及其控件对象放在上面(设计器的最下面一行)，如图 11-17 所示。

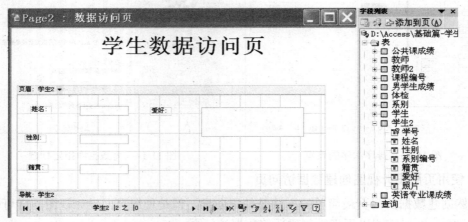

图 11-17　版式向导的最终调整结果

(8) 保存所做的工作，并为数据访问页命名。

保存之后，即可在 Access 2003 或 IE5.x 及更高版本中使用。这个页面只能在 Access 2003 中编辑。如果用户安装了 IE5.x 和 Office XP Web Components DLL，那么该页就可以在 Access 2000 和 Access 2002 中显示并使用了。

11.3.2　编辑数据访问页

在创建了数据访问页后，通过有效的编辑，还可以美化数据访问页的页面(如添加图片到命令按钮)，并增强其功能(如在数据访问页中添加、删除或更改控件、超链接等)。

1. 将现有 Web 页转化为数据访问页

在"页"对象中选择"编辑现有的网页"选项，可把任何已经存在的 HTML 文件载入到 Access 中。选择该选项时，会显示一个"定位网页"对话框，如图 11-18 所示，在其中可选择在 Access 中打开某个网页文件(格式是*.htm 或者*.html)。

图 11-18 "定位网页"对话框

按照以下步骤可打开并链接到要编辑的数据访问页。

(1) 在"页"对象中，双击"编辑现有的网页"，Access 打开"定位网页"对话框。

(2) 在"定位网页"对话框中选择要编辑的网页，单击【打开】按钮。

(3) Access 会在页面设计视图中打开 HTML 文件，在"字段列表"对话框中没有显示任何表，如图 11-19 所示。

图 11-19 编辑数据访问页

(4) 这时需要将数据访问页链接到当前数据库中相应的表。单击"字段列表"任务窗格中的【页链接属性】按钮(在"字段列表"对话框的工具栏中)，Access 打开"数据链接属性"对话框，并激活"连接"选项卡，如图 11-20 所示。

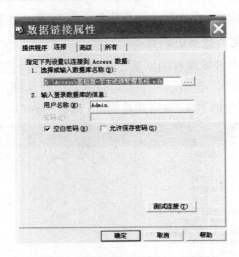

图 11-20　"数据链接属性"对话框

（5）单击"1. 选择或输入数据库名称"右边的按钮，Access 将打开"选择 Access 数据库"对话框。在该对话框中选择要连接的数据库并单击【打开】按钮，Access 将返回"数据链接属性"对话框，并在其中放入已经选择的数据库文件的名称。

（6）单击【测试连接】按钮以验证该连接是为当前 HTML 文件设立的，这时显示消息框通知用户测试成功完成。

（7）单击【确定】按钮，返回"数据链接属性"对话框。

（8）单击"数据链接属性"对话框中的【确定】按钮，Access 返回数据访问页，在"字段列表"对话框中打开显示表的字段。

（9）对所打开的 HTML 文件做任何需要进行的编辑修改。

（10）关闭页面，Access 激活一个对话框，询问用户是否保存对数据访问页进行的修改，单击【是】按钮保存所做的编辑并返回到数据库窗口。

在编辑现有的 Web 页时，Access 2003 自动使用和 Web 页同样的名称，并在"页"对象中显示与底层 HTML 文件同名的链接。

注意：如果正在编辑的现有 HTML 文件不包含任何可扩展标记语言(*.xml)代码，那么数据访问页仅仅显示静态数据；如果它包含 Internet Explorer 能理解的 XML 代码，那么它将创建一个显示动态 Web 页的表。

可以使用该方法编辑并链接到任何已有的 HTML 文件。在页面设计视图中，用户可以修改 HTML 文件的任一部分。但是，如果像上述步骤展示的 HTML 文件来自其他版本的 Access，那么在保存之后，就不能在老版本里对其进行修改了。

2. 使用超链接

Access 允许用户在数据访问页上插入多种数据库对象。其中，使用超链接是该对象的一个重要功能，可以使其真正实现 Web 页的功能，使用户对数据访问页的操作更加灵活。

要在数据访问页中插入超链接，可以按以下步骤操作。

（1）在设计视图中打开数据访问页，然后单击【插入】→【超链接】菜单命令，或者单击工具栏上的【超链接】按钮，Access 将弹出一个"插入超链接"对话框，如图 11-21 所示。

图 11-21　"插入超链接"对话框

(2) 在对话框左边的【链接到】列表中选择链接的类型，在中间的列表中选取链接的目标，选中后，在上面的"要显示的文字"文本框中自动显示出要显示的文字，在下面的"地址"中显示要链接的地址，也可以在这里手动输入要链接的地址以及要显示的文字。单击【确定】按钮，一个新的超链接就添加到页面上了。

(3) 调整新添加的超链接地址对象在数据访问页的设计视图中的位置。

(4) 保存并退出设计视图，返回数据库窗口。可以单击【视图】→【页视图】菜单命令，在视图中观察生成的数据访问页中超链接的显示效果。

3. 添加图片到命令按钮

对于共享的数据库来说，其外观、功能和安全性同样重要，在命令按钮上添加图片不仅可以吸引用户的注意，还可以更有效地提示用户按钮的功能。

要添加图片到数据访问页中的按钮上，用户可以按以下步骤操作。

(1) 在设计视图中打开数据访问页，单击选中要添加图片的命令按钮，然后单击工具栏上的【属性】按钮，或用鼠标右键单击【属性】按钮，在弹出的快捷菜单中选择"元素属性"命令，打开该按钮的属性对话框，如图 11-22 所示。

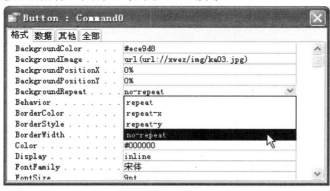

图 11-22　按钮属性对话框

(2) 在属性对话框中的"格式"标签中，在 BackgroundImage 文本框中按下列格式输入要使用的图片的位置：url(url:// 路径 / 图片名称)；在 BackgroundPositionX 和 BackgroundPositionY 文本框中指定图像的显示位置；在 BackgroundRepeat 中指定图像显示的份数。设置完毕后，关闭该按钮的属性对话框，返回设计视图。

4. 在数据访问页上创建图表

在 Access 2003 中，用户不仅可以在窗体或报表中添加图表，还可以在数据访问页中创建适用于网站的图表。

要在数据访问页上添加图表，用户可以按以下步骤操作。

(1) 在数据库窗口中的"页"对象中，选择要添加图表的数据访问页，在设计视图中打开该数据访问页。

(2) 单击工具箱中的【Office 图表】按钮，在数据访问页上的适当位置单击并拖动到所需大小为止，如图 11-23 所示。

图 11-23　在数据访问页中创建图表

(3) 选中图表对象，单击右键，在动态菜单中选择【命令和选项】，将会弹出"命令和选项"对话框，如图 11-24 所示。

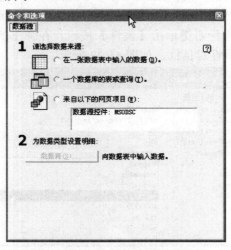

图 11-24　"命令和选项"对话框

(4) 在"命令和选项"对话框中，可根据需要选择数据的来源，此时数据访问页中也会随时变化。当选中"一个数据库的表或查询"单选框时，如果需要对数据类型设置明细，则可单击【连接】按钮，或者单击"数据明细"标签，打开"数据明细"选项卡，如图 11-25 所示。

图 11-25 "数据明细"选项卡

(5) 在"数据明细"选项卡中，用户可以指定数据是来自于数据成员、表或视图，还是来自于命令文本或 SQL。在"类型"选项卡中可以指定一种图表类型。关闭"命令和选项"对话框，返回页设计视图。

(6) 打开"字段列表"任务窗格，将所需要的字段拖到数据访问页的适当位置，数据访问页中的图表就基本创建完毕了，用户可以对图表进行自定义设置。

5. 在数据访问页上添加电子表格

Access 2003 允许用户向数据访问页中添加 Microsoft Office 电子表格组件，提供 Excel 工作表的某些功能，如输入数据、公式计算等。

要在数据访问页中添加电子表格，可以按以下步骤操作。

(1) 在数据库窗口中的"页"对象中，选择要添加电子表格的数据访问页，在设计视图中打开该数据访问页。

(2) 如果工具箱没有打开，则选择【视图】→【工具栏】→【工具箱】菜单命令打开工具箱。单击工具箱中的【Office 电子表格】按钮，然后在数据页上要添加电子表格控件的位置单击并拖动到合适位置释放鼠标左键，Access 将在数据页上添加 Office 电子表格控件，如图 11-26 所示。

图 11-26 在数据访问页上添加 Office 电子表格

(3) 在电子表格中的每一个单元格中可以输入数据或公式，或者直接导入需要用的数据。用鼠标右键单击添加的"Office 电子表格"控件，在快捷菜单中选择"命令和选项"命令，打开"命令和选项"对话框，如图 11-27 所示。

(4) 在"命令和选项"对话框中，用户可以通过对话框中的各选项卡对电子表格进行自定义设置。

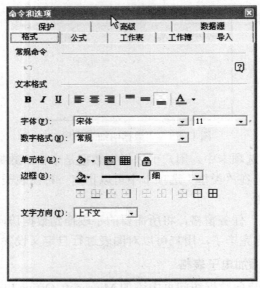

图 11-27　电子表格的"命令和选项"对话框

11.3.3　通过浏览器访问数据访问页

在 Access 2003 中创建的数据访问页可以在 Microsoft Internet Explorer 中运行。打开 IE 浏览器，在地址栏中输入数据访问页的路径和名称，按【Enter】键即可在浏览器中显示数据访问页。

为显示数据访问页，用户要在机器上安装 IE5.x(或更新版本)和 Microsoft Office XP Web Components(MSOWC)。实际上 Access 2003 是用 Internet Explorer 和 MSOWC(Office XP 版本)来显示和处理数据访问页中的信息的。

11.4　习　　题

一、填空题

1. "数据库访问页"可以将数据库中的_____转换成为 HTML 文件，为数据库用户提供了更强大的网络功能。

2. "数据访问页"是将 Access 数据库中的"表"或"查询"转换成可以在 Internet 上进行_____的数据库对象。

3. 有了"数据访问页",可以将数据库中的数据发送到_____服务器中,也可以通过浏览器访问"数据访问页"提供的_____。

4. 创建数据访问页通常有两种方法:_____、_____。

5. "数据访问页"的设计方法和窗体的设计方法_____。

二、选择题

1. 将 Access 中的数据在网络上发布可通过(　　)。
(A) 报表　　　　　　　　　　　(B) 查询
(C) 数据访问页　　　　　　　　(D) VBA 模块

2. 数据访问页的工具箱与窗体、报表工具箱中的工具箱有许多相同的图标,下面(　　)工具是其独有的。
(A) 　　　　　(B)
(C) 　　　　　(D)

3. 在"数据访问页"的工具箱中,为了在页中插入一段滚动文字,需使用的图标是(　　)。
(A) 　　　　　(B)
(C) 　　　　　(D)

4. 数据访问页中有 2 种视图方式,分别是(　　)。
(A) 设计视图与页面视图　　　　(B) 设计视图与浏览视图
(C) 设计视图与表视图　　　　　(D) 设计视图与打印浏览视图

5. 设置"数据访问页"使用主题,应做(　　)操作。
(A) 在"页"对象下单击"格式"下的"主题"
(B) 在"页"设计视图中单击"格式"下的"主题"
(C) 在"页视图"中单击"格式"下的"主题"
(D) 在数据库窗口中单击"格式"下的"主题"

6. 要为一个数据库访问页提供字体、横线、背景图像以及其他元素的统一设计和颜色方案的集合,可以使用(　　)。
(A) 标签　　　　　　　　　　　(B) 背景
(C) 主题　　　　　　　　　　　(D) 滚动文字

7. 制作数据访问页不可以使用(　　)。
(A) 自动数据访问页　　　　　　(B) 浏览器
(C) 数据访问页设计器　　　　　(D) 数据访问页向导

8. Access 通过数据访问页可以发布的数据(　　)。
(A) 只能是静态数据　　　　　　(B) 只能是数据库中保持不变的数据
(C) 只能是数据库中变化的数据　(D) 是数据库中保存的数据

9. 下列描述错误的是(　　)。
(A) 数据访问页是数据库的访问对象,它和其他数据库对象的性质是相同的
(B) Access 通过数据访问页只能发布静态数据
(C) Access 通过数据访问页能发布数据库中保存的数据
(D) 数据访问页可以通过浏览器打开

10. 将 Access 数据库中的数据发布在 Internet 上可以通过( )。

(A) 查询   (B) 窗体

(C) 表   (D) 数据访问页

11. 使用自动创建数据访问页功能创建数据访问页时,Access 会在当前文件夹下自动保存创建的数据访问页,其格式为( )。

(A) HTML   (B) 文本

(C) 数据库   (D) Web

12. 在 Access 中能在 Internet 上输入、编辑和交互处理数据的对象是( )。

(A) 表   (B) 报表

(C) 查询   (D) 数据访问页

三、思考题

1. 数据访问页与静态网页有什么差别? 如何将现有 Web 页转化为数据访问页?

2. 使用向导与自动创建页有何区别?

3. 如何将 Access 表或查询导出为静态 Web 页?

4. 简述在数据访问页中插入超链接的操作过程。

5. 简述在命令按钮上添加图片的操作过程。

6. 如何在数据访问页上创建图表和添加电子表格?

第 12 章 宏 和 模 块

□ □ □ □ □ □

【教学目的与要求】

❖ 掌握宏的创建
❖ 掌握条件宏的创建
❖ 掌握两个特殊宏的使用方法
❖ 掌握宏与窗体的综合应用
❖ 理解宏的定义
❖ 理解各个宏操作的作用
❖ 了解宏组的作用
❖ 了解宏组的创建
❖ 掌握 VBA 语言的基本语法
❖ 掌握在 Access 中使用模块的方法
❖ 了解模块的作用

【教学内容】

❖ 宏的基本概念
❖ 宏的创建
❖ 两个常用宏的创建和应用
❖ 使用宏创建菜单
❖ Access 中宏操作介绍
❖ 模块的基础知识
❖ VBA 程序设计基础
❖ 模块的创建
❖ 将宏转换成 VBA 代码

【教学重点】

❖ 创建宏、宏组和条件宏
❖ 两个特殊的宏
❖ 菜单宏的创建
❖ VBA 语言
❖ 模块创建

【教学难点】

- ❖ 创建条件宏
- ❖ 两个特殊宏的使用
- ❖ 菜单宏的创建
- ❖ VBA 编程

在 Access 中，除了数据表、查询、窗体、报表和数据页外，还有两个重要的对象，即宏和模块。用户不需要了解语法，也不需要进行编程，只是利用几个简单的宏操作就可以将已经创建的数据对象联系在一起，实现特定的功能。

12.1　宏的概念和基本操作

12.1.1　宏的概念

宏是 Access 2003 中执行选定任务的操作或操作集合。其中的每个操作实现的特定功能是由 Access 本身提供的。有了宏可以使多个任务同时完成，使单调的重复性操作自动完成。宏是一种特殊的代码，不具有编译特性，没有控制转换，也不能对变量直接进行操作。

宏也是一种操作命令，它和菜单操作命令是一样的，只是它们对数据库施加作用的时间有所不同，作用时的条件也有所不同。菜单命令一般用在数据库的设计过程中，而宏命令则可以在数据库中自动执行。

Access 中共有 53 种基本宏操作，这些基本的宏操作还可以组合成很多其他的宏组操作。实际上很少单独使用这些宏命令，常常是将这些宏命令排成一组，按顺序执行，以完成一种特定任务。这些宏命令可以通过窗体中控件的某个事件操作来实现，或在数据库的运行过程中自动实现。

Access 定义了许多宏操作，这些宏操作可以完成以下功能。

(1) 窗体和报表中的数据处理。例如，移动窗口，改变窗口大小，打开、关闭表单或报表，打印报表，执行查询等。

(2) 数据的导入、导出。

(4) 执行任意的应用处理模块。

(5) 为控制的属性赋值。

12.1.2　宏的创建

和创建其他 Access 对象一样，宏的创建过程也是在设计视图中完成的。与创建其他对象不同的是，创建宏的基本操作都是由系统完成的，用户只需对其中某些属性进行设置即可。

在 Access 中如果只是建立一个小型数据库，则通过使用 Access 丰富的宏功能完全可以实现，而无需使用更复杂的 VBA。

创建宏和宏组的区别在于：创建宏可以用来执行某个特定的操作，创建宏组则用来执行一系列操作。

宏是 Access 将要自动执行的任务列表。对于必须重复执行的任务，应考虑创建宏，这些任务包括打开和关闭窗体、打印报表以及在窗体上设置控件值。

1. 利用设计视图创建宏

宏设计视图用于宏的创建和设计，类似于窗体的设计视图。利用宏设计视图创建宏的操作如下所述。

(1) 打开要创建宏的数据库窗口。

(2) 在"对象"列表中选择"宏"对象，然后单击数据库工具栏上的【新建】按钮，进入宏设计视图窗口，如图 12-1 所示。

图 12-1 宏设计视图窗口

宏设计视图的上半部分有两列，左边"操作"列为每个步骤添加操作，右边"注释"列为每个操作提供一个说明，说明数据被 Access 所忽略。在宏的设计试图中还隐藏了"宏名"和"条件"两列。单击工具栏上的【宏名】按钮和【条件】按钮就可以显示这两列。

(3) 单击"操作"字段列的第一个单元格，再单击右侧向下箭头符号，打开宏操作下拉列表，从该列表中选择一个宏操作。

(4) 在设计视图的下半部分，可对所选宏操作的操作参数进行设置，同时所选定的操作的解释说明出现在设计视图的右下角，如图 12-2 所示。

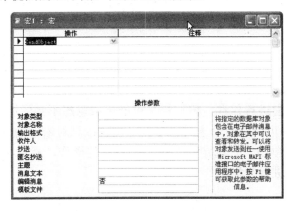

图 12-2 设置宏操作

可以直接在宏的设计视图的"操作"列中输入操作名，也可以从宏操作下拉列表中选择。当添加一个操作后，应当在"注释"列中加入说明性的文字，以便于将来使用时理解。

(5) 重复步骤(3)和步骤(4)的操作，直到输入所有的宏操作。

在定义一个或多个宏操作后，可能需要对其中的某些操作顺序进行改变。单击操作所在行端，该行将反色显示，此时可将它拖动到想要改变的位置。

2. 拖动数据库对象添加宏

除了可以在宏的设计视图中创建宏外，还可以利用拖动数据库对象的方法完成相应的宏操作。如果要快速创建一个在指定数据库对象上执行操作的宏，可以从数据库窗口中将对象直接拖放到宏设计视图窗口的操作行。

(1) 在数据库窗口"对象"列表中选择"宏"对象，单击【新建】按钮，打开宏的设计视图窗口。

(2) 单击【窗口】→【垂直平铺】命令，使窗口都显示在屏幕中，如图 12-3 所示。

(3) 在图 12-3 右半边的数据库窗口中，选择要拖动的数据库对象，并拖动到图 12-4 左半边宏设计窗口的第一行内。如果拖动的是宏，则添加执行此宏的操作；如果拖动的是其他对象，则添加打开相应对象的操作。

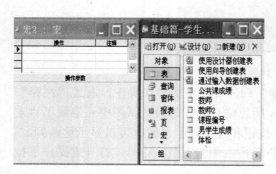

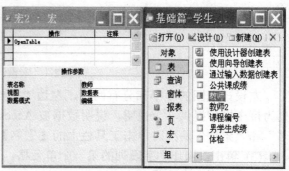

图 12-3　排列所有的窗口   图 12-4　将对象拖动到宏设计视图窗口

(4) 单击宏设计视图窗口中工具栏上的【宏名】按钮，在宏的设计视图窗口的最左侧添加一个"宏名"列，在此处可以为创建的宏命名。

3. 保存和复制宏操作

在创建宏之后必须进行保存，否则无法将其应用到窗体或报表等数据库对象。单击工具栏上的【保存】按钮，可以保存宏。虽然在运行尚未保存的宏时，Access 会请求对宏进行保存，此时也可以对宏进行保存，但这样又可能造成意想不到的错误。

在 Access 中，用户可以对整个宏进行复制，也可以只对宏中的某个操作进行复制。在复制某个操作时，需要单击"行选定器"选定要复制的操作，然后再单击工具栏上的【复制】按钮对选取的内容进行复制。

12.1.3　为宏操作设置条件

　　对宏操作进行一定的条件设置是非常必要的，如果没有为宏指定任何条件，则用户每次进入数据库的时候，所指定的宏操作都要执行。因此，必须对宏操作设置一定的条件以控制其运行。

　　其操作原理是：条件是逻辑表达式。宏将根据条件结果的真或假而沿着不同的路径执行。如果这个条件为真，则 Access 将执行此行中的操作，在紧跟此操作的"条件"栏内输入省略号，就可以使 Access 在条件为真时执行这些操作；如果这个条件为假，则 Access 会忽略这个操作以及紧跟着此操作在"条件"字段内有省略号的操作，并且移到下一个包含其他条件或"条件"字段为空的操作。

　　宏条件最多可达 255 个字符。如果条件比限定的长，则可转而使用 VBA 程序。

　　下面以实例说明创建条件操作宏的具体过程。

　　有一窗体"成绩"，其上有一个"请输入成绩"文本框(名为 score)和一个【确定】按钮，如图 12-5 所示。试编写宏操作"成绩分类"，使得在单击【确定】按钮时自动执行"成绩分类"。"成绩分类"将根据文本框中输入的成绩显示不同的提示信息，如果成绩大于等于 0 而小于 60，提示信息为"不及格"；如果成绩在 60～90 之间，提示信息为"及格"；如果在 90～100 之间，提示信息为"优秀"；否则显示提示信息"输入的成绩不正确，请重新输入"。

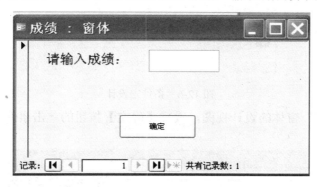

图 12-5　成绩窗体

其操作步骤如下：

　　(1) 在数据库窗口中选择"宏"对象，并单击【新建】按钮打开宏设计器。

　　(2) 执行【视图】→【条件】命令，或单击【条件】按钮，为宏添加条件列。

　　(3) 在第一行的"条件"单元格中输入"[score]>=0 And [score]<60"，"操作"单元格中选择"MsgBox"，并在"消息"文本框中输入"不及格"。

　　提示：在输入条件表达式时，如果要引用当前窗体或报表的值，则可以直接使用"[控件名]"，如"[score]"，也可以使用"[Forms]![窗体名]![控件名]"的形式，此时上述条件变为"[Forms]![成绩]![score]>=0 And [Forms]![成绩]![score]<60"。

　　(4) 在第二行的"条件"单元格中输入"[score]>= 60 And [score]<90"，"操作"单元格中选择"MsgBox"，并在"消息"文本框中输入"及格"。

　　(5) 在第三行的"条件"单元格中输入"[score]>=90　And　[score]<=100"，"操作"单

元格中选择"MsgBox",并在"消息"文本框中输入"优秀"。

(6) 在第四行的"条件"单元格中输入"[score]<0 Or [score]>100","操作"单元格中选择"MsgBox",并在"消息"文本框中输入"输入的成绩不正确,请重新输入"。

(7) 完成后的宏设计器如图 12-6 所示。关闭宏设计器并以"成绩分类"的名称保存宏的设计。

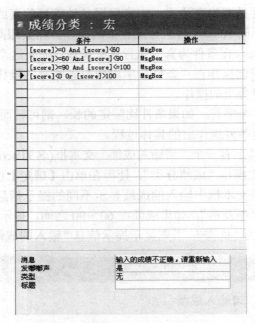

图 12-6 条件宏设计

(8) 打开"成绩"窗体的设计视图,设置【确定】按钮的单击事件为"成绩分类",如图 12-7 所示。

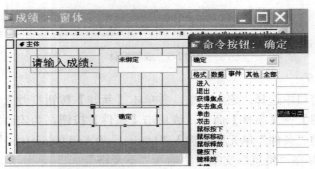

图 12-7 设置【确定】按钮的单击事件

在条件操作宏中,每行的"条件"只是对同一行的"操作"有约束力,而对其他的操作不起约束作用。因此,第一个操作条件不满足时,宏的其他几个操作仍可能执行。

12.1.4 宏的运行

创建了宏之后,可以在不同的位置上运行宏。运行宏通常有以下几种方法。

(1) 在数据库窗口中选择"宏"对象，双击相应的宏名运行该宏。

(2) 在宏的设计视图窗口中单击工具栏的执行按钮，执行正在设计的宏。

(3) 在菜单栏中单击【工具】→【宏】→【运行宏】菜单命令，弹出"执行宏"对话框，输入要运行的宏的名称，如图 12-8 所示。

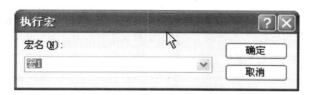

图 12-8　"执行宏"对话框

(4) 在窗体、报表、控件和菜单中调用宏。

(5) 将宏的名字设为 AutoExec，则在每次启动该数据库时，将自动执行该宏。

(6) 宏还可以嵌套执行，即在一个宏中可以调用另一个宏。在宏中加入操作 RunMacro，并将操作 RunMacro 的参数"宏名"设为"宏：打开窗体"，如图 12-9 所示。

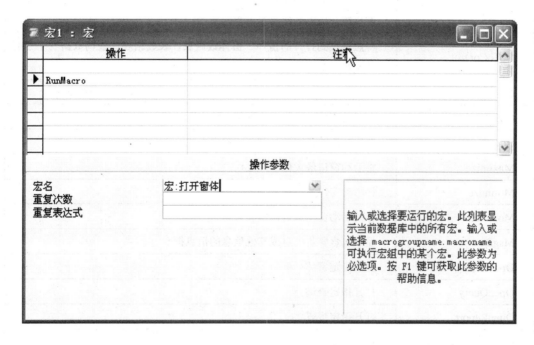

图 12-9　宏的嵌套

12.1.5 常用的宏操作

Access 在宏操作列表中提供了 53 种操作。在宏中添加了某个操作之后，可以在设计视图中设置这个操作的参数，通过参数向 Access 提供如何执行操作的附加信息。Access 常用的宏操作及其功能如表 12-1 所示。

表 12-1　Access 常用的宏操作及其功能

宏　　　名	功　　　能
AddMenu	把菜单添加到一个窗体或者报表的自定义菜单栏中，用来限制和决定表格所基于的记录类型序号
ApplyFilter	将一个过滤器或者查询放到一个表格中以筛选表格的记录显示
Beep	使计算机发出"嘟嘟"的响声向用户报警
CancelEvent	取消由宏指令启动的一个事件
Close	关闭一个对象
CopyObject	将数据库中一个指定的对象复制到另一个指定的数据库中
DeleteObject	删除一个选定的对象
DoMenuItem	执行 Access 工作画面上的菜单选项
Echo	隐藏或显示宏运行时的结果
FindRecord	查找符合指定条件的第一个记录
FindNext	查找符合指定条件的下一个记录
GoToControl	将焦点移到打开的窗体、窗体数据表、表数据表、查询数据表中当前记录的特定字段或控件上
GoToRecord	使指定的记录成为打开的表、窗体或查询结果集中的当前记录
GoToPage	在活动窗体中将焦点移到某一特定页的第一个控件上
HourGlass	使鼠标指针在宏执行时变成沙漏形状
Maximize	将活动窗口最大化
Minimize	将活动窗口最小化
MoveSize	移动活动窗口或者调整其大小
MsgBox	显示包含警告信息或其他信息的消息框
OpenForm	打开指定窗体
OpenQuery	打开指定查询
OpenReport	打开指定报表
OpenTable	打开指定表
OpenView	打开指定视图
PrintOut	打印激活的对象
Quit	退出 Microsoft Access
Rename	对一个指定的数据库对象重新命名
RepaintObject	重画指定对象或者活动数据库对象

续表

宏　　名	功　　能
Requery	通过重新查询控件的数据源来更新活动对象中特定控件的数据
Restore	将处于最大化或最小化的窗口恢复为原来的大小
RunApp	在 Access 中运行一个 Windows 或 MS-DOS 应用程序
RunCode	可调用 Visual Basic 的 Function 过程
RunMacro	运行选定的宏(该宏可以在宏组中)
RunSQL	使用相应的 SQL 语句运行一个活动查询
SelectObject	选择指定的数据库对象
SendKeys	把按键直接传送到 Access 或其他的 Windows 应用程序中
SetValue	对窗体、窗体数据表或报表上的字段、控件或属性的值进行设置
SetWarnings	关闭或者打开警告信息
ShowAllRecord	显示窗体的基本表或查询中的所有记录及结果集合
StopAllMacro	终止当前所有宏的运行
StopMacro	停止当前正在运行的宏
TransferDatabase	在 Access 数据库(.mdb)或 Access 项目(.adp)与其他的数据库之间导入、导出数据
TransferSpreadsheet	在当前 Access 数据库(.mdb)或 Access 项目(.adp)和电子表格文件之间导入、导出数据
TransferText	在当前 Access 数据库(.mdb)或 Access 项目(.adp)与文本文件之间导入、导出文本

12.1.6　应用示例

创建两个按钮：单击一个按钮打开 6.1 节中创建的"学生查询"，单击另一个按钮打开 8.1 节创建的"学生"窗体。

1. 创建宏

(1) 在"基础篇-学生成绩管理系统"数据库窗口中，选择"宏"对象，单击【新建】按钮，进入宏设计视图中，单击第 1 行"操作"栏中的单元格，然后单击向下箭头符号，在打开的"操作"下拉列表中选择"OpenForm"选项，在"窗体名称"下拉列表框中选择"学生"，如图 12-10 所示。关闭宏设计器，为该宏命名为"打开学生窗体宏"。

(2) 采用步骤(1)中类似的方法创建"打开学生查询宏"，如图 12-11 所示，这里"操作"下拉列表选择"OpenQuery"选项，"查询名称"下拉列表框中选择"学生查询"。

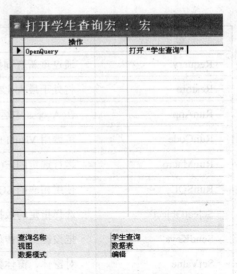

图 12-10 打开学生窗体宏　　　　　　　　　图 12-11 打开学生查询宏

2. 创建切换窗体

(1) 打开"基础篇–学生成绩管理系统"数据库，在"对象"列表中选择"窗体"对象，双击"在设计视图中创建窗体"选项，新建一个空白窗体。

(2) 在空白窗体中，单击工具箱中的【命令】按钮，添加一个命令至窗体，在命令按钮"格式"选项卡的"标题"中输入"打开学生窗体"，如图 12-12 所示。同样，再创建一个"打开学生查询"按钮，如图 12-13 所示。

图 12-12 创建【打开学生窗体】按钮

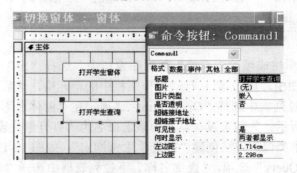

图 12-13 创建【打开学生查询】按钮

(3) 在【打开学生窗体】按钮的属性中，选择"事件"选项卡，在"单击"项中选择"打开学生窗体宏"，如图 12-14 所示。同样，在【打开学生查询】按钮的属性中，选择"事件"选项卡，在"单击"项中选择"打开学生查询宏"，如图 12-15 所示。

图 12-14 【打开学生窗体】按钮的属性

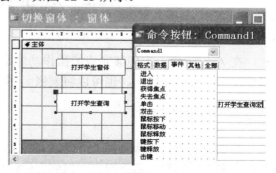

图 12-15 【打开学生查询】按钮的属性

(4) 关闭属性对话框，单击工具栏上的【属性】按钮，调出"窗体"对话框，在对话框的"全部"选项卡中设置此窗体的"滚动条"属性为"两者均无"，"弹出方式"属性为"是"，"记录选择器"属性为"否"，如图 12-16 所示。

(5) 保存并关闭该窗体，取名为"切换窗体"，如图 12-17 所示。

图 12-16 对创建的窗体进行设置

图 12-17 保存窗体为"切换窗体"

(6) 运行结果如图 12-18 所示，单击【打开学生窗体】按钮时会打开"学生"窗体，单击【打开学生查询】按钮时会打开"学生查询"。

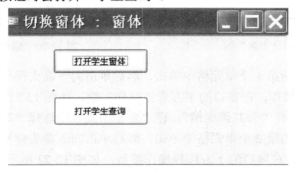

图 12-18 运行结果

12.2　宏组的创建与宏的嵌套

在 Access 中，宏能够完成的操作功能是十分强大的。用户可以通过建立宏组在宏中完成更多、更复杂的操作，也可以将宏嵌套到另一个宏或宏组以自动完成特定的任务。

12.2.1　宏组的创建

在创建宏时，如果要将几个相关的宏结合在一起完成某项特定的复杂操作，而不希望对单个宏进行触发，那么用户可以将它们组织起来构成一个宏组。

宏组是在一个宏中包含若干个宏，这些宏都有各自的名称和相应的宏操作，当用户熟悉了许多宏的功能之后，可根据实际需求对宏进行不同操作的组合。

下面介绍在 Access 中创建宏组的方法。

(1) 在数据库窗口的"对象"列表中选择"宏"对象，单击【新建】按钮，打开宏的设计视图窗口。

(2) 单击工具栏上的【宏名】按钮，将在设计视图窗口中上半部分的最左侧添加一个"宏名"列，如图 12-19 所示。

(3) 在新添加的"宏名"列的第 1 个单元格中单击，然后输入宏组的名称"宏组 1"，如图 12-20 所示。

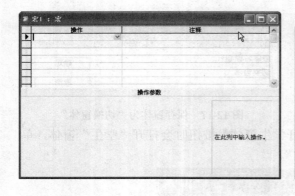
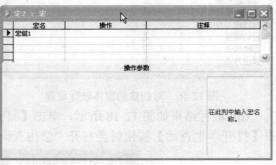

图 12-19　显示"宏名"列　　　　　　　　　　图 12-20　输入宏组的名称

(4) 在"操作"列的第 1 个单元格中单击，然后单击向下箭头符号，在打开的下拉列表中选择"OpenTable"操作，在窗口的下方选择操作参数，如图 12-21 所示。

在"表名称"中选择"公共课成绩"，在"数据模式"中选择"编辑"。

(5) 在"操作"列的第 2 个单元格中单击，然后单击向下箭头符号，在打开的下拉列表中选择"Close"操作，在窗口的下方选择操作参数，如图 12-22 所示。

图 12-21 设置"OpenTable"操作参数　　　　图 12-22 设置"Close"操作参数

在"对象类型"中选择"表",在"对象名称"中选择"公共课成绩"。

(6) 保存宏组,用刚才在第(2)步中输入的"宏名"作为宏组的名字,同时,该名字也是显示在数据库窗口"宏"对象中的宏和宏组列表中的名字,如图 12-23 所示。

图 12-23 保存宏组

可以按照上述方法添加两个或多个宏组,每个宏组中也可以包含多个宏操作。

宏组是多个宏的集中管理,要想使用宏组中的某个宏,不能直接使用宏的名字,而要使用语法"宏组名.宏名"。

12.2.2 宏的嵌套

在 Access 中,用户可以方便地完成对一个已有宏的引用,这可以节省用户的大量时间。如果要从某个宏中运行另外一个宏,则可以使用 RunMacro 操作,然后将 RunMacro 的操作参数"宏名"设置为希望运行的宏名称。

RunMacro 操作的效果类似于选择【工具】→【宏】→【运行宏】命令后再选择宏名。唯一的不同之处在于选择【工具】→【宏】→【运行宏】命令只运行一次宏,而采用 RunMacro 操作可以多次运行宏。

注意:RunMacro 操作除了"宏名"参数外还有两个参数:重复次数用来指定重复运行宏的最大次数;重复表达式的计算结果为 True(−1)或 False(0)。每次 RunMacro 操作运行时都会计算该表达式,当结果为 False(0)时,停止被调用的宏。

宏的嵌套可以按照以下步骤进行。

(1) 打开数据库,在"对象"列表中单击"宏"对象,在右边的列表框中选中要嵌套的宏或新建一个宏。

(2) 在操作列中单击单元格,在打开的下拉列表中选择"RunMacro"操作,然后将窗口下方的"操作参数"栏中的"宏名"文本框设置为要引用的宏,如图 12-24 所示。

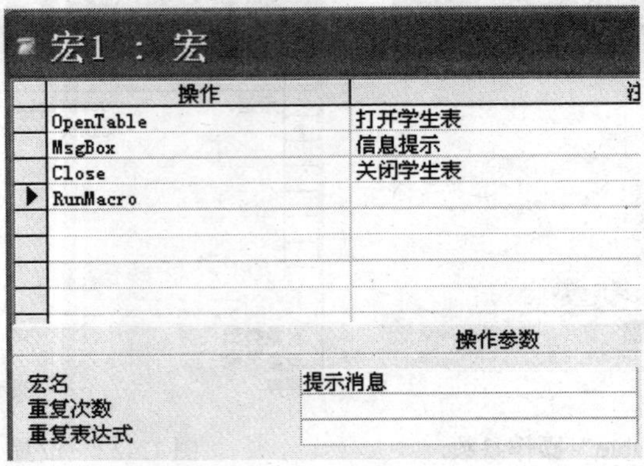

图 12-24 宏的嵌套

根据需要设置"重复次数"和"重复表达式"。

利用宏的嵌套功能，用户在创建新宏时，便可以根据需要引用已创建宏中的操作，而不用再在新建的宏中逐一添加重复操作。

用户还可以在 Visual Basic 程序中完成相同的操作,只要将 RunMacro 操作添加到 Visual Basic 程序中即可。

注意：每次调用的宏运行结束后，Access 都会返回到调用宏，继续进行该宏的下一个操作。用户可以调用同一宏组中的宏，也可以调用另一宏组中的宏。如果在"宏名"文本框中输入某个宏组的名称，则 Access 将运行该组中的第一个宏。

12.3 Visual Basic 简介

Access 提供了多种工具来使用表、查询、窗体和报表，而不必编写任何代码。但有时需要进行复杂的处理，或者希望对输入的数据进行有效性验证，或需要进行出错处理以获得更为健壮的应用程序，这就要用到 VBA(Visual Basic for Appiications)高级编程功能。

VBA 是一种现代的结构化编程语言，具有分支、循环等常用程序结构，能实现许多宏所不能完成的功能，并能通过 ADO 或 DAO 与任意 Access 数据库或 Visual Basic 数据类型交互。

12.3.1 VBA 编程的基本概念

VBA 是 Microsoft Office 办公软件的内置编程语言。VBA 与 Visual Basic 一样，都是以 Basic 语言作为语法基础的高级语言，使用了对象、属性、方法、事件等面向对象的编程概念。在 Access 中，如果遇到不能使用其他 Access 对象实现或使用其他 Access 对象实现起来很困难的情况，比如创建用户自定义函数、复杂的流程控制、错误处理，就需要使用 VBA 来编写代码，完成这些复杂的任务。

1. 面向对象编程的思想

VBA 是一种面向对象的编程方法，它具备模块化、分层化的特点，同时拥有一系列面向对象的基本特征，用户可以从中体会到面向对象编程的种种好处。

1) 面向对象的基本概念

面向对象编程中有以下几个重要的概念：

(1) 对象：面向对象编程的基本概念，指由描述该对象属性的数据以及可以对这些数据施加的所有操作封装在一起构成的统一体。对象可以看成是一个独立的单元。

(2) 类：指对具有相同数据和相同操作的一组相似对象的描述。

(3) 实例：由某个特定的类描述的一个具体的对象。可以说，类是运行时创建对象实例的模板，按照这个模板建立的一个个具体对象就成为类的实例。

(4) 属性：是类中用于描述对象特征的数据，还是对客观世界实体性质的抽象。属性由属性名和属性值组成。各个对象之所以能够分开，是因为它们的属性值不完全相同。比如区分不同的圆，就是看它们的圆心和半径，改变了这些属性值，就改变了圆这个对象的基本特征。

(5) 方法：对象所能执行的操作。换言之，就是对象所能够提供的服务。VBA 中的方法(服务)由过程或函数所组成。

(6) 消息：要求某个对象执行在定义它的那个类中所定义的方法的规格说明。VBA 中定义的每个对象可以通过消息接受用户的操作并做出识别和响应。另外，系统本身也能提供激活对象所需要的消息。

2) 面向对象的特点

目前存在着多种类型面向对象的编程语言，不同类型的编程语言其具体事项各不相同，但它们的特点是一致的。

(1) 抽象性：指对一个类或对象需要考虑其与众不同的特征，而无需考虑类或对象的所有信息，以便于用户集中精力来使用对象的主要特征，而忽略对象的内部细节。适当的抽象可以使用户和程序员的工作得到简化。这是在面向对象的程序设计中普遍采用的一种策略。

(2) 封装性：指将对象等属性和方法代码都集中在一个模块中，从而达到隐藏对象内部数据结构和代码细节的目的。对象好比一个黑盒子，对私有数据的访问或处理只能通过共有的方法来进行。用户可以自由使用一个对象，而不必理解类的内部实现方法。

(3) 继承性：指在面向对象的程序设计中，子类能够自动地共享基类中定义的数据和方法的性质。继承性使得相似的对象可以共享程序代码和数据结构，从而消除了类的冗余属性和方法。

(4) 多态性：指子类对象可以像父类对象一样使用，同样的消息可以发给父类对象，也可以发给子类对象。不同的对象按照它所属的类动态选用方法来响应。也就是说，在运行时，不同的对象能依据其类型确定调用哪一个函数。

此外，面向对象还具有重载等特点，有兴趣的用户可以参考专门描述面向对象方法的书籍。

3) 面向对象的优点

与传统方法相比，面向对象方法无疑具有更多的优点，这使它成为当今程序设计的发展方向。

(1) 面向对象方法与人类的习惯思维方法吻合。面向对象方法使用显示世界的概念抽象地思考问题，从而自然地解决问题。该法用对象的观点把事物的属性和行为两方面的特征封装在一起，使人们能够很自然地模拟客观世界中的实体，并按照人类思维的习惯方式建立起问题领域的模型。

(2) 面向对象方法的可读性好。采用面向对象方法，用户只需要了解类和对象的属性和方法，而无需知道它内部实现的细节就可以放心地使用。

(3) 面向对象方法的稳定性好。面向对象方法以对象为中心，用对象来模拟客观世界中的实体。当软件的需求发生改变时，往往不需要付出很大的代价就能够做出修改。

(4) 面向对象方法的可重用性好。用户可以根据需要将已定义好的类或对象添加到软件中，或者从已有类派生出一个可以满足当前需要的类。这个过程就像用集成电路来构造计算机硬件一样。

(5) 面向对象方法的可维护性好。面向对象方法允许用户通过操作类的定义和方法，很容易地对软件做出修改。另一方面，它使软件易于测试和调试。

2. 模块

模块一般是以 VBA 声明、语句和过程作为一个独立单元的结合。每个模块独立保存，并对处于其中的 VBA 代码进行组织。

Access 2003 包含两种基本类型的模块：一种是类模块，另一种是标准模块。

1) 类模块

类模块是指包含新对象定义的模块。当用户新建一个类的实例的同时也就创建了新的对象，在模块中定义的任何过程都会变成这个对象的属性和方法。

一般地，类模块又可以分为以下三种。

(1) 窗体模块：指与特定的窗体相关联的类模块。当用户向窗体对象中增加代码时，用户将在 Access 数据库中创建新类。用户为窗体所创建的事件处理过程是这个类的新方法。用户使用事件过程对窗体的行为以及用户操作进行响应。

(2) 报表模块：指与特定的报表相关联的类模块，包含响应报表、报表段、页眉和页脚所触发事件的代码。对报表模块的操作与对窗体模块的操作类似。

(3) 独立的类模块：在 Access 2003 中，类模块可以不依附于窗体和报表而独立存在。这种类型的类模块可以为自定义对象创建定义。独立的类模块列于数据库窗口中，用户可以方便地找到它。

2) 标准模块

标准模块是指存放整个数据库可用的函数和程序的模块。它包含与任何其他对象都无关的通用过程，以及可以从数据库的任何位置运行的常规过程。

3) 独立的类模块与标准模块的区别

独立的类模块与标准模块的主要区别在于范围和生命周期。独立的类模块没有相关的对象，声明的任何常量和变量都仅在代码运行的时候是可用的。

3. 过程

一个过程是指一个 VBA 函数单元。过程通常被定义为子程序，在其他程序中通过名字访问。

过程可以分为两类：子过程和函数过程。

1) 子过程(Sub)

子过程是指用来执行一个操作或多个操作，而不会返回任何值的过程。Access 2003 中的事件响应模块常常使用子过程来创建。

2) 函数过程(Function)

函数过程简称为函数，是指可以返回一个值的过程。这个特点使得用户可以在表达式中使用它们。VBA 包含很多可内置的函数，用户可以很方便地从中调用它们。

12.3.2 将宏转化为 Visual Basic 代码

如果要在应用程序中使用 Visual Basic，则用户可以将已有的宏转换为 Visual Basic 代码。如果希望在整个数据库中都使用代码，则用户可以直接在"数据库"窗口的对象"宏"中进行转换；如果要让代码、窗体、报表等数据库对象保存在一起，则可以在相关窗体或报表的设计视图中转换。

1. 在设计视图中转换

以窗体为例，将数据库中的窗体转换为 Visual Basic 代码，这样就可以将窗体和 Visual Basic 代码保存在一起。

(1) 打开"基础篇-学生成绩管理系统"数据库，单击"窗体"对象，选中其中的"公共课成绩"窗体，然后单击【视图】→【设计视图】命令，在设计视图中打开"公共课成绩"窗体。

(2) 在设计视图中，单击【工具】→【宏】→【将窗体的宏转换为 Visual Basic 代码】命令，弹出"转换宏"对话框，如图 12-25 所示。

图 12-25 "转换宏"对话框

(3) 清除第 1 个复选框，单击【转换】按钮，Access 弹出"将宏转换到 Visual Basic"消息框表示转换结束，如图 12-26 所示。

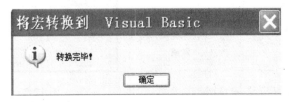

图 12-26 转换结束消息框

(4) 单击【确定】按钮关闭消息框，单击在数据窗口"对象"下的"代码"，选中"被转换的宏-打开教师表"，然后单击工具栏中的【代码】按钮，打开"Visual Basic 编辑器"窗口，其中含有由宏转换的代码，如图 12-27 所示。

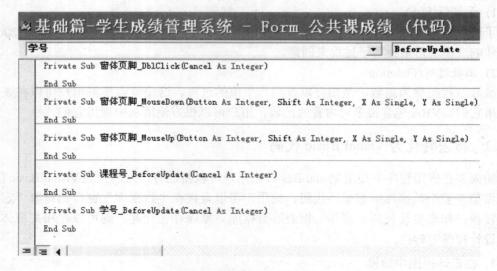

图 12-27 转换后的 Visual Basic 代码

当 Access 碰到 Visual Basic 代码行中的撇号(')时，将忽略该行撇号后的部分。在 Visual Basic 代码行中的任何部分，用户都可以使用撇号插入注释。

2. 从数据库窗口转换

从数据库窗口进行宏转换时，宏操作将被保存为全局模块中的一个函数，并在数据库窗口的"模块"对象中保存转化的宏。从数据库窗口中转换的宏可供整个数据库使用，且宏组中的每个宏不是转换成子过程，而是转换为不同的函数。

将在数据库中创建的宏转换为 Visual Basic 代码的操作步骤如下：

(1) 单击数据库窗口中"对象"列表中的"宏"对象，然后在右边的列表框中选中需要进行转换的宏。

(2) 单击【工具】→【宏】→【将宏转换为 Visual Basic 代码】命令，弹出"转换宏"对话框，如图 12-28 所示。

(3) 单击【转换】按钮关闭对话框，Access 将弹出"将宏转换到 Visual Basic"消息框，单击【确定】按钮结束转换过程，如图 12-29 所示。

图 12-28 "转换宏"对话框

图 12-29 转换结束消息框

除了上述方法以外，用户还可以选择【文件】→【另存为】命令，或者用鼠标右键单击需要转换的宏，然后在弹出的快捷菜单中选择【另存为】命令。在弹出的"另存为"对话框中的"将宏另存为"文本框中输入新的模块名，并从"保存类型"文本框中选择"模块"选项，然后单击【确定】按钮关闭对话框，这时 Access 弹出相应的"转换宏"对话框。

12.3.3 借助 Visual Basic 实现宏功能

虽然宏很好用，但它的运行速度比较慢，也不能直接运行很多 Windows 程序，尤其是不能自定义某些函数。这样当需要对某些数据进行特殊分析时也就无能为力了。

由于宏具有这些局限性，所以 Access 为用户提供了 Visual Basic 语言编写程序的能力，从而实现一些特殊的功能，然后将这些代码编译成拥有特定功能的模块，以便于调用。

1. 浏览"Visual Basic 编辑器"窗口

既然要编写 Visual Basic 程序，就需要先了解 Visual Basic 的开发环境。Visual Basic 的开发环境也就是"Visual Basic 编辑器"窗口。

用户可以单击数据库窗口"对象"列表中的"模块"对象，然后单击工具栏中的【新建】按钮，打开"Visual Basic 编辑器"窗口，如图 12-30 所示。

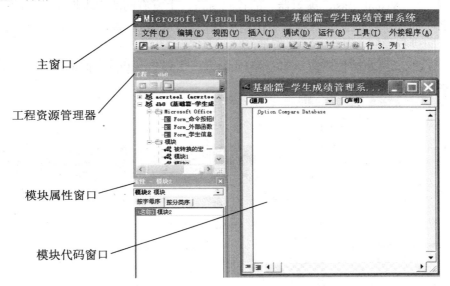

图 12-30 "Visual Basic 编辑器"窗口

"Visual Basic 编辑器"窗口主要包括主窗口、模块代码窗口、工程资源管理器和模块属性窗口等四部分。所有的 Visual Basic 程序都是在模块代码窗口中编写的。

模块代码窗口用来输入"模块"每一步的程序代码，工程资源管理器用来显示该数据库中所有的"模块"对象。当用户单击这个窗口中的任一"模块"选项时，就会在模块代码窗口中显示该模块的 Visual Basic 程序代码，同时"模块属性"窗口中就可以显示当前选定的"模块"所具有的各种属性。

在 Visual Basic 中，由于在编写代码的过程中会出现各种难以预料的问题或错误，所以编写的程序很难一次通过。这时就需要一个专用的调试工具快速查找程序中的问题，以便消除代码中的错误。

"Visual Basic 编辑器"中的【本地窗口】、【立即窗口】和【监视窗口】命令就是专门用来调试 Visual Basic 程序的。用户可以在"Visual Basic 编辑器"窗口中选择【视图】→【本地窗口】(【立即窗口】或【监视窗口】)命令打开本地窗口(立即窗口或监视窗口)。

2. 编写 Visual Basic 代码

下面介绍如何在"Visual Basic 编辑器"中编写代码来实现特定功能。用户可以利用 Access 提供的宏设计视图窗口创建一个消息框,也可以利用编写 Visual Basic 代码的方法实现上述功能。

(1) 在"Visual Basic 编辑器"窗口中,单击【插入】→【模块】命令添加一个模块,然后再单击【插入】→【过程】菜单命令,或单击工具栏上的【插入过程】按钮,打开"添加过程"对话框,如图 12-31 所示。

在"添加过程"对话框中输入过程名称并选择过程的类型和作用范围,同时还可以指定过程中使用的变量在退出过程后是否保持其值不变。如果用户选择"把所有局部变量声明为静态变量"复选框,则在过程中 Visual Basic 自动在局部变量前面添加 Static 关键字。过程定义完毕后,单击【确定】按钮即可。

(2) 切换到"Visual Basic 编辑器"的代码窗口,上方右侧的文本框中显示的是刚才添加的过程名,而在下方的空白区域只给出新添加的两行代码,该过程用到的所有代码都将在这两行之间进行编写,如图 12-32 所示。

(3) 在图 12-32 所示的代码窗口中添加 Function…End Function 之间的 Visual Basic 语句。

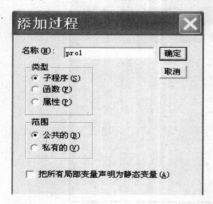

图 12-31　"添加过程"对话框

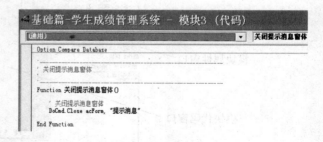

图 12-32　模块代码窗口

(4) 单击【保存】按钮保存代码,并给模块命名,如图 12-33 所示。关闭"Visual Basic 编辑器"窗口,切换到"数据库"窗口,刚才保存的模块的名称将出现在"模块 1"对象列表框中。

图 12-33　保存模块代码

(5) 单击数据库窗口"对象"列表中的"窗体"对象,在右边的列表框中选中"提示消息"窗体,单击【设计】按钮,在宏的设计视图中打开窗体,如图 12-34 所示。

(6) 单击【属性】按钮,打开窗体的"属性"窗口,单击"事件"选项卡,然后在"键释放"文本框中选择刚才建立的模块,如图 12-35 所示。

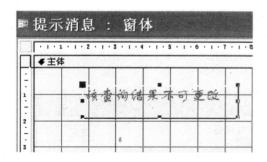

图 12-34 实施操作的窗体　　　　　　　　　图 12-35 "窗体"的属性窗口

除了上面介绍的先在"Visual Basic 编辑器"窗口编写代码，然后将其添加到窗体的事件属性实现宏操作以外，还可以通过窗体的事件属性打开"Visual Basic 编辑器"窗口，然后再编写程序代码来实现同样的功能。

(1) 单击数据库窗口"对象"列表中的"窗体"对象，选择需要添加宏操作的窗体，然后单击【新建】按钮，弹出"新建窗体"对话框，如图 12-36 所示。

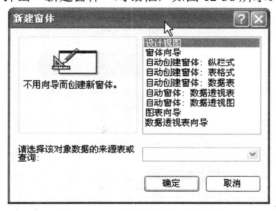

图 12-36 "新建窗体"对话框

(2) 在"新建窗体"对话框中选择"设计视图"选项，并单击【确定】按钮，弹出窗体的设计视图窗口，如图 12-37 所示。

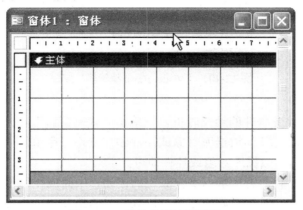

图 12-37 窗体的设计视图窗口

(3) 在设计视图窗口中，用鼠标右键单击窗体左上角的"窗体选择器"，并在快捷菜单中选择"属性"命令，在弹出的"属性"对话框中单击"事件"选项卡，如图 12-38 所示。

(4) 将光标插入到"击键"文本框中，然后单击右侧出现的【生成器】按钮，弹出"选择生成器"对话框，如图 12-39 所示。

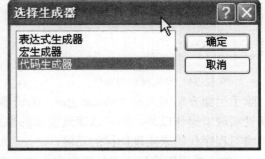

图 12-38 "属性"对话框   图 12-39 "选择生成器"对话框

(5) 在"选择生成器"对话框中，选择"代码生成器"选项，然后单击【确定】按钮。

(6) 在打开的"Visual Basic 编辑器"窗口中输入 VBA 语句，如图 12-40 所示。编写完代码后保存。

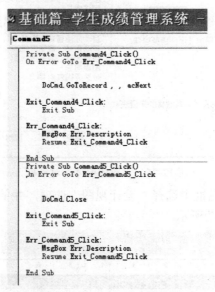

图 12-40 "Visual Basic 编辑器"窗口

注意：

● 如果用户需要改变事件的触发时机，则单击"代码窗口"右上方的列表框，从中选择需要的事件。如果要对其他数据库对象或控件添加操作，则单击"代码窗口"左上方的列表框，从中选择合适的数据库对象或控件即可。

● 用户可以在一个代码行中输入多个独立的语句，中间应使用冒号(:)隔开。如果语句很长，已经超出了屏幕宽度，则用户用行连续符将语句写入下一行，用户只需在行的间断点处输入空格和一个下划字符(_)，然后按【Enter】键将光标移到下一行即可。

3. 在 Visual Basic 中引用控件和属性

有时用户需要在表达式中引用某个控件或属性值，可以直接使用它们的名字进行调用。例如，要引用"学生"窗体上的"学生"文本控件，可以在表达式中输入"Forms！学生！[学号]"。如果数据库对象或控件的名字中有空格，则必须用方括号将名字括起来。如果"学生"窗体是当前活动窗体，则可以用 Me 代替标识符引用该控件(Me！Name)。

惊叹号(！)操作符表示随后的项目是用户自定义的内容，如果后面的项目是 Access 定义的内容，则用点符号(.)分隔。比如，要引用"学生"窗体中"学号"文本控件的"Enabled"属性，则输入"Forms！学生！[学号].Enabled"。

12.4　习　　题

一、填空题

1. 宏可以包括＿＿＿＿或＿＿＿＿操作代码，宏也可以由几个宏名组织在一起的＿＿＿＿构成。
2. 在数据库中，经常使用宏来方便、＿＿＿＿＿地完成对数据库的操作。
3. 因为有了宏，数据库应用系统中的不同对象就可以＿＿＿＿＿。
4. 运行宏组中的宏的命令是＿＿＿＿＿。
5. 自动运行宏的命令是＿＿＿＿＿。
6. 由多个操作构成的宏在运行时，按＿＿＿＿＿依次执行。

二、选择题

1. 以下关于宏的说法，错误的是(　　)。
(A) 宏可以由多个命令组合在一起　　　(B) 宏一次能完成多个操作
(C) 宏是一种编程的方法　　　　　　　(D) 宏操作码用户必须用键盘逐一输入
2. 用于打开一个窗体的宏命令是(　　)。
(A) OpenTable　　　　　　　　　　　(B) OpenReport
(C) OpenForm　　　　　　　　　　　(D) OpenQuery
3. 用于打开一个报表的宏命令是(　　)。
(A) OpenTable　　　　　　　　　　　(B) OpenReport
(C) OpenForm　　　　　　　　　　　(D) OpenQuery
4. 用于打开一个查询的宏命令是(　　)。
(A) OpenTable　　　　　　　　　　　(B) OpenrePort
(C) OpenForm　　　　　　　　　　　(D) OpenQuery
5. 以下关于宏的描述，错误的是(　　)。
(A) 宏均可转换为相应的 VBA 模块代码
(B) 宏是 Access 的对象之一
(C) 宏操作能实现一些编程的功能
(D) 宏命令中不能使用条件表达式

6. 用于关闭数据库对象的命令是( )。

(A) CLOSE　　　　　　　　　　(B) CLOSEALL

(C) EXIT　　　　　　　　　　　(D) QUIT

7. 用于显示消息框的命令是( )。

(A) INPUTBOX　　　　　　　　(B) MSGBOX

(C) MSGBOXO　　　　　　　　(D) BEEP

8. 用于从其他数据库导入、导出数据的命令是( )。

(A) TRANSFER DATABAS　　　(B) TRANSFER TEXT

(C) TRANSFER　　　　　　　　(D) TRANSFER FORM

9. 用于从文本文件导入、导出数据的命令是( )。

(A) TRANSFER DATABAS　　　(B) TRANSFER TEXT

(C) TRANSFER　　　　　　　　(D) TRANSFER FORM

10. 能够创建宏的设计器是( )。

(A) 窗体设计器　　　　　　　(B) 表设计器

(C) 宏设计器　　　　　　　　(D) 编辑器

11. 在 Access 中，自动启动宏的名称是( )。

(A) autoexec　　　　　　　　(B) TRANSFERTEXT

(C) TRANSFER　　　　　　　　(D) TRANSFERFORM

12. 在 Access 中，若不想在打开数据库时运行 AutoExeC 宏，则可在打开数据库时按( )。

(A) Del　　　　　　　　　　　(B) Ctrl + Del

(C) Shift　　　　　　　　　　(D) Ctrl + Shift

13. 下列宏操作的参数不能使用表达式的是( )。

(A) GoToRecord　　　　　　　(B) MsgBox

(C) OpenTable　　　　　　　　(D) MaxiMize

14. 某窗体中有一命令按钮，在窗体视图中单击此命令按钮打开另一个窗体，需要执行的宏操作是( )。

(A) OpenQuery　　　　　　　　(B) OpenReport

(C) OpenWindows　　　　　　　(D) OpenForm

15. 用于查找满足指定条件的第一条记录的宏命令是( )。

(A) Requery　　　　　　　　　(B) FindRecord

(C) FindNext　　　　　　　　　(D) GoToRecord

16. 用于指定当前记录的宏命令是( )。

(A) Requery　　　　　　　　　(B) FindRecord

(C) GoToControl　　　　　　　(D) GoToRecord

17. 某窗口中有一命令按钮，在"窗体视图"中单击此命令按钮，运行另一个应用程序。如果通过调用宏对象完成此功能，则需要执行的宏操作是( )。

(A) RunApp　　　　　　　　　(B) RunCode

(C) RunMacro　　　　　　　　(D) RunSQL

三、思考题

1. 什么叫宏？宏编程与普通编程相比有什么优势？

2. 如何将宏转换为 VBA 代码？转换后有什么优势？

3. 不使用宏组有什么不利之处？

4. 条件栏"…"的确切含义是什么？条件栏填写"No"有什么效果？

5. 一般触发宏经常使用哪些事件？记录和字段分别对应何种事件？

6. 什么叫对象的引用？绝对引用(如"Forms![颜色]！[红].BackColor")和相对引用(如"[红].BaCkColor")有何不同？

第 13 章　数据库的优化和安全

□□□□□□□

【教学目的与要求】

❖ 了解数据库的优化
❖ 了解数据库减肥
❖ 了解性能分析器的使用
❖ 了解数据库实用工具
❖ 了解数据库安全
❖ 掌握设置数据库打开权限
❖ 掌握加密和解密数据库
❖ 掌握保护一个将要公开发布的数据库

【教学内容】

❖ 数据库的优化
❖ 数据库减肥
❖ 使用性能分析器
❖ 数据库实用工具
❖ 数据库安全
❖ 设置数据库打开权限
❖ 加密和解密数据库
❖ 保护一个将要公开发布的数据库

【教学重点】

❖ 设置数据库打开权限
❖ 加密和解密数据库
❖ 保护一个将要公开发布的数据库

【教学难点】

❖ 使用性能分析器
❖ 数据库实用工具
❖ 设置数据库打开权限
❖ 加密和解密数据库
❖ 保护一个将要公开发布的数据库

数据库的性能和安全是制约数据库运行和使用的重要因素。对数据库进行优化，使数据库运行得更快，对数据库有着重要的意义。在 Access 2003 中优化数据库性能，加速数据库运行有许多方法，可以通过简单的操作使数据库运行得更快。对于多用户的数据库，安全性非常重要，尤其是放置在网络上的数据库。

13.1　数据库的优化

下面主要介绍 Access 2003 中优化数据库性能、加速数据库运行的各种方法。

13.1.1　数据库减肥

用户在利用 Access 2003 建立数据库时就会发现，还没有输入多少数据，数据库的体积就已经很庞大了，这时可以对数据库进行压缩减肥。

要减小数据库的体积，用户可以执行以下操作。

(1) 打开要进行减肥的数据库，然后单击【工具】→【选项】菜单命令，打开"选项"对话框。

(2) 在"选项"对话框中单击"常规"选项卡，选中"关闭时压缩"复选框，然后单击【确定】按钮，如图 13-1 所示。

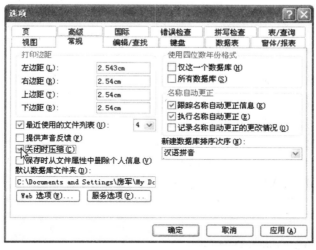

图 13-1　"选项"对话框中的"常规"选项卡

这时用户可以在数据库中输入少量的数据，保存退出。然后查看一下刚才保存的数据库文件，就会发现体积没有增大，反而缩小了。

13.1.2　使用性能分析器

Access 2003 带有一个分析器工具，该工具可以帮助用户测试数据库对象并报告改进性能的方式。但是分析器只能分析数据库对象，不能提供如何加速 Access 本身或基础操作系统的信息。

Access 分析器包括表分析器、性能分析器和文档管理器 3 个子工具。

1．表分析器

如果用户的 Access 数据库中的表在一个或多个字段中包含有重复的信息，则可以通过表分析器将数据拆分成为两个或多个相关的表。这样就能更有效地存储数据，这个过程称为规范化。

表分析器将包含重复信息的一个表拆分为每种类型的信息只存储一次的两个或多个独立表。这样使数据库的效率更高并易于更新，而且减小了数据库的大小。在向导分离数据后，通过使用向导创建的查询用户仍可以查看并使用数据。

要利用表分析器分割数据表，用户可以执行以下操作。

(1) 打开数据库，单击【工具】→【分析】→【表】菜单命令，打开"表分析器向导"对话框，如图 13-2 所示。单击【下一步】按钮，如图 13-3 所示。

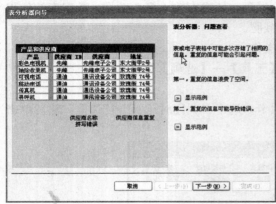
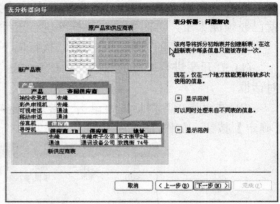

图 13-2　表分析器向导第 1 步　　　　　　　图 13-3　表分析器向导第 2 步

(2) 单击【下一步】按钮，进入到对话框的第 3 步，如图 13-4 所示。

(3) 在"表"列表框中选择有重复信息的表。如果希望在下次启动向导时不再显示引导页(即向导的前两个对话框)，则将对话框下方的"显示引导页"选定标识去掉即可。单击【下一步】按钮，进入向导的第 4 步，如图 13-5 所示。

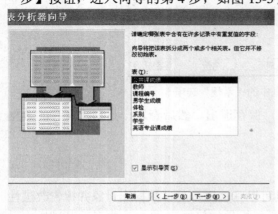
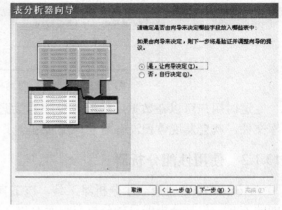

图 13-4　选择有重复信息的表　　　　　　　图 13-5　选定决定字段的方式

（4）在图 13-5 中，用户可以指定是由向导决定哪些字段放在哪些表中，还是由用户自己决定。如果指定由向导决定，则下一步就是验证并调整向导的建议。这里选择"否，自行决定"，然后单击【下一步】按钮，如图 13-6 所示。

（5）在图 13-6 中，用户可以将表中的重复字段拖动到空白区域中，释放鼠标，Access 将创建一个新表来包含所拖拽的字段，并可对表重命名和设置关键字段。设置完成，单击【下一步】按钮，如图 13-7 所示。

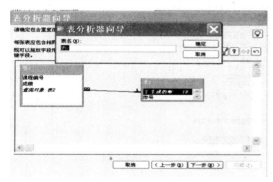

图 13-6　移动重复的字段到新表

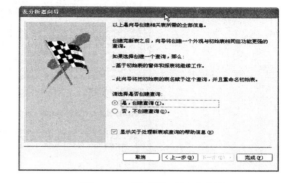

图 13-7　是否需要创建查询

注意：引用相同的记录，关键字应该完全相同，以便 Access 2003 将它们合并成一个唯一的记录。向导发现相似的记录，将给出可能的更正方案供用户选择。

（6）在图 13-7 中，用户可以指定是否创建一个查询。如果用户选择了"是，创建查询"，则基于基础表的窗体或报表将继续工作，而且向导将把初始表的名字赋予新创建的表，并且重命名初始表。单击【完成】按钮，结束表分析器向导。

注意：利用"表分析器向导"创建的查询可以同时更新来自多个表中的数据，而且该查询还提供了其他节省时间的功能，提高了数据的准确性。

2. 性能分析器

使用 Access 2003 提供的性能分析器可以优化 Access 数据库的性能。运行性能分析器，Access 将分析数据库合并，给出相应的优化方案、意见和建议，用户可以按照注释进行修改，从而优化数据库的性能。

利用性能分析器优化数据库可以按以下步骤操作。

（1）打开数据库，单击【工具】→【分析】→【性能】菜单命令，打开"性能分析器"对话框，如图 13-8 所示。

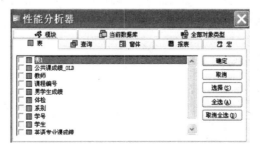

图 13-8　"性能分析器"对话框

(2) 在"性能分析器"对话框中单击要优化的数据库对象类型的选项卡(单击"全部对象类型"选项卡可以同时查看全部数据库的对象列表),在选中的选项卡中选择所要优化的数据库对象的名称,直到选中所有需要优化的数据库对象后,单击【确定】按钮,进行优化。

(3) Access 将对选中的数据库对象进行逐一优化并给出最终的分析结果,如图 13-9 所示。

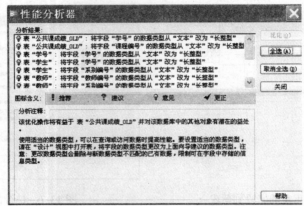

图 13-9 "性能分析器"的分析结果

(4) 单击"分析结果"列表框中的任一项,在列表下的"分析注释"列表框中将会显示建议优化的相关信息。Access 可以自动执行"推荐"和"建议"的优化,但"意见"优化必须由用户自己来执行。

(5) 选择一个或多个要执行的"推荐"或"建议"优化,然后单击"优化"按钮,"性能分析器"便会执行优化,并将完成的优化标记为"更正"。如果要执行"意见"优化,则可以在"分析结果"列表框中单击某个"意见"优化,然后按照"分析注释"列表框中显示的指导进行自定义优化。

3. 文档管理器

利用文档管理器可以选择对不同的数据库对象中包含的属性、关系和权限等内容进行查看和打印,便于用户更好地管理和改进数据库性能。

打开数据库,单击【工具】→【分析】→【文档管理器】菜单命令,打开"文档管理器"对话框,如图 13-10 所示。

图 13-10 "文档管理器"对话框

在文档管理器中包含 8 个选项卡，除了常用的 Access 数据库对象"表"、"查询"、"窗体"、"报表"、"宏"和"模块"外，还包括"当前数据库"和"全部对象类型"两个选项卡。

(1) "表"选项卡：在"表"选项卡中，用户可以选择一个或多个表，对其属性、关系等内容进行查看或打印。单击【选项】按钮可对打印表的内容进行自定义。单击"文档管理器"对话框中的【确定】按钮，Access 将自动对表文档进行分析、整理，然后在"打印预览"窗口中显示包含所有用户在"打印表定义"对话框中选定的选项的文档，这时用户可以选择【文件】→【打印】菜单命令进行打印。

(2) "查询"选项卡：在"查询"选项卡中，用户可以选择一个或多个查询，对属性等内容进行查看或打印，其操作方法和打印表定义完全相同。

(3) "窗体"和"报表"选项卡："窗体"和"报表"选项卡中的内容完全相同，用户可选择一个或多个窗体或报表的属性进行查看、打印。单击"选项"按钮，可以对窗体或报表包含的内容进行自定义。

(4) "宏"和"模块"选项卡："宏"选项卡包含数据库中创建的所有宏，包括作为系统对象的宏。如果用户要对宏中的内容进行自定义，则可以单击【选项】按钮，打开"打印宏定义"对话框。

在"模块"选项卡中单击【选项】按钮，打开"打印模块定义"对话框，在该对话框中，用户可以决定是否打印模块中的"属性"、"代码"和"用户和组权限"。

(5) "当前数据库"选项卡：在"当前数据库"选项卡中只有"属性"和"关系"两个选项。"属性"是指数据库属性，和数据库对象或控件的属性不同；"关系"是指数据库中所有表之间存在的关系。在"当前数据库"选项卡中，【选项】按钮不可用。

在"打印预览"窗口中，Access 将分别显示两两相关的表之间的关系及其强制类型，而不是像在"关系"窗口中那样显示整个数据库所有表的关系。

(6) "全部对象类型"选项卡："全部对象类型"选项卡中包含了前面 7 个选项卡中的全部对象。在该选项卡中，用户如果希望更改某个对象的内容，则需要先选中该对象，然后再单击【选项】按钮，Access 将根据用户选择对象的类型，决定打开的对话框中显示何种打印定义。

13.1.3　数据库实用工具

利用 Access 2003 的数据库实用工具可以完成多种操作，如转换数据库、压缩和修复数据库、数据库升迁和生成 MDE 文件等，从而实现数据库性能的进一步完善和提升。

1. 转换数据库

Access 默认的数据库格式是 Access 2000。利用转换数据库功能，用户可以将当前数据库转换为 Access 97 或 Access 2002～2003 文件格式。同样，当打开某个其他版本的数据库时，利用数据库转换功能还可以将该数据库转换为 Access 2000 格式。

转换文件格式可按以下步骤操作。

(1) 打开数据库，单击【工具】→【数据实用工具】→【转换数据库】→【转换为 Access 2002～2003 文件格式】菜单命令，打开"将数据库转换为"对话框。

(2) 在"将数据库转换为"对话框的"保存位置"列表框中选择某个文件夹，在"文件名"文本框中为新数据库命名。

(3) 单击【保存】按钮，Access 将自动处理并弹出警告对话框，提示用户转换数据库后将无法和其他版本 Access 用户共享新数据库，单击【确定】按钮，完成数据库转换。

2. 链接表管理器

在 Access 数据表中还有一种表，通常称为链接表。链接表是专门用于链接数据库文件和 HTML、XML 文件的数据表，这类表可以在链接管理器中进行优化。链接表的属性是不能更改的。

Access 2003 提供了"链接表管理器"工具，方便用户对数据库中创建的链接表进行查看、编辑和更新等操作。

当链接表的结构或位置发生更改时，用户就需要对数据库中的链接表进行查看并刷新链接，用户应执行以下操作。

(1) 打开"基础篇-学生成绩管理系统"数据库。

(2) 单击菜单栏中的【文件】→【获取外部数据】→【链接表...】，如图 13-11 所示，弹出"链接"对话框，如图 13-12 所示。

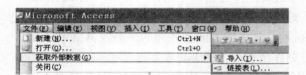

图 13-11　单击【链接表】命令　　　　　　　图 13-12　"链接"对话框

(3) 在"链接"对话框中，选择要链接的 HTML、XML 文件，例如选"教师.html"，单击【确定】按钮，按照向导的提示完成链接表的创建，数据库的表对象中出现"教师链接表"，如图 13-13 所示。

(4) 打开包含链接表的数据库，然后单击【工具】→【数据库实用工具】→【链接表管理器】菜单命令，打开"链接表管理器"对话框，如图 13-14 所示。

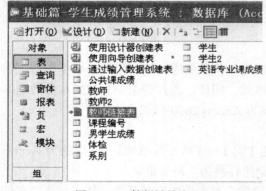

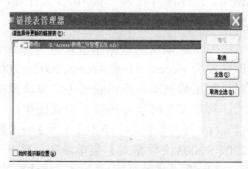

图 13-13　教师链接表　　　　　　　　　　图 13-14　"链接表管理器"对话框

(5) 在"请选择待更新的链接表"列表框中选择一个或多个表进行更新，然后单击【确定】按钮。

如果更新成功，则 Access 将提示确认；如果找不到该表，则 Access 将显示一个"选择'表名'的新位置"对话框以便指定表的新位置。

如果所选的表都已移到指定的新位置，则"链接表管理器"将搜索所有选定表的位置，然后更新所有的链接。

3. 更改链接表的路径

用户可以更改"链接表管理器"中选定的一组链接表的路径。操作步骤如下：

(1) 打开包含链接表的数据库，然后单击【工具】→【数据库实用工具】→【链接表管理器】菜单命令，打开"链接表管理器"对话框。

(2) 在"请选择待更新的链接表"列表框下选中"始终提示新位置"复选框，然后在"请选择待更新的链接表"列表框中选中要更改链接的表的复选框，单击【确定】按钮，打开"选择'表名'的新位置"对话框。

(3) 在"选择'表名'的新位置"对话框中指定链接表的新位置，然后单击【打开】按钮，Access 将弹出"刷新成功"对话框，单击【确定】按钮。

(4) 单击【关闭】按钮，关闭"链接表管理器"对话框。

注意："链接表管理器"并不移动数据库或表文件，若移动数据库或表后，可以利用"链接表管理器"更新链接，但"链接表管理器"不能刷新被链接后其名称已更改的 Access 表的链接，则必须先删除当前链接表，然后重新链接这些表。

4. 拆分数据库

将大型数据库拆分为相对独立的较小数据库，可以减轻数据库在多用户环境下的网络通信负担，还可以使后续的前端开发不影响数据或不中断用户使用数据库，因为 Access 提供的"拆分数据库"实用工具将表从当前数据库移到后端数据库中进行处理。数据库拆分器拆分数据库可按以下步骤操作。

(1) 打开要拆分的数据库，然后单击【工具】→【数据库实用工具】→【拆分数据库】菜单命令，打开"数据库拆分器"对话框，如图 13-15 所示。

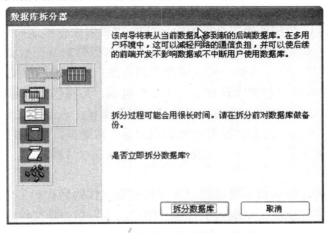

图 13-15　"数据库拆分器"对话框

(2) 在"数据库拆分器"对话框中，Access 提示用户拆分数据库将花费大量时间，因此，拆分数据库前最好做好数据库备份。

(3) 如果要立即拆分数据库，单击【拆分数据库】按钮，则 Access 将弹出"创建后端数据库"对话框。在该对话框中用户可以为后端数据库指定一个新名字和保存位置。

(4) Access 将对数据库进行自动拆分，然后弹出"数据库拆分成功"对话框，单击【确定】按钮完成数据库的拆分。

13.2　数据库的安全

如果在单机、单人作业的环境中只有一个用户，则没有必要对数据库进行安全设置。但如果在多用户环境中使用，则数据库的安全问题就必须考虑。采取措施保证数据库的安全对于可以在网络上共享的 Access 2003 数据库显得尤为重要。

13.2.1　设置数据库打开权限

用户级安全机制是帮助保护单机环境下的 Access 数据库的最佳方法。使用用户级安全机制可以防止用户不小心更改应用程序所依赖的表、查询、窗体或宏而破坏应用程序，还可以帮助保护数据库的敏感数据。

在用户安全机制下，当用户启动 Microsoft Access 时必须输入正确的密码。每一个用户都由一个唯一的标识代码(即个人 ID)来表明身份，通过个人 ID 和密码在工作组信息文件中标识为已授权的用户，同时标识该用户为指定组的成员。Microsoft Access 2003 提供两个默认组：管理员组和用户组，也可以定义其他组。

注意：用户一定要确保记下正确的名称、组织和工作组 ID，包括字母的大小写等，并将其放置在安全的地方。如果要重新创建工作组信息文件，则必须使用相同的名称、组织和工作组 ID。如果用户遗忘或丢失了这些数据，则 Access 将无法恢复，因而无法访问该数据库。

使用"设置安全机制向导"可帮助用户很容易地设置用户安全机制，它可以通过有限的几个步骤来为 Access 数据库设置全新的安全功能。"设置安全机制向导"可帮助用户指定权限、创建用户账户和组账户。在运行该向导后，还可以针对某个数据库及其已有的表、查询、窗体、报表或宏，在工作组中修改或删除用户账户和组账户的权限。

要利用安全机制向导对数据库设置用户级安全机制，可按以下步骤操作。

(1) 打开要设置安全机制的数据库，单击【工具】菜单，选择【安全】子菜单下的【设置安全机制向导】菜单项，打开"设置安全机制向导"对话框，如图 13-16 所示。

(2) 单击【下一步】按钮，进入"设置安全机制向导"对话框的下一个窗口，如图 13-17 所示。

(3) 在图 13-17 所示的窗口中可以指定工作组信息文件的名称和工作组 ID(WID)。其中，WID 是由 4～20 个字母或数字组成的字符串。用户还可以指定该文件成为所有数据库的默认工作组信息文件，或者指定创建快捷方式，以打开工作组中增强安全机制的数据库。这里选择【创建快捷方式，打开设置了增强安全机制的数据库】单选按钮，进入下一个窗口，如图 13-18 所示。

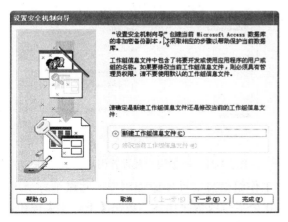
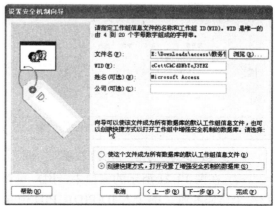

图 13-16　"设置安全机制向导"对话框　　　　图 13-17　设置工作组 ID(WID)

（4）在图 13-18 所示的窗口中，选择要建立安全机制的对象，Access 默认检查所有已有的数据库对象和运行该向导后创建的新对象的安全性。单击【下一步】按钮，进入下一个窗口，如图 13-19 所示。

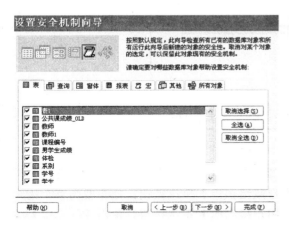
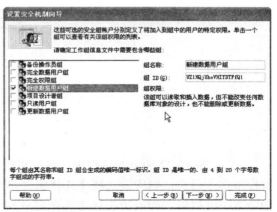

图 13-18　选择建立安全机制的对象　　　　图 13-19　设定特定权限和 WID

（5）在图 13-19 所示的窗口中，用户可以从所有的安全组账户中选择需要包含的组中用户的特定权限，然后在"组 ID"文本框中为每个组指定唯一的 WID。单击【下一步】按钮，进入下一个窗口，如图 13-20 所示。

（6）在图 13-20 所示的窗口中，可以为用户组授予某些权限。选中【是，是要授予用户组一些权限】单选按钮，在对话框下方的选项卡中，单击需要赋予权限的数据库对象标签，然后选中要赋予的权限复选框，单击【下一步】按钮，进入下一个窗口，如图 13-21 所示。

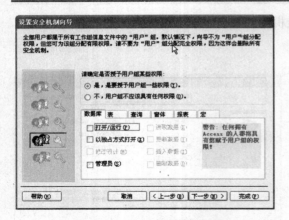

图 13-20　为用户组赋予权限　　　　　　　图 13-21　添加用户及设置用户的密码和 ID

(7) 在图 13-21 所示的窗口中，用户可以向工作组信息文件中添加用户，并赋予每个用户一个密码和唯一的个人 ID(PID)。PID 由 4～20 个字母或数字组成。单击【下一步】按钮，进入下一个窗口，如图 13-22 所示。

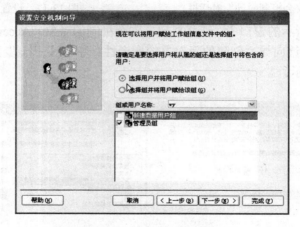

图 13-22　将用户赋予组

(8) 在图 13-22 所示的窗口中，可以将用户赋给工作组信息文件中的组。如果要为一个组指定多个用户，则应该选择【选择组并将用户赋给该组】单选按钮；如果要为某个用户指定多个组权限，则应该选择【选择用户并将用户赋给组】单选按钮。单击【下一步】按钮，在最后一个窗口中指定无安全机制数据库备份副本的名称，单击【完成】按钮关闭对话框，结束向导。

在完成"设置安全机制向导"之后，Access 2003 将显示一个设置报表，该报表是用来创建工作组信息文件中的组和用户的。一定要将该报表保存好，因为要重新创建工作组信息文件，这一信息是必需的。

13.2.2　加密和解密数据库

在加密数据库之前，任何方式的用户级安全都不彻底。加密数据库可以防止其他人使用文本编辑器或磁盘工具应用程序来阅读数据库中的数据。但对数据库进行加密会使

Access 对数据库中的对象的操作变慢，原因是要花更多的时间来解密数据。只有管理员组中的成员才可以加密或解密数据库文件。要对数据库文件进行加密或解密，首先应确保保存该数据库文件的计算机硬盘有足够的空间来创建要加密或解密的数据库副本。加密或解密使用【编码/解码数据库】命令，可按以下步骤进行。

(1) 如果数据库还没有打开，单击【工具】→【安全】→【编码/解码数据库】菜单命令，打开"编码/解码数据库"对话框。

(2) 在"编码/解码数据库"对话框中，选择需要编码或解码的数据库文件，然后单击【确定】按钮，关闭该对话框。

这时，Access 将弹出"数据库编码(或解码)后另存为"对话框，打开的对话框标题条会提示用户在本操作中该文件是被加密还是解密。在对话框中指定要被创建的编码或解码文件名和保存路径，通常需要输入和原文件名相同的名称。如果编码或解码不成功，则 Access 不会替换该文件的原本。

注意：在以前版本的 Access 中，不允许对任何正在被用户组(包括管理员用户组)使用的数据库文件进行"编码/解码数据库"操作。在 Access 2003 中，用户可以直接选择【工具】→【安全】→【编码/解码数据库】菜单项来打开"编码/解码数据库"，也可以先打开数据库，然后对其进行编码或解码操作。这是 Access 2003 的新增功能。

13.2.3　保护一个将要公开发布的数据库

为了发布的数据库的安全，设置多个用户对数据库中所有对象的权限的安全细节显得不是特别重要。一般来说，发布时唯一要考虑的是应用程序中对象和代码的安全性。保护一个将要公开发布的数据库可以按照以下方法进行操作。

(1) 创建一个和数据库一起发布的工作组。

(2) 在管理员组中删除管理员用户。

(3) 删除用户组的所有权限。

(4) 删除管理员用户对数据库中所有对象的设计权限。

(5) 不为管理员用户提供密码。

如果不为管理员用户设置密码，则 Access 将把所有登录的用户都当作管理员用户。因为管理员用户没有对任何对象的设计权限，所以用户不能在设计视图中访问对象和代码。另外一种保护应用程序代码、窗体和报表安全性的更好的方法是将数据库作为 MDE 发布。在将数据库保存为 MDE 文件时，Access 会编译所有的模块代码(包括窗体模块)，去掉所有的可编辑源码并压缩数据库。新生成的 MDE 文件不包含源码，但是能继续工作，这是因为它包含编译后的代码。这种方法不仅可以保护源码，使发布的数据库变得更小，而且模块总是处于编译状态。

13.3　习　　题

一、填空题

1. Access 分析器包括表_____、_____和_____等三个子工具。

2. 链接表是专门用于链接数据库文件和_____、_____文件的数据表，这类表可以在链接管理器中进行优化。

3. 数据库实用工具包括_____、_____、_____和_____四种。

4. 加密数据库可以防止其他人使用_____或_____来阅读数据库中的数据。

5. "设置安全机制向导"可帮助用户_____、_____和_____。

二、选择题

1. 为数据库减肥的工具是【工具】→【选项】菜单命令中的(　　)。

(A) 常规选项卡　　　　　　　　(B) 表/查询选项卡

(C) 视图选项卡　　　　　　　　(D) 编辑/查询选项卡

2. 打开被加密的数据库，需要提供(　　)。

(A) 个人 ID　　　　　　　　　(B) 密码

(C) 组 ID/密码　　　　　　　　(D) 个人 ID/密码

3. 对数据库进行加密/解密操作时，数据库必须以(　　)方式打开。

(A) 直接打开　　　　　　　　　(B) 只读

(C) 独占　　　　　　　　　　　(D) 独占只读

4. 若使打开的数据库文件不能为网上其他用户所共享，且只能浏览数据，应选择的打开数据库的方式为(　　)。

(A) 以只读方式打开　　　　　　(B) 以独占方式打开

(C) 以独占只读方式打开　　　　(D) 打开

5. 若使打开的数据库文件能为网上其他用户所共享，并可维护其中的数据对象，应选择的打开数据库的方式为(　　)。

(A) 以只读方式打开　　　　　　(B) 以独占方式打开

(C) 以独占只读方式打开　　　　(D) 打开

三、思考题

1. 简述表分析器、性能分析器、文档管理器的功能。

2. 简述链接表的创建过程。

3. 简述加密和解密数据库。

第二篇 实 验 篇

实验篇包括创建数据库、创建数据表、建立表之间的关系、查询设计、窗体设计、报表设计、数据访问页、宏和模块的应用等 12 个实验项目。

第 14 章　实　　验

□□□□□□□

14.1　实验涉及到的表及其关系

14.1.1　罗斯文商贸管理系统中的表

实验中涉及"罗斯文商贸管理系统"中的 9 张表，如表 14-1～表 14-9 所示。

表 14-1　"产品"表

字 段 名	数据类型	长　度	主　键
产品编号	文本	50	主键
产品名称	文本	40	
供应商编号	数字	长整型	
类别编号	文本	50	
单位数量	文本	50	
单价	文本	50	

表 14-2　"订单"表

字 段 名	数据类型	长　度	主　键
订单编号	文本	50	主键
客户编号	文本	50	
产品编号	文本	50	
产品数量	数字	长整型	
订单时间	日期/时间	短日期	
需要产品时间	日期/时间	短日期	
雇员编号	文本	50	
订单是否发货	文本	50	

表 14-3 　"发货"表

字 段 名	数据类型	长 度	主 键
发货编号	文本	50	主键
订单编号	文本	50	
发货时间	日期/时间	短日期	
产品编号	文本	50	
客户编号	文本	50	
产品数量	数字	长整型	
发货价格	货币		
雇员编号	文本	50	
订单是否发货	文本	50	

表 14-4 　"供应商"表

字 段 名	数据类型	长 度	主 键
供应商编号	数字	长整型	主键
公司名称	文本	4	
联系人姓名	文本	30	
联系人职务	文本	30	
地址	文本	60	
城市	文本	15	
地区	文本	15	
邮政编码	文本	10	
国家	文本	15	
电话	文本	24	
传真	文本	24	
主页	超链接		

表 14-5 　"雇员"表

字 段 名	数据类型	长 度	主 键
雇员编号	文本	50	主键
姓名	文本	10	
职务	文本	30	
尊称	文本	50	
出生日期	日期/时间		
雇用日期	日期/时间		
地址	文本	60	
城市	文本	15	
地区	文本	15	
邮政编码	文本	10	
国家	文本	15	
电话	文本	24	
分机号码	文本	4	
简历	备注		

表 14-6　"进库"表

字　段　名	数据类型	长　度	主　键
进库编号	文本	50	主键
产品编号	文本	50	
供应商号	文本	50	
进库数量	数字	长整型	
进库时间	日期/时间		
雇员编号	文本	50	

表 14-7　"客户"表

字　段　名	数据类型	长　度	主　键
客户编号	文本	50	主键
公司名称	文本	40	
联系人姓名	文本	30	
联系人头衔	文本	30	
地址	文本	60	
城市	文本	15	
地区	文本	15	
邮政编码	文本	10	
国家	文本	15	
电话	文本	24	
传真	文本	24	

表 14-8　"库存"表

字　段　名	数据类型	长　度	主　键
产品编号	文本	50	主键
库存量	数字	长整型	
存放地点	文本	30	

表 14-9　"类别"表

字　段　名	数据类型	长　度	主　键
类别编号	文本	50	主键
类别名称	文本	15	
说明	备注		
照片	OLE 对外		

14.1.2　表之间的关系

9 张表之间的关系如图 14-1 所示。

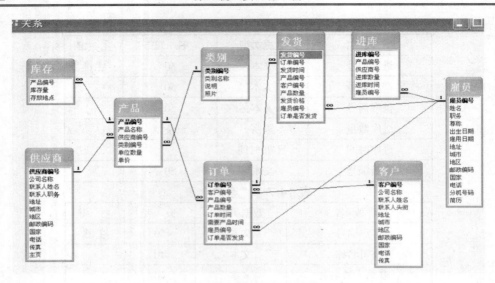

图 14-1　9 张表之间的关系

14.2　实　验　项　目

实验一　创 建 数 据 库

一、实验目的

1. 掌握 Access 2003 的启动与退出方法，了解 Access 2003 数据库管理系统的开发环境及其基本对象。

2. 掌握 Access 2003 数据库的创建方法和步骤。

3. 掌握设置数据库属性和默认文件夹的方法。

4. 了解 Access 2003 数据库的不同版本，掌握不同版本数据库的转换。

5. 掌握打开数据库的基本方法。

二、实验内容

实验 1-1

掌握 Access 2003 的启动与退出方法。

1. 实验要求

通过使用【开始】菜单启动 Access 2003，并掌握 Access 2003 的退出方法。

2. 操作步骤

(1) 启动 Access 2003。最常见的方法是利用 Windows 系统的【开始】菜单启动

Access 2003。单击【开始】按钮，在【程序】子菜单的【Microsoft Office】菜单中选择【Microsoft Office Access 2003】，如图 14-2 所示。

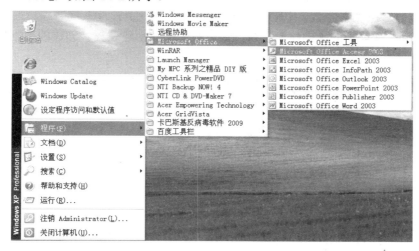

图 14-2　利用【开始】菜单启动 Access 2003

(2) 退出 Access 2003。退出 Access 2003 的方法比较多，常采用以下两种方法。

① 选择【文件】→【退出】菜单命令。

② 单击 Microsoft Access 窗口标题栏右边的【关闭】按钮。

实验 1-2

创建一个产品供应销售管理数据库，命名为"实验篇-罗斯文商贸管理系统"，并将建好的数据库保存在 D 盘的 Access 文件夹中。

1. 实验要求

通过使用"直接创建空数据库"的方法建立"实验篇-罗斯文商贸管理系统"数据库。

2. 操作步骤

(1) 启动 Access，选择【文件】→【新建】菜单命令，在右边的任务窗格(见图 14-3)中单击"空数据库…"选项，弹出如图 14-4 所示的"文件新建数据库"对话框。

图 14-3　创建空数据库　　　　　　　　　图 14-4　"文件新建数据库"对话框

(2) 在图 14-4 所示的"保存位置"中选 D 盘的 Access 文件夹(Access 文件夹可以在创建数据库前在 D 盘创建，也可在创建数据库过程中利用图 14-4 中工具栏里的新建文件夹工具在 D 盘创建)，在"文件名"中输入"实验篇-罗斯文商贸管理系统"。

(3) 单击图 14-4 中的【创建】按钮，结束数据库的创建过程。创建的数据库如图 14-5 所示。

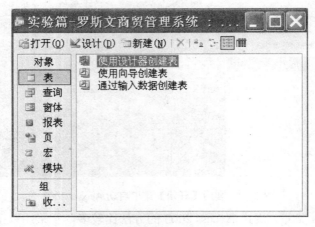

图 14-5 创建的数据库

实验 1-3

1. 实验要求

利用 Access 数据库的【工具】菜单，将【实验篇-罗斯文商贸管理系统】数据库的默认文件夹设置为"D:\Access"。

2. 操作步骤

(1) 选择【工具】→【选项】菜单命令，弹出"选项"对话框，选择"常规"选项卡，如图 14-6 所示。

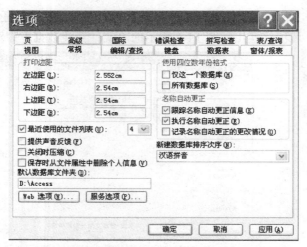

图 14-6 "选项"对话框中的"常规"选项卡

(2) 在"默认数据库文件夹"文本框中输入"D:\Access"(也可从"资源管理器"地址栏中剪贴),单击【确定】按钮。以后每次启动 Access,此文件夹都是系统的默认数据库保存的文件夹,直到再次更改为止。

实验 1-4

在 Access 中,数据库是一个文档文件,所以可以在"资源管理器"或"我的电脑"窗口中通过双击 .mdb 文件来打开数据库,也可以在 Access 中打开数据库,操作步骤如下:

(1) 选择【文件】→【打开...】菜单命令(见图 14-7)或单击工具栏上的【打开】按钮,弹出"打开"对话框,如图 14-8 所示。

图 14-7 【文件】中【打开...】子菜单 图 14-8 "打开"对话框

(2) 在"打开"对话框中,选择 D:\Access 文件夹中的"实验篇-罗斯文商贸管理系统"数据库文件,打开如图 14-9 所示的数据库窗口。

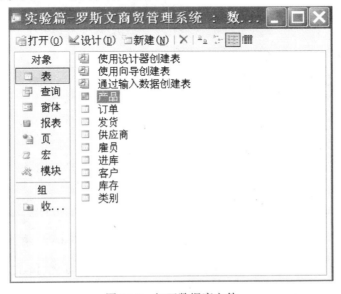

图 14-9 打开数据库文件

实验二　创建数据表(一)

一、实验目的

1. 熟悉表的多种创建方法和过程。
2. 掌握使用表设计器创建数据表的方法。
3. 掌握使用表向导创建数据表的方法。
4. 掌握使用数据表视图创建表的方法。

二、实验内容

实验 2-1

使用表的设计视图创建表。

1. 实验要求

使用表的设计视图创建"产品"表。"产品"表的结构如表 14-1 所示。

2. 操作步骤

(1) 打开"D:\Access\实验篇−罗斯文商贸管理系统"数据库。

(2) 在数据库窗口中,单击"表"对象,然后单击【新建】按钮,弹出如图 14-10 所示的"新建表"对话框。

(3) 在"新建表"对话框中选择"设计视图"选项,然后单击【确定】按钮,弹出如图 14-11 所示的表的设计窗口。

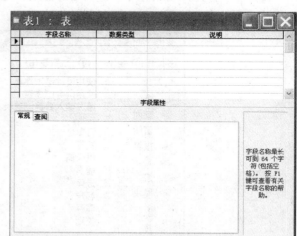

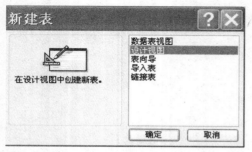

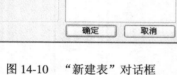

图 14-10　"新建表"对话框　　　　　　　　图 14-11　表的设计窗口

(4) 在表的设计窗口中定义表的结构(参照表 14-1),结果如图 14-12 所示。在图 14-12 所示的设计视图中输入表的字段名称以及字段的数据类型。

字段名称	数据类型	
产品编号	文本	自动赋予新产品的编号。
产品名称	文本	
供应商编号	数字	与供应商表中的项相同。
类别编号	文本	与类别表中的项相同
单位数量	文本	(例如，24 装箱、一公升瓶)。
单价	货币	

图 14-12　表结构的定义

(5) 单击【关闭】按钮，弹出"另存为"对话框，如图 14-13 所示。在该对话框中输入表名称"产品"，单击【确定】按钮，结束"产品"的创建，同时"产品"被自动加产品入到"实验篇-罗斯文商贸管理系统"数据库中，如图 14-14 所示。

图 14-13　"另存为"对话框　　　　　　图 14-14　新创建的"产品"表数据库窗口

实验 2-2

向表中输入数据。

1. 实验要求

向"产品"表中输入表 14-10 所示的数据。

表 14-10　"产品"表的记录

产品编号	产品名称	供应商编号	类别编号	单位数量	单价
1	苹果汁	1	1	每箱 24 瓶	¥18.00
2	牛奶	1	1	每箱 24 瓶	¥19.00
3	蕃茄酱	1	2	每箱 12 瓶	¥10.00
4	盐	2	2	每箱 12 瓶	¥22.00
5	麻油	2	2	每箱 12 瓶	¥21.35
6	酱油	3	2	每箱 12 瓶	¥25.00
7	海鲜粉	3	7	每箱 30 盒	¥30.00
8	胡椒粉	3	2	每箱 30 盒	¥40.00
9	鸡	4	6	每袋 500 克	¥97.00
10	蟹	4	8	每袋 500 克	¥31.00
11	大众奶酪	5	4	每袋 6 包	¥21.00
12	德国奶酪	5	4	每箱 12 瓶	¥38.00
13	龙虾	6	8	每袋 500 克	¥6.00
14	沙茶	6	7	每箱 12 瓶	¥23.25
15	味精	6	2	每箱 30 盒	¥15.50
16	饼干	7	3	每箱 30 盒	¥17.45
17	猪肉	7	6	每袋 500 克	¥39.00
18	墨鱼	9	8	每袋 500 克	¥62.50
19	糖果	8	3	每箱 30 盒	¥9.20
20	桂花糕	8	3	每箱 30 盒	¥81.00
21	花生	8	3	每箱 30 包	¥10.00
22	糯米	9	5	每袋 3 公斤	¥21.00
23	燕麦	9	5	每袋 3 公斤	¥9.00
24	汽水	10	1	每箱 12 瓶	¥4.50
25	巧克力	11	3	每箱 30 盒	¥14.00
26	棉花糖	11	3	每箱 30 盒	¥31.23
27	牛肉干	11	3	每箱 30 包	¥43.90
28	烤肉酱	12	7	每箱 12 瓶	¥45.60
29	鸭肉	12	6	每袋 3 公斤	¥123.79
30	黄鱼	10	8	每袋 3 公斤	¥25.89

2. 操作步骤

在"产品"表的数据表窗口中将表 14-10 中的数据依次输入。

实验 2-3

使用表向导创建表。

1. 实验要求

使用表向导创建"订单"表，该表的结构如表 14-2 所示。

2. 操作步骤

(1) 打开"实验篇-罗斯文商贸管理系统"数据库。

(2) 在数据库窗口中选择"表"对象，然后双击"使用向导创建表"，打开"新建表"对话框，如图 14-15 所示。

(3) 选"表向导"，单击【确定】按钮，打开"表向导"对话框，如图 14-16 所示。从该对话框左边的"示例表"中选择"订单"表，这时"示例字段"框中显示"订单"表包含的所有字段。单击【>>】按钮将"示例字段"列表中的所有字段移到"新表中的字段"列表中。

图 14-15　"新建表"对话框

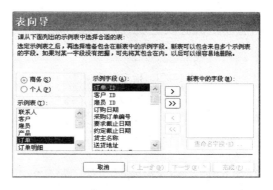

图 14-16　选定字段

在选择字段时，也可以单击【>】按钮选择一个字段或双击要选的字段将其移到"新表中的字段"列表中。若对已选的字段不满意，则可以使用【<】按钮或【<<】按钮，取消选择的字段。

(4) 若对"示例字段"中的字段名不满意，则可对表中的字段重新命名。将"新表中的字段"重命名的方法是选定相应字段后，单击【重命名字段...】按钮。图 14-17 中已经对"新表中的字段"全部进行了重命名。

(5) 单击【下一步】按钮，屏幕显示如图 14-18 所示。在"请指定表的名称"文本框中输入"订单"，然后单击"不，让我自己设置主键"单选按钮。

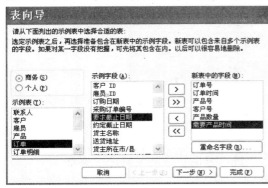

图 14-17　重命名表中的字段名称

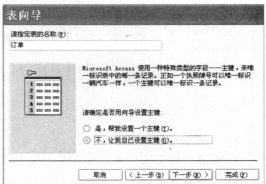

图 14-18　指定表名

(6) 单击【下一步】按钮，屏幕显示如图 14-19 所示。

(7) 单击【下一步】按钮，屏幕显示如图 14-20 所示。该对话框询问新建的表是否与其他表相关(注：数据库内至少拥有一个数据表时才会弹出此对话框)。

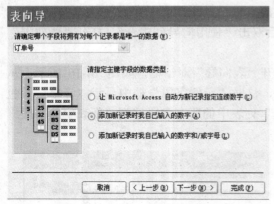

图 14-19　指定字段

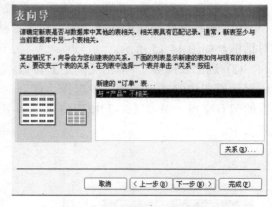

图 14-20　询问新建的表是否与其他表相关

(8) 单击【下一步】按钮，屏幕显示如图 14-21 所示，单击【修改表的设计】单选按钮，再单击【完成】按钮，系统将以表的设计视图方式打开该表，如图 14-22 所示。

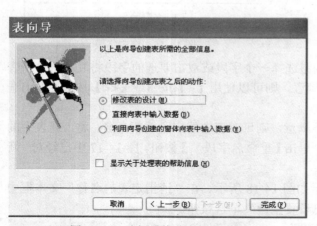

图 14-21　选择【修改表的设计】

图 14-22　订单表的设计视图

实验三　创建数据表(二)

一、实验目的

1. 理解字段各属性的含义。

2. 学会设置字段的"格式"与"输入掩码"属性，并能正确区分这两个属性。

3. 学会设置字段的"有效性规则"和"有效性文本"属性，明确何种情况下需要设定这两个属性。

4. 学会修改数据表的结构。

5. 掌握主键的设置方法。

二、实验内容

实验 3-1

设置"雇员"表字段的属性。

1. 实验要求

对"雇员"表进行如下设置。

(1) 设置"联系"字段的大小。

(2) 将"出生日期"字段的格式属性设置为日期型。

(3) 通过"输入掩码向导"为"出生日期"字段设置输入掩码为 yyyy\mm\dd。

(4) 为"联系电话"字段设置输入掩码，以保证用户只能输入 4 个数字的区号和 8 个数字的电话号码，区号和电话号码之间用"–"分隔。

2. 操作步骤

(1) 在"雇员"表设计窗口中单击"电话"字段，在下面"字段属性"的"字段大小"中按表 14-5 的要求输入 24，输入掩码为 0000-00000000，如图 14-23 所示。

(2) 单击"出生日期"字段，在下面"字段属性"的"格式"中选择"长日期"，在"输入掩码"中输入 yyyy\mm\dd，如图 14-24 所示。

图 14-23 设置"电话"字段的输入掩码

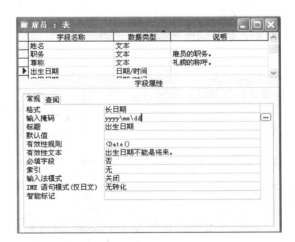

图 14-24 设置出生日期字段格式

实验 3-2

设置"产品"表字段的属性。

1. 实验要求

为"产品编号"字段设置有效性规则，该字段要求只能接收范围在 1～50 的一个整数，若违反该规则，则提示用户"请输入 1～50 之间的数据"。

2．操作步骤

(1) 在设计视图下打开"产品"表，单击"产品编号"字段，将"字段大小"设置为"整型"，在"有效性规则"文本框中输入">=1And <=50"，在"有效性文本"文本框中输入"请输入 1～50 之间的数据"，如图 14-25 所示。

图 14-25 设置"产品编号"字段的"有效性规则"和"有效性文本"

(2) 切换到数据表视图下，向"产品"表中输入相关的数据，在"课程编号"字段中输入小于 1 或大于 50 的数据，观察系统的反应。

实验 3-3

设置表的主键。

1．实验要求

设置"产品"、"订单"、"客户"及"雇员"的主键。

2．操作步骤

(1) 在数据库窗口中，单击"表"对象。

(2) 单击"订单"表，然后单击【设计】按钮，屏幕显示"订单"的设计窗口。

(3) 选定"订单编号"字段，单击工具栏的【主键】按钮或选择【编辑】→【主键】菜单命令，如图 14-26 所示。

图 14-26 设置"订单"的主键

(4) 采用同样的方法设置其余表的主键。

实验四　创建数据表(三)

一、实验目的

1. 熟悉将各种数据导入到数据表中的方法。
2. 学会各种类型数据的输入方法。
3. 学习值列表和查阅列表字段的创建方法。
4. 学会如何设置数据表的格式。

二、实验内容

实验 4-1

将 Excel 文件导入到 Access 的表中。

1. 实验要求

将已经建好的 Excel 文件"供应商.xls"导入到"实验篇-罗斯文商贸管理系统"数据库中，数据表的名称为"供应商"。

2. 操作步骤

(1) 打开"实验篇-罗斯文商贸管理系统"数据库，在数据库窗口中选择【文件】→【获取外部数据】→【导入…】菜单命令，如图 14-27 所示，弹出"导入"对话框，在"查找范围"中指定文件所在的文件夹，然后在"文件类型"下拉列表中选择"Microsoft Excel"选项，如图 14-28 所示。

图 14-27　获取外部数据

图 14-28　指定导入文件的"文件类型"

(2) 选取"供应商"(该文件已经存在)，单击【导入】按钮，将出现如图 14-29 所示的对话框。

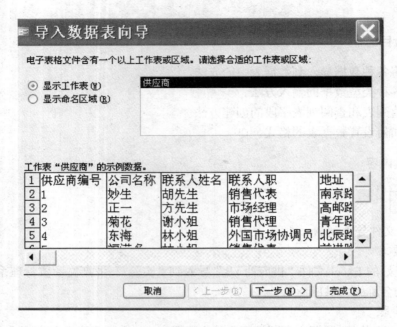

图 14-29　选择合适工作表

(3) 在图 14-29 所示的对话框中点击【下一步】按钮，在"导入数据表向导"的第 2 个对话框中勾选"第一行包含列标题"复选框，如图 14-30 所示，单击【下一步】按钮，弹出"导入数据表向导"的第 3 个对话框，如图 14-31 所示。

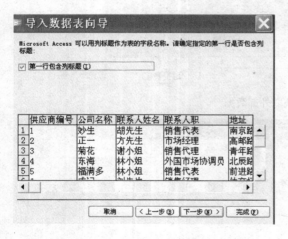

图 14-30　勾选"第一行包含列标题"复选框

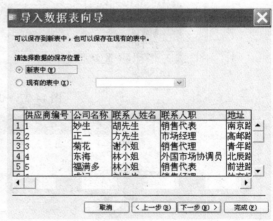

图 14-31　第 3 个对话框

(4) 在图 14-31 中，选择【新表中】单选按钮，表示来自 Excel 工作表的数据将成为数据库的新数据表，再单击【下一步】按钮，弹出"导入数据表向导"的第 4 个对话框，如图 14-32 所示。

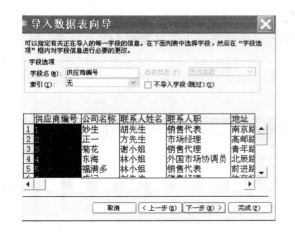
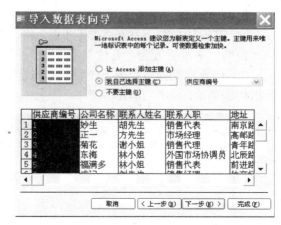

图 14-32　第 4 个对话框　　　　　　　　图 14-33　第 5 个对话框

（5）在图 14-32 中，如果不准备导入"地址"字段，则在"地址"字段单击鼠标左键，再勾选"不导入字段(跳过)"复选框。在此不勾选，完成后单击【下一步】按钮，弹出"导入数据表向导"的第 5 个对话框，如图 14-33 所示。

（6）在图 14-33 中选择"我自己选择主键"单选按钮，并选择"供应商编号"字段作为主键，再单击【下一步】按钮，弹出"导入数据表向导"的第 6 个对话框，如图 14-34 所示。

（7）单击【完成】按钮，弹出"导入数据表向导"结果提示框，如图 14-35 所示，提示数据导入已经完成。

图 14-34　第 6 个对话框　　　　　图 14-35　"导入数据表向导"结果提示框

完成之后，"实验篇-罗斯文商贸管理系统"数据库会增加一个名为"供应商"的数据表，内容是来自"供应商.xls"的数据。

实验 4-2

向"类别"表中输入"OLE 对象"和"备注"字段的内容。

1. 实验要求

向"类别"表中输入"照片"字段和"备注"字段的内容。

2. 操作步骤

(1) 在设计视图下打开"类别"表，将"照片"字段的数据类型更改为"OLE 对象"型，将"说明"字段更改为"备注"型。

(2) 切换到数据表视图下，将鼠标指针指向该记录的"照片"字段列，单击鼠标右键，弹出快捷菜单，如图 14-36 所示。

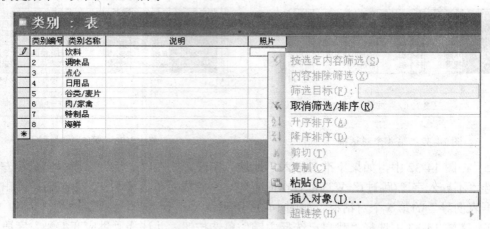

图 14-36　快捷菜单

(3) 选择【插入对象…】命令，弹出如图 14-37 所示的对话框。

(4) 选择【新建】单选按钮，然后在"对象类型"列表框中选择"画笔图片"，单击【确定】按钮，弹出画图程序窗口，如图 14-38 所示。

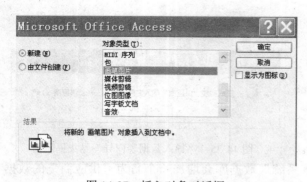

图 14-37　插入对象对话框

图 14-38　画图程序窗口

(5) 在图 14-38 中，选择【编辑】→【粘贴来源】菜单命令，弹出如图 14-39 所示"粘贴来源"对话框。在"查找范围"中找到存放图片的文件夹，并打开所需的图片。

(6) 关闭画图程序窗口。

(7) 将鼠标移到"说明"字段，输入"软饮料、咖啡、茶、啤酒和淡啤酒"，如图 14-40 所示。到此，"类别"表的"照片"字段和"说明"字段已输入完成。

图 14-39　"粘贴来源"对话框　　　　　　　　　图 14-40　"类别"内容

实验 4-3

学习设置"查阅向导"型字段。

1. 实验要求

为"类别"表中的"类别编号"字段创建值列表，以方便数据的输入。

2. 操作步骤

(1) 切换到"类别"的设计视图，将"类别"字段的数据类型改为"查阅向导"，弹出如图 14-41 所示的对话框。在此对话框中选择"自行键入所需的值"单选按钮。

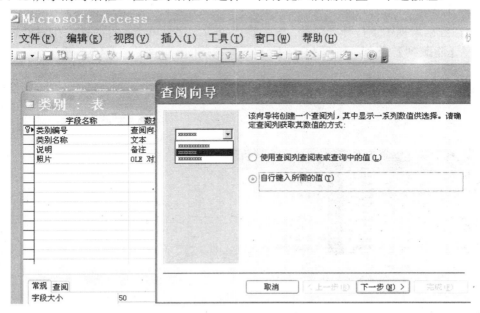

图 14-41　选择【自行键入所需的值】单选按钮

(2) 单击【下一步】按钮，弹出如图 14-42 所示的对话框，在"第 1 列"中第 1 行输入

"1"、第 2 行输入 "2"，…，第 8 行输入 "8"，然后单击【下一步】按钮，在弹出的图 14-43 所示的窗口中选择【完成】按钮。

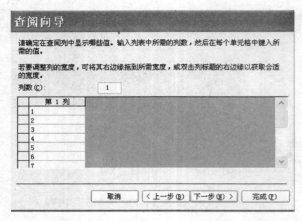

图 14-42　为 "类别" 字段自行键入所需的值　　　　　　　　　　图 14-43　完成

实验 4-4

设置数据表的格式。

1. 实验要求

将 "产品" 表中的 "单价" 列隐藏，设置行高为 20，所有单元格的格式为 "凸起"，列宽为最佳匹配。

2. 操作步骤

(1) 在数据表视图下打开 "产品" 表，在 "单价" 字段单击鼠标右键，在弹出的快捷菜单中选择【隐藏列】命令，如图 14-44 所示。隐藏后的结果如图 14-45 所示。

图 14-44　隐藏列的操作　　　　　　　　　　图 14-45　隐藏 "单价" 列后的结果

(2) 在数据表视图下，在行选择器上单击鼠标右键，在弹出的快捷菜单(见图 14-46)中选择【行高…】命令，弹出如图 14-47 所示的 "行高" 对话框，输入行高 "20"。

图 14-46　设置行高的快捷菜单

图 14-47　"行高"对话框

（3）在数据表视图下，选择【格式】→【数据表...】命令，弹出如图 14-48 所示的对话框，选择"单元格效果"为"凸起"，再单击【确定】按钮。

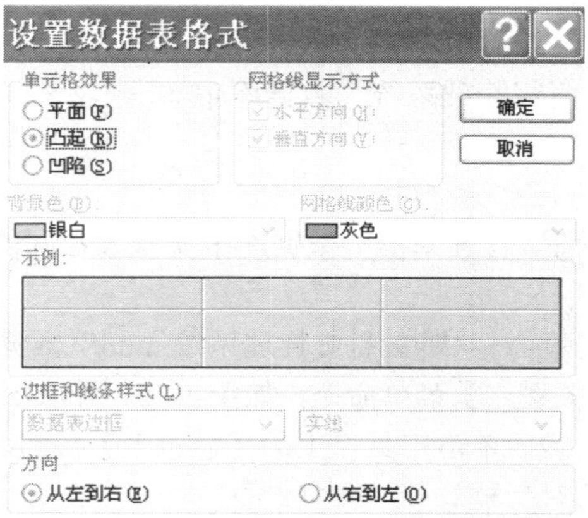

图 14-48　设置"数据格式"对话框

（4）在数据表视图下，将鼠标指针放在"产品名称"字段上，拖拽鼠标使指针指到"供应商编号"字段，这时选择了"产品"表的"产品名称"和"供应商编号"两列。然后选择【格式】→【列宽...】命令，如图 14-49 所示，在弹出的如图 14-50 所示的"列宽"对话框中单击【最佳匹配】按钮。

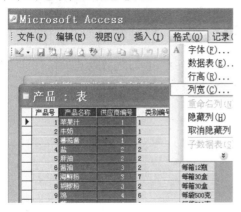

图 14-49　选择【格式】→【列宽】命令

图 14-50　"列宽"对话框

实验五　建立表之间的关系

一、实验目的

1. 学会分析表之间的关系，并创建合理的关系。
2. 掌握参照完整性的含义，并学会设置表间的参照完整性。
3. 理解"级联更新相关字段"和"级联删除相关记录"的含义。
4. 学会设置"级联更新相关字段"和"级联删除相关记录"。

二、实验内容

实验 5-1

分析"实验篇–罗斯文商贸管理系统"数据库中 9 张表之间的关系，创建科学合理的关系。

1. 实验要求

定义"实验篇–罗斯文商贸管理系统"数据库中 9 张表之间的关系。

2. 操作步骤

(1) 打开"D:Access\实验篇–罗斯文商贸管理系统.mdb"数据库。

(2) 选择【工具】→【关系…】菜单命令，如图 14-51 所示，或单击工具栏上的【关系】按钮，打开"关系"窗口，然后单击工具栏上的【显示表】按钮，如图 14-52 所示，弹出如图 14-53 所示的"显示表"对话框。

图 14-51　【关系…】菜单

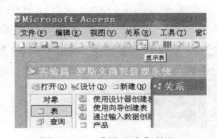

图 14-52　【显示表】按钮

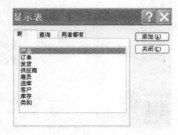

图 14-53　"显示表"对话框

(3) 在"显示表"对话框中，单击"产品"，然后单击【添加】按钮，接着使用同样的方法将"订单"、"客户"、"库存"、"供应商"和"类别"等 9 张表添加到"关系"窗口中，如图 14-54 所示。

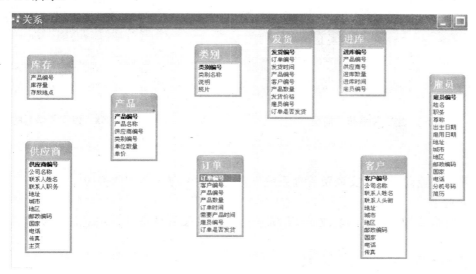

图 14-54 "关系"窗口

(4) 选定"产品"表中的"产品编号"字段，然后单击鼠标左键并拖拽到"订单"表中的"产品编号"字段上，松开鼠标左键，弹出如图 14-55 所示的"编辑关系"对话框。

(5) 用同样的方法依次建立其他几个表间的关系，如图 14-56 所示。在图 14-56 所示的"关系"窗口中，每个表中字段名加粗的字段即为该表的主键或联合主键(主键一般是在建立表结构时设置的)。

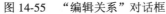

图 14-55 "编辑关系"对话框

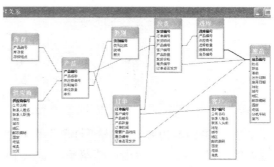

图 14-56 编辑关系

(6) 单击【关闭】按钮，这时 Access 询问是否保存布局的修改，单击【是】按钮，即可保存所建的关系。

表间建立关系后，在主表的数据表视图中能看到左边新增了带有"+"的一列，说明该表与另外的表(子数据表)建立了关系。通过单击【+】按钮可以看到子数据表中的相关记录。图 14-57 所示为没有建立关系之前的"订单"表，图 4-58 所示为建立关系后的"订单"表。

订单 ： 表

订单编号	客户编号	产品编号	产品数量	订单时间
1	6	9	120	2008-10-22
2	3	3	320	2008-11-12
3	4	5	300	2008-7-16
4	7	6	310	2008-9-27
5	5	4	100	2008-12-19
	0		0	

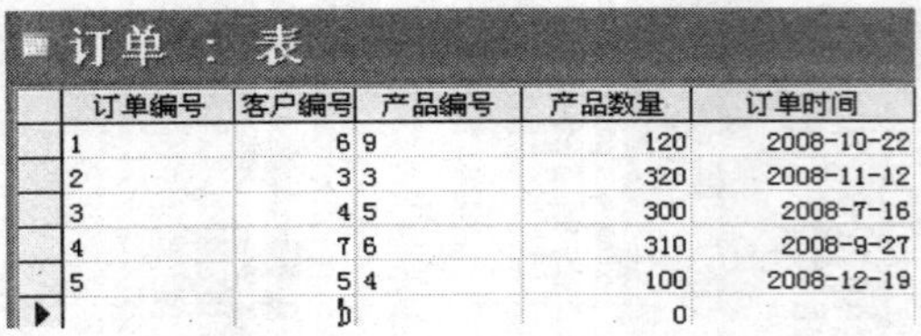

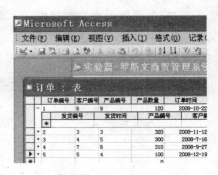

图 14-57　建立关系前的情况

图 14-58　建立关系后的结果

实验 5-2

设置“实验篇—罗斯文商贸管理系统”数据库中 9 张表之间的参照完整性。

1. 实验要求

通过实施参照完整性，修改“实验篇—罗斯文商贸管理系统”数据库中 9 个表之间的关系。

2. 操作步骤

(1) 在实验 5-1 的基础上，单击工具栏上的【关系】按钮，打开“关系”窗口，如图 14-59 所示。

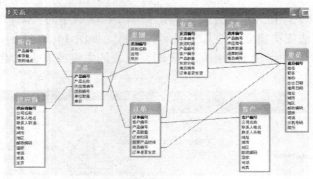

图 14-59　“关系”窗口

(2) 在图 14-59 中，单击“订单”表和“产品”表间的连线，此时连线变粗，然后在连线处单击鼠标右键，弹出快捷菜单，如图 14-60 所示。

(3) 在快捷菜单中选择【编辑关系…】命令，弹出“编辑关系”对话框，如图 14-61 所示。

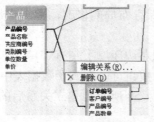

图 14-60　快捷菜单

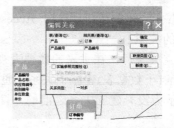

图 14-61　“编辑关系”对话框

(4) 在图 14-61 中勾选"实施参照完整性"复选框。保存建立完成的关系，这时看到的"关系"窗口如图 14-62 所示，两个数据表之间显示如 ∞ 的线条。

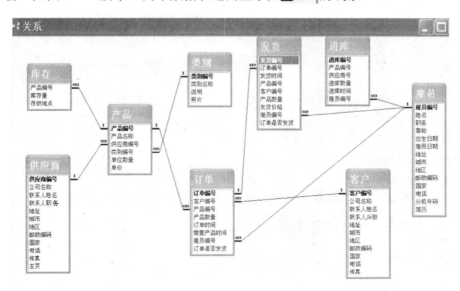

图 14-62　编辑完"实施参照完整性"后的结果

实验六　查询设计(一)

一、实验目的

1. 理解查询的概念，了解查询的种类。
2. 学习使用查询设计器创建单表或多表查询的方法。

二、实验内容

实验 6-1

创建选择查询。

1. 实验要求

显示"产品"表中"供应商编号"是"1"的记录。

2. 操作步骤

(1) 打开"D:\Access\实验篇-罗斯文商贸管理系统.mdb"，在数据库窗口"对象"栏中选择"查询"对象。

(2) 单击【新建】按钮，在列表框中选择"设计视图"。

(3) 生成包含"产品"表所有字段的查询。

(4) 在条件行填写供应商编号"=1"，如图 14-63 所示。运行结果如图 14-64 所示。

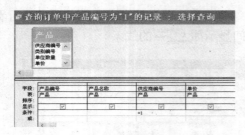

图 14-63　填写条件　　　　　　　　　　图 14-64　运行结果

实验 6-2

创建具有汇总功能的选择查询。

1. 实验要求

建立"汇总查询"，显示的字段有"产品名称之计数"、"类别编号"、"单价平均值"、"单价最高值"、"单价最低值"。数据来源于产品表。

2. 操作步骤

(1) 新建"查询"对象。

(2) 选择"产品表"。

(3) 选择字段"产品名称之计数"、"类别编号"、"单价平均值"、"单价最高值"、"单价最低值"。

(4) 单击菜单栏【视图】→【总计】，在"总计"行依次设置上述 5 个字段身份：计数、分组、平均值、最大值和最小值，如图 14-65 所示。运行结果如图 14-66 所示。

图 14-65　设置字段身份　　　　　　　　图 14-66　运行结果

实验七　查询设计(二)

一、实验目的

1. 认识查询的数据表视图、设计视图和 SQL 视图，掌握查询结果的查看方法。
2. 掌握各种操作查询，如参数查询、生成表查询、删除查询、更新查询。

二、实验内容

实验 7-1

1. 实验要求

创建生成表查询"订单-产品"，根据"产品"表和"订单"表的要求，该表中有如下字段："订单编号"、"产品数量"、"产品名称"、"单价"。

2. 操作步骤

(1) 新建"查询"对象。

(2) 连接"订单"表和"产品"表。

(3) 选择字段"订单编号"、"产品数量"、"产品名称"、"单价"，如图 14-67 所示。

(4) 预览选择查询的结果，如果合乎题意，则选择菜单栏中的【查询】→【生成表查询...】命令，如图 14-68 所示。将查询类型改为生成表查询，如图 14-69 所示。

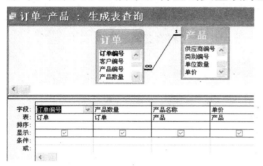

图 14-67 选择字段

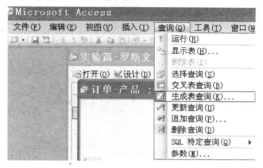

图 14-68 【生成表查询...】命令

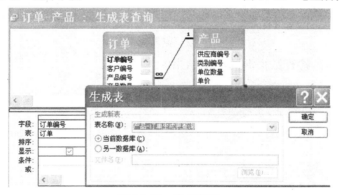

图 14-69 生成新表

(6) 运行该查询，验证是否创建一个新表——"订单-产品"表。

实验 7-2

删除查询。

1. 实验要求

以"雇员"为数据源建立一个删除查询"删除部分雇员"，其功能是删除"雇员"表中尊称为"女士"的记录。

2. 操作步骤

(1) 在查询生成器中添加"雇员"表，行选择字段"尊称"，填写条件，如图 14-70 所示。

(2) 选择菜单中的【查询】→【删除查询】，如图 12-71 所示。点击【保存】按钮，在

"另存为"对话框中输入文件名"删除雇员中尊称为女士的记录",如图 14-72 所示。

图 14-70 填写条件

图 14-71 【删除查询】菜单

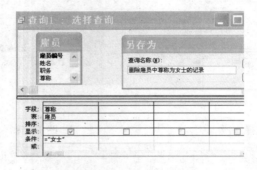

图 14-72 输入文件名

(3) 运行该查询,检查数据源的删除结果。

实验 7-3

创建更新查询。

1. 实验要求

定义更新查询,将"产品"表的"单价"字段值都加 5 元。

2. 操作步骤

(1) 建立"选择查询",增加产品单价,如图 14-73 所示。

(2) 改为更新查询,将"单价+5"填写到"单价"字段下"更新到"处,如图 14-74 所示。

图 14-73 选择查询

图 14-74 更新查询

(3) 运行更新查询。

实验 7-4

创建参数查询。

1. 实验要求

在 "订单" 表中给出一个订单编号，并能查询出该条记录。

2. 操作步骤

(1) 打开查询设计器创建一个查询，并使用 "显示表" 对话框将 "订单" 表添加到查询设计器中。

(2) 将查询的字段依次添加到设计网格中。

(3) 在查询设计器中，对 "订单编号" 字段设置筛选条件为[订单编号]，如图 14-75 所示。

(4) 选择菜单栏中的【查询】→【参数...】，如图 14-76 所示。

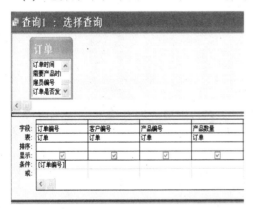

图 14-75　设置筛选条件

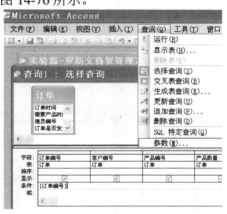

图 14-76　【参数...】菜单

(5) 弹出如图 14-77 所示的 "查询参数" 对话框，在 "参数" 中选择 "订单编号"，在 "数据类型" 中选择 "文本"，单击【确定】按钮。

(6) 点击【保存】按钮，弹出 "另存为" 对话框，输入 "订单编号参数查询"，单击【确定】按钮，完成操作，如图 14-78 所示。

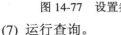

图 14-77　设置参数

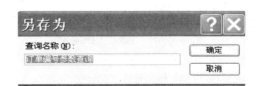

图 14-78　输入文件名

(7) 运行查询。

实验八　窗体设计(一)

一、实验目的

1. 理解窗体的概念，了解各种控件的用途。
2. 认识窗体的各种视图，掌握其各种用法。
3. 掌握简单窗体的自动生成方法。
4. 掌握使用向导创建单表或多表窗体的方法。
5. 掌握使用窗体设计器设计单表或多表窗体的方法。
6. 认识窗体的纵栏表、数据表、表格式等表现数据的各种布局。
7. 掌握窗体的常用属性的设置。

二、实验内容

实验 8-1

建立纵栏式窗体。

1. 实验要求

对"实验篇–罗斯文商贸管理系统"中的"客户"表利用窗体向导建立纵栏式窗体"客户"，显示字段"客户编号"、"公司名称"、"联系人姓名"、"地址"。

2. 操作步骤

(1) 打开"D:\Access 实验篇–罗斯文商贸管理系统.mdb"，在"数据库窗口对象"栏中选择"窗体"对象。

(2) 单击【新建】按钮，在列表框中选择"窗体向导"，在下方的组合框中选择数据源——"客户"，单击【确定】按钮，如图 14-79 所示。

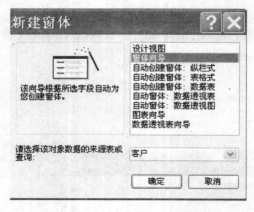
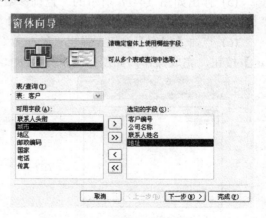

图 14-79　"新建窗体"对话框　　　　　　　　图 14-80　选择字段

(3) 弹出"窗体向导"对话框，在"可用字段"列表框中选择"客户编号"、"公司名称"、"联系人姓名"、"地址"，如图 14-80 所示。

（4）单击【下一步】按钮，选择【纵栏表】单选按钮。

（5）单击【下一步】按钮，在"请确定所用样式"列表框中选择某样式，如图 14-81 所示。

（6）单击【下一步】按钮，在"请为窗体指定标题"文本框中填写窗体标题(亦为窗体名)，此处为"客户"。运行结果如图 14-82 所示。

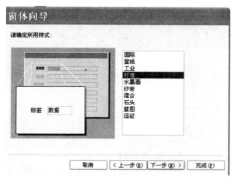

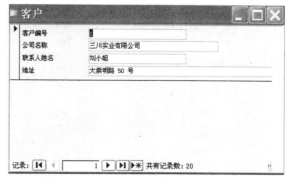

图 14-81　选择样式　　　　　　　　　　　图 14-82　运行结果

实验 8-2

建立启动窗体。

1. 实验要求

创建一个名为"启动"的窗体，要求一启动该数据库，就直接进入该窗体。窗体设置如下：

（1）窗体不显示状态栏。

（2）窗体标题为"实验篇-罗斯文商贸管理系统"。

（3）窗体无滚动条。

（4）窗体无记录选择器。

（5）窗体无导航按钮。

（6）窗体无分隔线。

（7）在该窗体中添加一个名为"标签 2"的标签控件，显示"实验篇-罗斯文商贸管理系统"，字体为隶书，26 号，边框样式为虚线，前景颜色为 13209，宽度为 8.8，高度为 1.1，文本居中对齐。

2. 操作步骤

利用设计视图创建没有数据源的窗体。

（1）单击【新建】按钮，在列表框中选择设计视图。

（2）单击【保存】按钮，在"另存为"对话框的"窗体名称"文本框中输入窗体名"启动"。

（3）从"工具箱"中选中【标签】控件，移动鼠标指针在窗体适当位置单击，输入"实验篇-罗斯文商贸管理系统"文字后产生标签。

（4）打开窗体的属性对话框，将标签名称改为"Label1"，并设置标签的边框、颜色等其他属性。

(5) 设置窗体的标题 "学生管理系统" 以及滚动条等其他属性。

(6) 在 Access 主菜单中选择【工具】→【选项】→【视图】命令，取消选中 "状态栏" 复选框，如图 14-83 所示。

(7) 在 Access 主菜单中选择【工具】→【启动】命令，在 "显示窗体/页" 组合框中选择窗体名 "启动"，在 "应用程序标题" 中输入 "启动"，如图 14-84 所示(关闭窗体设计器后重新打开数据库，观察指定窗体是否自动打开)。

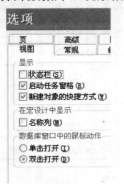
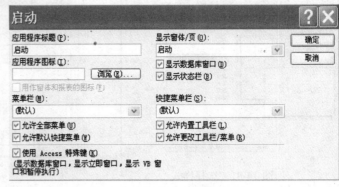

图 14-83　取消选中 "状态栏" 复选框　　　　　　　图 14-84　　"启动" 对话框

实验九　窗体设计(二)

一、实验目的

1. 理解窗体的概念，了解各种控件的用途。
2. 认识窗体的各种视图，掌握其各种用法。
3. 掌握简单窗体的自动生成方法。
4. 掌握使用向导创建单表或多表窗体的方法。
5. 掌握使用窗体设计器设计单表或多表窗体的方法。
6. 认识窗体的纵栏表、数据表、表格式等表现数据的各种布局。
7. 掌握窗体的常用属性的设置。

二、实验内容

实验 9-1

建立带有 "选项卡控件" 的窗体。

1. 实验要求

利用设计视图创建一个名为 "数据浏览窗体" 的窗体。在刚建立的 "数据浏览窗体" 中添加一个选项卡控件，名称为 "选项卡控件 0"，该控件中包含 4 页，每页的名称分别为 "页 a"、"页 b"、"页 c"、"页 d"，标题分别为 "库存"、"雇员"、"订单"、"供应商"。在第 2 页内添加一个子窗体/子报表控件，名称为 "子对象 6"，且该控件的 "源对象" 属性为 "表.雇员"。

2. 操作步骤

(1) 单击【新建】按钮，在列表框中选择"设计视图"，单击【确定】按钮。

(2) 单击【保存】按钮，在"另存为"对话框的"窗体名称"文本框中输入窗体名"数据浏览窗体"，单击【确定】按钮，如图 14-85 所示。

(3) 从"工具箱"中选中"选项卡控件"(确认"工具箱"工具条处于打开状态)，移动鼠标指针在窗体适当位置单击，产生只有 2 页的选项卡，如图 14-86 所示。

图 14-85 输入窗体名

图 14-86 创建选项卡控件

(4) 右键单击选项卡页码处，弹出快捷菜单，插入 2 个新页，如图 14-87 所示。

(5) 打开窗体的属性对话框，将选项卡名称改为"选项卡控件"，选项卡各页名称分别改为"页 a"、"页 b"、"页 c"、"页 d"，选项卡标题分别改为"库存"、"雇员"、"订单"、"供应商"，如图 14-88 所示。

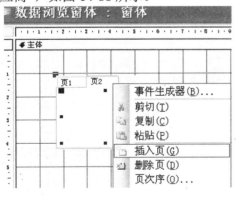
图 14-87 插入新页

图 14-88 改页名并输入选项卡标题

(6) 选中"职工"页，从"工具箱"中选中"子窗体/子报表"控件。

(7) 关闭【控件向导】("工具箱"中的第 2 个按钮，避免自动生成新的窗体)，移动鼠标指针在页面适当位置单击，产生名为 ChildX 的子窗体框架，如图 14-89 所示。

(8) 打开窗体的属性对话框，找到 ChildX 的"源对象"属性，通过组合框选中"雇员"表(属性自动填写为"表.雇员")，如图 14-90 所示，再将 ChildX 的名称改为"子对象 6"。另外，相应地把子窗体标签的标题也改为"子对象 6"，如图 14-91 所示。

(9) 出于实用、美观考虑，调整窗体和选项卡的大小、位置，运行结果如图 14-92 所示。

图 14-89　子窗体框架

图 14-90　　"源对象"属性

图 14-91　将 ChildX 更名

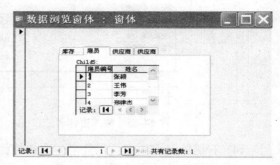

图 14-92　运行结果

实验 9-2

建立主子窗体。

1. 实验要求

创建一个带有子窗体的主窗体，窗体名称为"产品表主窗体"，设置如下：

(1) 窗体无滚动条；

(2) 窗体无记录选择器；

(3) 窗体无分隔线。

同时创建一个名为"类别表子窗体"的窗体，具体格式如下：

(1) 要通过"类别表"来查看"产品类别"；

(2) 子窗体采用"表格"布局；

(3) 子窗体采用"水墨画"样式；

(4) 子窗体无导航按钮。

2. 操作步骤

(1) 选择窗体向导创建只有 2 个字段的主窗体。进入"设计视图"，利用【格式】主菜单调整各控件的大小、位置，标题设置为"产品表主窗体"，如图 14-93 所示。

(2) 选择窗体向导创建指定布局和样式的子窗体，设置无导航按钮，保存为"类别表子窗体"，如图 14-94 所示。

图 14-93　产品表主窗体

图 14-94　类别表子窗体

（3）在"产品表主窗体"中打开"控件向导"，从"工具箱"中选中"子窗体/子报表"控件，移动鼠标指针在窗体适当位置单击，产生子窗体框架(见图 14-95)。

（4）在"子窗体向导"对话框中选择【使用现有的窗体】单选按钮，从列表框中选择"类别表子窗体"，如图 14-96 所示。

图 14-95　子窗体框架

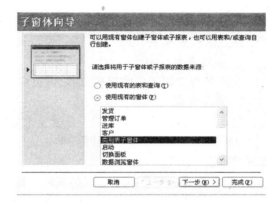

图 14-96　使用现有的窗体

（5）单击【下一步】按钮，在弹出的对话框中选【自行定义】单选按钮，单击【下一步】按钮，建立主窗体、子窗体之间字段的连接。从列表中选择关联字段，此处为"对产品中的每个记录用类别编号显示类别"，如图 14-97 所示。

（6）出于实用、美观考虑，调整主窗体和子窗体的大小、位置，结果如图 14-98 所示。

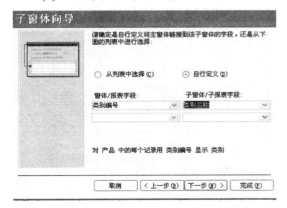

图 14-97　选择关联字段

图 14-98　运行结果

实 验 十 报 表 设 计

一、实验目的

1. 认识报表的纵栏式、表格式等布局，以及正式、紧凑等样式。
2. 掌握简单报表的自动生成。
3. 掌握使用向导创建来自单个或多个记录源的报表的方法。
4. 掌握使用报表设计向导创建标签报表。

二、实验内容

实验 10-1

建立纵栏式报表。

1. 实验要求

创建名为"职工"的纵栏式报表(包含"供应商"表中的所有信息)。

2. 操作步骤

自动创建报表的方法适用于包含全部字段、布局简单、格式没有特殊要求的报表。

(1) 打开"D:\Access\基础篇-学生成绩管理系统.mdb"，在数据库窗口的"对象"栏中选择"报表"对象。

(2) 单击【新建】按钮，在列表框中选择"自动创建报表：纵栏式"，如图 14-99 所示。

(3) 在下方的组合框中选择数据源"供应商"，单击【确定】按钮，结果如图 14-100 所示。

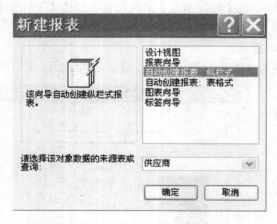

图 14-99 选择"纵栏式"

图 14-100 运行结果

实验 10-2

建立标签报表。

1. 实验要求

以"客户表"为数据源，创建标签报表。

2. 操作步骤

(1) 单击【新建】按钮，在列表框中选择"标签向导"，在右下方的组合框中选择数据源"客户"，如图 14-101 所示，单击【确定】按钮。

(2) 在弹出的对话框中，选择标签尺寸，如图 14-102 所示。

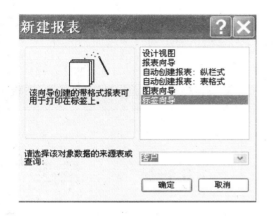

图 14-101　选"标签向导"

图 14-102　选择标签尺寸

(3) 单击【下一步】按钮，在弹出的对话框中选择文本的字体和颜色，如图 14-103 所示。

(4) 单击【下一步】按钮，在弹出的对话框中确定标签的显示内容，如图 14-104 所示。

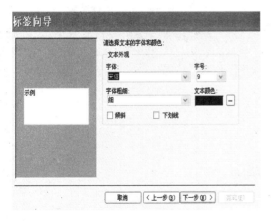

图 14-103　选择字体和颜色

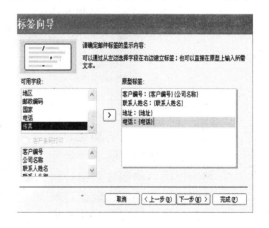

图 14-104　确定标签内容

(5) 单击【下一步】按钮，在弹出的对话框中选定"排序依据"，如图 14-105 所示，这里选择"客户编号"。

(6) 单击【下一步】按钮，在弹出的对话框中输入报表的名称"客户标签"，如图 14-106 所示。单击【完成】按钮，出现如图 14-107 的运行结果。

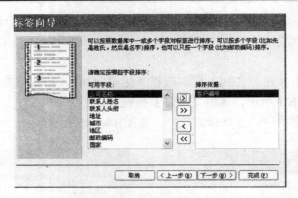

图 14-105 选定"排序依据"

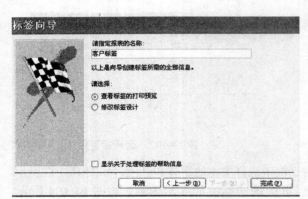

图 14-106 输入报表名称   图 14-107 运行结果

实验十一 数据访问页

一、实验目的

1. 明确数据访问页的功能。
2. 认识数据访问页的 3 种类型。
3. 熟练使用自动创建数据访问页创建数据访问页。
4. 熟练使用向导创建数据访问页。
5. 熟练使用设计视图创建数据访问页。

二、实验内容

使用自动创建数据访问页创建"雇员"数据访问页。

1. 实验要求

使用自动创建数据访问页创建"雇员"数据访问页，并设置数据访问页的"相对路径"。

2. 操作步骤

(1) 启动 Access 并打开"D:\Access\实验篇-罗斯文商贸管理系统.mdb"数据库，切换至页，再单击【新建】按钮，弹出"新建数据"访问页对话框，如图 14-108 所示。

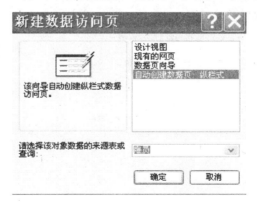

图 14-108　选择纵栏式、雇员

(2) 在图 14-108 中选择"自动创建数据页：纵栏式"，然后在"请选择该对象的数据来源表或查询"下拉列表中选择"雇员"，单击【确定】按钮。

(3) 以"雇员数据访问页"为名保存该数据访问页，在出现的消息框中提示"该页的连接字符串指定了一个绝对路径……"，如图 14-109 所示，单击【确定】按钮。

图 14-109　启动对话框

(4) 切换到"数据访问页的设计视图"，在窗口右侧的"字段列表"中可以编辑数据访问页的数据源并设置相对路径。

(5) 在"字段列表"中设置数据库连接的相对路径，如图 14-110 所示。用鼠标右键单击"实验篇-罗斯文商贸管理系统 .mdb"数据库文件，选择【连接…】命令。在如图 14-111 所示的"数据链接属性"对话框中将"选择或输入数据库名称"文本框中的数据库文件名称前的的盘符和路径信息都删掉。

图 14-110　【连接…】命令

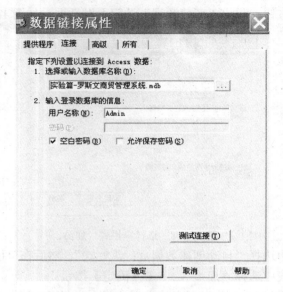

图 14-111　数据库链接的相对路径

实验十二　宏 的 应 用

一、实验目的

1. 掌握宏的概念、功能。
2. 熟悉常用的宏的使用。
3. 学会宏及宏组的创建、运行和删除。
4. 能够合理运用窗体和宏建立数据库综合管理的应用系统。
5. 能够合理使用"切换面板管理器"和宏快速建立数据库综合管理的应用系统。

二、实验内容

实验 12-1

建立宏。

1. 实验要求

建立一个以只读方式打开"产品"数据表的名为"宏 12-01"的宏，并在宏设计器中通过运行命令直接运行该宏，打开数据表后修改表中的内容，观察系统的反应。

2. 操作步骤

(1) 打开"D:\Access\实验篇-罗斯文商贸管理系统.mdb"数据库，在数据库窗口的"对象"栏中选择"宏"对象。

(2) 单击【新建】按钮，打开一个空白的"宏"窗口。

(3) 在"宏"窗口的上半分设置宏操作，下半部设置操作参数，参照表 14-11 设置宏操作及操作参数，设置完毕后"宏"窗口如图 14-112 所示，以名称"宏 12-01"保存宏。

表 14-11　参　数　设　置

宏 操 作	操作参数		说　　明
	参数名称	参数值	
OpenTable	表名称	产品	打开名为"产品"的数据表。OpenTable 宏的功能是打开表，系统默认以"数据表"、"编辑"模式打开表，在此选择"只读"模式

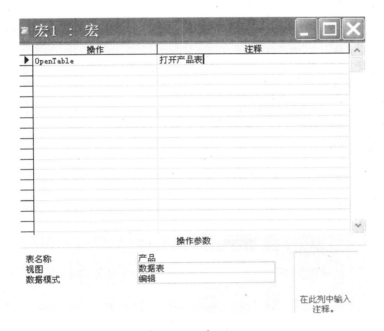

图 14-112　宏 12-01

(4) 双击"宏 12-01"运行该宏，然后修改"产品"表中的内容，观察能否保存修改后的表。

实验 12-2

宏与窗体的综合应用。

1. 实验要求

创建一窗体文件，用于验证用户名和密码的正确性，窗体的名称为"密码验证"，然后建立一个名为"password"的条件宏。

2. 操作步骤

(1) 打开"D:\Access\实验篇-罗斯文商贸管理系统.mdb"数据库。

(2) 按照图 14-113 建立名为"密码验证"的窗体，窗体中包含 2 个标签、2 个文本框和 1 个命令按钮。2 个文本框的名称分别为"usemame"和"password"。

图 14-113　更改"密码验证"窗体文本框的名称

(3) 在数据库窗口的"对象"栏中选择"宏"对象,单击【新建】按钮,打开一个空白的"宏"窗口。

(4) 选择【视图】→【条件】菜单命令,在"宏"窗口按照表 14-12 依次输入条件、宏操作及操作参数,设置结果如图 14-114 所示。设置完毕,以"password"为名保存宏。

图 14-114　设置"password"条件宏

表 14-12　参 数 设 置

条　　件	宏操作	操作参数		说　　明
		参数名称	参数值	
[username]<>'tree_green' Or [password]<>'123456'	MsgBox			如果在[username]文本框中输入的用户名不是"tree_green"或在"password"文本框中输入的密码不是"123456",则弹出消息框
[username]='tree_green' Or [password]='123456'	OpenForm	窗体名称	产品表主窗体	如果在"username"文本框中输入的用户名是"tree_green",并且在"password"文本框中输入的密码不是"123456",则打开一个已经存在的窗体"产品表主窗体"

(5) 将已经建好的条件宏附加到"密码验证"窗体的命令按钮的单击事件属性处，由事件触发条件宏的执行，如图 14-115 所示。

图 14-115　设置"密码验证"窗体命令按钮的单击事件

(6) 运行"密码验证"窗体，观察运行结果。

实验 12-3

代码与窗体的综合应用。

1. 实验要求

创建一窗体文件，用于验证用户名和密码的正确性，窗体的名称为"密码验证 2"，然后建立一个名为"password"的条件宏。

2. 操作步骤

(1) 打开"D:\Access\实验篇-罗斯文商贸管理系统.mdb"数据库。

(2) 按照图 14-116 建立名为"密码验证 2"的窗体，该窗体中包含 2 个标签、2 个文本框和 1 个命令按钮。2 个文本框的名称分别为"usemame"和"password"。

图 14-116　更改"密码验证"窗体文本框的名称

(3) 打开【确定】按钮的属性对话框，选择"事件"选项卡中"单击"的"[事件过程]"，如图14-117所示，编写【确定】按钮的代码。

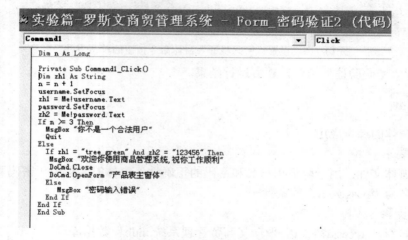

图14-117 "事件"选项卡中"单击"的"[事件过程]"

(4) 【确定】按钮的代码如图14-118所示。

```
实验篇-罗斯文商贸管理系统 - Form_密码验证2 （代码）
Command1                                    Click

Dim n As Long

Private Sub Command1_Click()
Dim zh1 As String
n = n + 1
username.SetFocus
zh1 = Me!username.Text
password.SetFocus
zh2 = Me!password.Text
If n >= 3 Then
   MsgBox "你不是一个合法用户"
   Quit
Else
   If zh1 = "tree_green" And zh2 = "123456" Then
      MsgBox "欢迎你使用商品管理系统, 祝你工作顺利"
      DoCmd.Close
      DoCmd.OpenForm "产品表主窗体"
   Else
      MsgBox "密码输入错误"
   End If
End If
End Sub
```

图14-118 【确定】按钮的代码

(5) 运行"密码验证"窗体，观察运行结果。

第三篇　实　战　篇

　　实战篇介绍了课程设计内容及要求，通过一个案例介绍了课程设计的思路与过程，并且给出了数据库课程设计的参考题目。

第 15 章 课 程 设 计

□□□□□□□

15.1 课程设计的内容与要求

15.1.1 课程设计的内容

(1) 课程设计的项目计划。

(2) 对系统功能进行描述。

(3) 用户使用手册。

(4) 测试中发现的问题。

(5) 课程设计的心得体会。

(6) 参考书目。

15.1.2 课程设计的要求

1. 设计要求

(1) 设计数据库表格及相互间的关系。

(2) 设计相关的查询、窗体、报表、数据访问页和宏。

(3) 具有与具体业务相关的处理功能(不少于 5 个)。

(4) 用切换面板、主窗体、菜单栏和工具栏等方式设计用户界面。

(5) 用 SQL 设计带统计函数的查询(如 MAX、MIN、COUNT、AVG、SUM)。

(6) 编写 VBA 代码来实现功能。

2. 课程设计报告的格式要求

(1) 课程设计(论文)报告要求用 A4 纸排版,单面打印,并装订成册,内容包括:

① 封面(包括题目、院系、专业班级、学生学号、学生姓名、指导教师姓名、职称、起止时间等)。

② 设计(论文)任务及评语。

③ 目录。

④ 正文(设计说明书、研究报告、研究论文等)。

⑤ 参考文献。

(2) 课程设计(论文)正文在 3000 字以上。

(3) 目录格式：

① 标题目录(三号字，黑体，居中)。

② 章标题(四号字，黑体，居左)。

③ 节标题(小四号字，宋体)。

④ 页码(小四号字，宋体，居右)。

(4) 正文格式：

① 页边距：上 2.5 cm，下 2.5 cm，左 2.5 cm，右 2 cm，页眉 1.5 cm，页脚 1.75 cm，左侧装订。

② 字体：章标题为四号字，黑体，居左；节标题为小四号字，宋体；正文文字为小四号字，宋体。

③ 行距：1.5 倍行距。

④ 页码：底部居中，五号。

(5) 参考文献格式：

① 标题：参考文献，小四，黑体，居中。

② 示例(五号宋体)：

期刊类：[序号]作者 1，作者 2，…，作者 n.文章名.期刊名(版本).出版年，卷次(期次)：页次.

图书类：[序号]作者 1，作者 2，…，作者 n.书名.版本.出版地：出版社，出版年：页次.

15.2　课程设计案例——考务管理系统

15.2.1　课程设计的目的与要求

1. 课程设计的目的

本课程的课程设计是学生学习完"数据库原理及应用(Access)"课程后进行的一次全面的综合训练，其目的在于加深对数据库基础理论和基本知识的理解，掌握运用数据库应用系统开发软件的基本方法。

2. 课程设计的实验环境

硬件要求为能运行 Windows 9X 操作系统的微机系统。数据库应用系统开发软件可以选用 Microsoft Access 或其他数据库管理系统。

3. 课程设计的预备知识

熟悉数据库的基本知识，并熟悉一种以上数据库系统开发软件。

4. 课程设计的要求

(1) 设计数据库表格及相互间的关系。

(2) 设计相关的查询、窗体、报表、数据访问页和宏。

(3) 具有和具体业务相关的处理功能(不少于 5 个)。

(4) 用切换面板设计用户界面。

(5) 用 SQL 设计带统计函数的查询(如 MAX、MIN、COUNT、AVG、SUM)。

(6) 编写 VBA 代码来实现功能。

15.2.2　课程设计的内容

1. 系统功能图设计

系统功能图如图 15-1 所示。

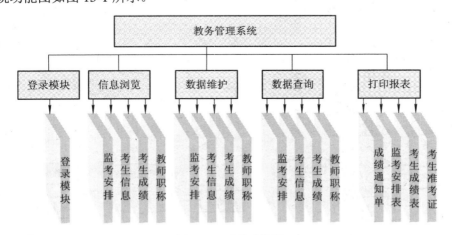

图 15-1　系统功能图

2. 系统 E-R 图设计

利用 E-R 方法进行数据库的概念设计，可分成三步进行：首先设计局部 E-R 模式，然后把各局部 E-R 模式综合成一个全局模式，最后对全局 E-R 模式进行优化，得到最终的模式，即概念模式。

学生、成绩、职称、教师的 E-R 图分别如图 15-2～图 15-5 所示，这 4 个实体之间的关系如图 15-6 所示。

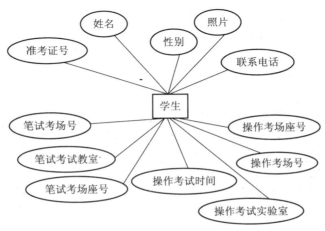

图 15-2　学生信息的 E-R 图

图 15-3　成绩信息的 E-R 图　　　　　图 15-4　职称信息的 E-R 图

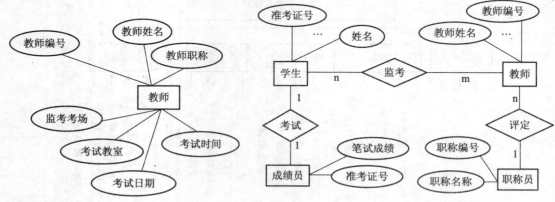

图 15-5　教师信息的 E-R 图　　　　　图 15-6　实体之间关系的 E-R 图

3. 数据库设计

(1) 建立表，如表 15-1～表 15-4 所示。

表 15-1　学 生 信 息 表

字 段 名	数据类型	长 度	主 键	说 明
zkzh	文本	9	是	准考证号
xm	文本	8		姓名
xb	查阅向导	2		性别
dh	文本	15		联系电话
zp	OLE 对象			照片
bskch	文本	3		笔试考场号
bsjs	文本	7		笔试考试教室
bszh	文本	2		笔试考场座号
czsj	文本	11		操作考试时间
czkch	文本	3		操作考场号
czsys	文本	7		操作考试实验室
czzh	文本	2		操作考场座号

表 15-2　考生成绩表的结构

字 段 名	数据类型	长 度	主 键	说 明
zkzh	文本	9	是	准考证号
bscj	数字	整型		笔试成绩
czcj	数字	整型		操作成绩

表 15-3　教 师 信 息 表

字 段 名	数据类型	长 度	主 键	说 明
jsbh	文本	9	是	教师编号
xm	文本	8		教师姓名
zc	查阅向导			教师职称
kch	文本	10		监考考场
js	文本	7		考试教室
rq	文本	6		考试日期
sj	文本	14		考试时间

表 15-4　职称表的结构

字 段 名	数据类型	长 度	主 键	说 明
zcbh	文本	4	是	职称编号
zcm	文本	5		职称名称

(2) 建立表间关系，如图 15-7 所示。

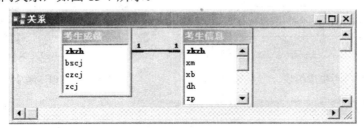

图 15-7　建立表间关系

(3) 为表采集数据，如图 15-8 所示。

图 15-8　为表采集数据

（4）创建查询。创建监考信息查询、考生信息查询、计算总成绩查询、监考安排表、考生成绩表、考生准考证、考生成绩通知单，分别如图 15-9～图 15-15 所示。

图 15-9　监考信息查询

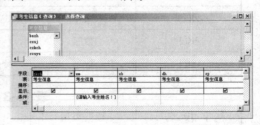

图 15-10　考生信息查询

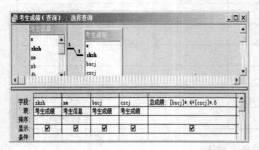

图 15-11　计算总成绩查询

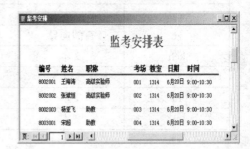

图 15-12　监考安排表

图 15-13　考生成绩表

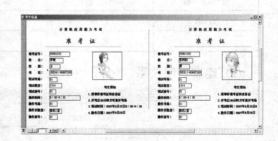

图 15-14　考生准考证

图 15-15　考生成绩通知单

(5) 创建窗体。创建信息浏览窗体和数据维护窗体，如图 15-16 和图 15-17 所示。

图 15-16　信息浏览窗体　　　　　　　　图 15-17　数据维护窗体

(6) 创建切换窗体。创建数据浏览(切换)窗体和主切换窗体，如图 15-18 和图 15-19 所示。

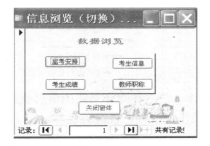

图 15-18　数据浏览(切换)窗体　　　　　　图 15-19　主切换窗体

(7) 创建登录窗体。

① 创建登录窗体，如图 15-20 所示。

② 创建信息检测宏，如图 15-21 所示。

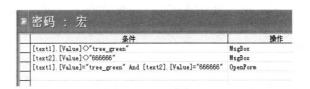

图 15-20　登录窗体　　　　　　　　　15-21　信息检测宏

③ 为宏设定触发事件。密码宏的触发事件是点击登录窗体中的【确定】按钮。当单击【确定】按钮时，密码宏开始对文本框中的信息进行检测，并根据检测结果产生不同的操作。为密码宏设定触发事件的过程如下：

- 在设计视图中打开"系统登录(密码)"窗体。
- 在【确定】按钮上点击鼠标右键，在弹出菜单中选择"属性"选项。
- 在属性窗口中点击"事件"标签，并在单击属性后的文本中选择密码宏。
- 关闭属性窗口。

15.3　数据库课程设计参考题目

题目一　图书销售管理系统的设计与实现

调查书店的图书销售业务，设计一个图书销售系统，要求该系统主要包括进货、退货、统计、销售、查询和系统维护等功能。

(1) 进货：根据某种书籍的库存量及销售情况确定进货数量，根据供应商报价选择供应商。输出一份进货单并自动修改库存量，把本次进货的信息添加到进货库中。

(2) 退货：顾客把已买的书籍退还给书店。输出一份退货单并自动修改库存量，把本次退货的信息添加到退货库中。

(3) 统计：根据销售情况输出统计的报表，一般内容为每月的销售总额、销售总量及排行榜等信息。

(4) 销售：输入顾客要买书籍的信息，自动显示此书的库存量，如果可以销售，则打印销售单并修改库存，同时把此次销售的有关信息添加到日销售库中。

(5) 查询：允许用户设置条件进行进货、退货、统计、销售和库存书籍的信息查询。

(6) 系统维护：如数据安全管理(含备份与恢复)、操作员管理、权限设置等。

题目二　通用工资管理系统的设计与实现

考察某中小型企业，要求设计一套企业工资管理系统，其应具有一定的人事档案管理功能。工资管理系统是企业进行管理不可缺少的一部分，它是建立在人事档案系统之上的，其职能部门是财务处和会计室。通过对职工建立人事档案，根据其考勤情况以及相应的工资级别，算出其相应的工资。为了减少输入账目时的错误，可以根据职工的考勤、职务、部门和各种税费自动求出工资。

为了便于企业领导掌握本企业的工资信息，在系统中应加入各种查询功能，包括个人信息、职工工资、本企业内某一个月或某一部门的工资情况查询，系统应能输出各类统计报表。

题目三　报刊订阅管理系统的设计与实现

通过对某企业的报刊订阅业务进行分析、调查，设计该企业的报刊订阅管理系统。主要实现以下功能：

(1) 录入功能：录入订阅人员信息、报刊基本信息。

(2) 订阅功能：订阅人员订阅报刊(并计算出其金额)。

(3) 查询功能：按人员、报刊或部门查询有关订阅信息，对查询结果能进行预览和打印。

(4) 统计功能：按报刊、人员或部门进行统计，对统计结果能进行预览和打印。

(5) 系统维护：如数据安全管理(含备份与恢复)、操作员管理、权限设置等。

题目四　医药销售管理系统的设计与实现

调查从事医药产品的零售、批发等工作的企业，根据其具体情况设计医药销售管理系统。其主要功能包括：

(1) 基础信息管理：药品信息、员工信息、客户信息、供应商信息等。

(2) 进货管理：入库登记、入库登记查询、入库报表等。

(3) 库房管理：库存查询、库存盘点、退货处理、库存报表等。

(4) 销售管理：销售登记、销售退货、销售报表及相应的查询等。

(5) 财务统计：当日统计、当月统计及相应报表等。

(6) 系统维护：如数据安全管理(含备份与恢复)、操作员管理、权限设置等。

题目五　电话计费管理系统的设计与实现

对电信局电话计费业务进行调查，设计的系统要求：

(1) 能用关系数据库理论建立几个数据库文件，用于存储用户信息、收费员信息和收费信息等资料。

(2) 具有对各种数据文件装入和修改数据的功能。

(3) 能在用户交费的同时打印发票。

(4) 能通过统计制定电信局未来的服务计划方案。

(5) 具有多种查询和统计功能。

(6) 具有系统维护功能，如数据安全管理(含备份与恢复)、操作员管理、权限设置等。

题目六　宾馆客房管理系统的设计与实现

具体考察本市的宾馆，设计客房管理系统，要求：

(1) 具有方便的登记、结账和预订客房的功能，能够支持团体登记和团体结账。

(2) 能快速、准确地了解宾馆内的客房状态，以便管理者决策。

(3) 提供多种手段查询客人的信息。

(4) 具备一定的维护手段，有一定权利的操作员在密码的支持下才可以更改房价、房间类型，增减客房。

(5) 完善的结账报表系统。

(6) 具有系统维护功能，如数据安全管理(含备份与恢复)、操作员管理、权限设置等。

题目七　学生学籍管理系统的设计与实现

调查学校学生处、教务处，设计一个学籍管理系统，要求：

(1) 建立学生档案，设计学生入学、管理及查询界面。

(2) 设计学生各学期、学年成绩输入及查询界面，并打印各项报表。

(3) 根据各年度的总成绩查询、输出学生学籍管理方案(优秀、合格、试读、退学)。

(4) 毕业管理。

(5) 具有系统维护功能,如数据安全管理(含备份与恢复)、操作员管理、权限设置等。

题目八　车站售票管理系统的设计与实现

考察市长途汽车站、火车站售票业务,设计车站售票管理系统,要求:

(1) 具有方便、快速的售票功能,包括车票的预订和退票功能,能够支持团体预订票和退票。

(2) 能准确地了解售票情况,提供多种查询和统计功能,如车次的查询、时刻表的查询等。

(3) 能按情况所需实现对车次的更改、票价的变动及调度功能。

(4) 完善的报表系统。

(5) 具备一定的维护功能,如数据安全管理(含备份与恢复)、操作员管理、权限设置等。

题目九　汽车销售管理系统的设计与实现

调查本地从事汽车销售的企业,根据企业汽车销售的情况,设计用于汽车销售的管理系统,其主要功能如下:

(1) 基础信息管理:厂商信息、车型信息和客户信息。

(2) 进货管理:车辆采购、车辆入库。

(3) 销售管理:车辆销售、收益统计。

(4) 仓库管理:库存车辆、仓库明细、进销存统计。

(5) 系统维护:如数据安全管理(含备份与恢复)、操作员管理、权限设置等。

题目十　仓储物资管理系统的设计与实现

通过调查一个仓储企业,对仓库的管理业务流程进行分析。库存的变化通常是通过入库、出库操作来进行的。系统对每个入库操作均要求用户填写入库单,对每个出库操作均要求用户填写出库单。在出、入库操作的同时可以进行增加、删除和修改等操作。用户可以随时进行查询、统计、报表打印、账目核对等工作。另外,也可以用图表形式来反应查询结果。

题目十一　企业人事管理系统的设计与实现

通过调查本地的企业,根据企业的具体情况设计企业人事管理系统,其主要功能如下:

(1) 人事档案管理:户口状况、政治面貌、生理状况、合同管理等。

(2) 考勤加班出差管理。

(3) 人事变动:新进员工登记、员工离职登记、人事变更记录。

(4) 考核奖惩。

(5) 员工培训。

(6) 系统维护:如数据安全管理(含备份与恢复)、操作员管理、权限设置等。

题目十二　选修课程管理系统的设计与实现

调查学校教务处，设计用于管理全校学生选修课活动的系统，其主要功能如下：

(1) 全校选修计划课程管理。

(2) 全校选修开课课程管理。

(3) 全校学生选课管理。

(4) 全校选修课成绩管理。

(5) 打印报表。

(6) 系统维护，如数据安全管理(含备份与恢复)、操作员管理、权限设置等。

要求：

(1) 设计学生选课录入界面及学生选课查询界面。

(2) 设计课程输入界面和学生选课表及课程选修情况查询界面。

(3) 根据学生库和课程库，输出学生课程表(选课冲突时按学号分配课程)。

参 考 文 献

[1] 黎元锋，王大勇，谢林汕. Access 2007 数据库管理. 北京：清华大学出版社，2009.

[2] 高爱国，李耀成. Access 数据库应用学习与实验指导. 北京：北京邮电大学出版社，2008.

[3] 神龙工作室. Access 2007 数据库管理入门与提高. 北京：人民邮电出版社，2008.

[4] 周安宁，张新猛. 数据库应用案例教程：Access. 北京：清华大学出版社，2007.

[5] 杨密，杨乐，葛莹明. Access 在财务中的应用. 北京：电子工业出版社，2007.

[6] 姜继红，龙厚斌. Access 2003 中文版基础教程. 北京：人民邮电出版社，2007.

[7] 王珊，萨师煊. 数据库系统概论. 北京：高等教育出版社，2006.

[8] 罗朝晖. Access 数据库应用技术. 北京：高等教育出版社，2006.

[9] 卢湘鸿. Access 数据库与程序设计. 北京：电子工业出版社，2006.

[10] 张玉玺. 数据库其及应用. 北京：国防工业出版社，2006.

[11] 时晓龙. 数据库应用技术 Access. 上海：上海科学普及出版社，2005.

[12] 梁灿，赵艳铎. Access 数据库应用基础教程. 北京：清华大学出版社，2005.

[13] 巩志强，刘大伟，王永皎. Access 数据库项目案例导航. 北京：清华大学出版社，2005.

[14] 张泽虹. 数据库原理及应用：Access 2003. 北京：电子工业出版社，2005.

[15] 徐红，陈玉国，等. 数据库原理与应用教程与实训(Access 版). 北京：北京大学出版社，2005.

[16] 冯博琴. 全国计算机等级考试教程：Access 数据库应用技术. 北京：人民邮电出版社，2004.

[17] 郑小玲. Access 中文版实用教程. 北京：清华大学出版社，2004.

[18] 黄涛. Access 2003 速成培训教程. 北京：中国电力出版社，2004.

[19] 张晓云. 数据库原理与 Access 应用. 北京：科学出版社，2004.

[20] 汤观全，史济民. Access 应用系统开发教程. 北京：清华大学出版社，2004.

[21] 赵传启. 中文版 Access 2003 宝典. 北京：电子工业出版社，2004.

欢迎选购西安电子科技大学出版社教材类图书

欢迎来函来电索取本社书目和教材介绍！ 通信地址：西安市太白南路2号 西安电子科技大学出版社发行部
邮政编码：710071 邮购业务电话：(029)88201467 传真电话：(029)88213675。